颠覆性技术·区块链译丛

丛书主编 **惠怀海** 丛书副主编 **张 斌 曾志强 马琳茹 张小苗**

区块链平台
——分布式系统特点分析

Blockchain Platforms: A Look at the
Underbelly of Distributed Platforms

[比利时]斯蒂恩·范·海夫特(Stijn Van Hijfte) 著

惠怀海 庞 垠 宋 彪 等译
徐向华 王 颖 审校

国防工业出版社

·北京·

著作权合同登记　图字:01-2022-4920号

图书在版编目(CIP)数据

区块链平台:分布式系统特点分析/(比)斯蒂恩·范·海夫特著;惠怀海等译. —北京:国防工业出版社,2024.5

(颠覆性技术·区块链译丛/惠怀海主编)

书名原文:Blockchain Platforms:A Look at the Underbelly of Distributed Platforms

ISBN 978-7-118-13329-5

Ⅰ.①区… Ⅱ.①斯… ②惠… Ⅲ.①区块链技术—研究 Ⅳ.①F713.361.3

中国国家版本馆 CIP 数据核字(2024)第089566号

Copyright© Morgan & Claypool 2020

All rights reserved

The simplified Chinese translation rights arranged through Rightol Media(本书中文简体版权经由锐拓传媒取得 Email:copyright@rightol.com)

※

国防工业出版社出版发行

(北京市海淀区紫竹院南路23号　邮政编码100048)
雅迪云印(天津)科技有限公司印刷
新华书店经售

＊

开本 710×1000　1/16　印张 16½　字数 282 千字
2024 年 5 月第 1 版第 1 次印刷　印数 1—2000 册　定价 108.00 元

(本书如有印装错误,我社负责调换)

国防书店:(010)88540777　　书店传真:(010)88540776
发行业务:(010)88540717　　发行传真:(010)88540762

丛书编译委员会

主　编　惠怀海
副主编　张　斌　曾志强　马琳茹　张小苗
编　委　(按姓氏笔画排序)
　　　　　王　晋　王　颖　王明旭　甘　翼
　　　　　丛迅超　庄跃迁　刘　敏　李艳梅
　　　　　杨靖琦　何嘉洪　沈宇婷　宋　衍
　　　　　宋　彪　宋城宇　张　龙　张玉明
　　　　　周　鑫　庞　垠　赵亚博　夏　琦
　　　　　高建彬　曹双僖　彭　龙　童　刚
　　　　　魏中锐

本书翻译组

惠怀海	庞　垠	宋　彪	张　斌
曾志强	马琳茹	张小苗	徐向华
王　颖	王　晋	魏中锐	宗　欣
田瑞峰	刘　天	彭江华	李扬帆
吴成鹏	孙一帆	刘　涵	郭少龙
师金宸	刘　林	柳博洋	胡飞鸿
刘　滕			

《颠覆性技术·区块链译丛》
前　言

以不息为体,以日新为道,日新者日进也。随着新一轮科技革命和产业变革的兴起和演化,以人工智能、云计算、区块链、大数据等为代表的数字技术迅猛发展,对产业实现全方位、全链条、全周期的渗透和赋能,凝聚新质生产力,催生新业态、新模式,推动人类生产、生活和生态发生深刻变化。加强数字技术创新与应用是形成新质生产力的关键,作为颠覆性技术的代表之一,区块链综合运用共识机制、智能合约、对等网络、密码学原理等,构建了一种新型分布式计算和存储范式,有效促进多方协同与相互信任,成为全球备受瞩目的创新领域。

将国外优秀区块链科技著作介绍给国内读者,是我们深入研究区块链理论原理和应用场景,并推进其传播普及的一份初心。译丛各分册中既有对区块链技术底层机理与实现的分析,也有对区块链技术在数据安全与隐私保护领域应用的梳理,更有对融合使用区块链、人工智能、物联网等技术的多个应用案例的介绍,涵盖了区块链的基本原理、技术实现、应用场景、发展趋势等多个方面。期望译丛能够成为兼具理论学术价值和实践指导意义的知识性读物,让广大读者了解区块链技术的能力和潜力,为区块链从业者和爱好者提供帮助。

秉持严谨、准确、流畅原则,在翻译这套丛书的过程中,我们努力确保技术术语的准确性,努力在忠于原文的基础上使之更符合国内读者的阅读习惯,以便更好地传达原著作者的思想、观点和技术细节。鉴于丛书翻译团队语言表达和技术理解能力水平有限,不足之处,欢迎广大读者反馈与建议。

终日乾乾,与时偕行。抓住数字技术加速发展机遇,勇立数字化发展潮头，引领区块链核心技术自主创新，是我们这代人的使命。希望读者通过阅读译丛，不断探索、不断前进，感受到区块链技术的魅力和价值，共同推动这一领域的发展和创新。让我们携手共进，以区块链技术为纽带，"链接"世界，共创未来。

丛书编译委员会
2024 年 3 月于北京

译者序

在飞速发展的数字时代，区块链被誉为继互联网之后最具颠覆性的技术创新，正在重塑金融、供应链、医疗、能源等行业的面貌，成为不断做大做优做强数字经济的重要力量，正成为我国核心技术自主创新的重要突破口。

区块链是一种去中心化的分布式账本，通过密码学和共识算法确保了数据的安全性和可信性，核心理念是去中心化的信任，为个人和组织提供更大的创新空间，为各个研究领域提供新的问题解决方案。例如，在数据安全领域，结合边缘数据存储、去中心化分布式数据存储、敏感信息匿名化等技术，构建分布式数据安全管理方案，实现数据安全及隐私保护服务，从而实现受约束的数据安全与隐私计算，避免由于恶意攻击与暴力破解等情况造成数据的非法访问，从而引发数据泄露、窃取、滥用等严重后果。

本书以浅显易懂的语言介绍了区块链的基本概念，帮助读者了解区块链的基本原理和工作机制，主要包括分布式账本、区块链地址与钱包、有向无环图、默克尔树、拜占庭将军问题、以太坊、哈希函数、智能合约、共识算法等内容。

作为《颠覆性技术·区块链译丛》之一，本书偏重于基本概念，能够为读者深入了解区块链相关技术奠定基础，为普及区块链技术提供有力支撑。

译　者
2024 年 3 月

摘 要

　　本书介绍了构成区块链的全部技术特征。首先全面解释了所有必要的技术概念，帮助读者了解与分布式账本相关的讨论及早期实践的简短历史；然后详细讨论了比特币网络和将来的发展趋势，以及一系列基于相同基本代码创建的山寨币。为了启发读者，本书在详细介绍以太坊网络和运行在网络上的加密货币、智能合约等之前，还简要探讨了比特币分叉的概念。最后，本书还介绍了超级账本和用于创建私有区块链解决方案的工具。向想要深入探索的读者，介绍了有向无环图及其实现方案，这为其他区块链网络至今仍面临的几个难题提供了解决方案。在本书中，读者可以找到用于构建自己解决方案的区块链网络内容，以及在此过程中可使用的工具。

　　关键词：区块链、分布式账本、有向无环图、比特币、以太坊、IOTA、超级账本

简　介

　　为什么要写一本关于区块链的书？当我写下这行字时，我问了自己同样的问题，原因其实很简单。当前，每个人似乎都以某种方式听说过区块链。但我很清楚很少人真正理解其核心概念或真正了解它的全部内容。尽管有些人对此理解深入，但要么只了解基础概念，要么只了解一个特定平台。理论和观点是信息的核心，许多资料具有局限性，都只能代表一小部分观点，而本书将其整合了起来。

　　本书试图对区块链的核心概念进行广泛的解释，并介绍了几个技术平台。我不会创建一本培训手册来详细解释每个平台。但是，本书会展示这些平台的一般工作原理，读者可以根据自己的需要，选择更深入地研究某些平台。所有的这些信息都汇集在书中，请读者自行探索！

目 录

第 1 章　基本概念和技术　／ 1

　　1.1　哈希函数　／ 2
　　1.2　电子现金　／ 3
　　1.3　哈希现金　／ 4
　　1.4　B – Money　／ 7
　　1.5　对等　／ 7
　　1.6　分布式哈希表　／ 11
　　1.7　去中心化与分布式　／ 12
　　1.8　默克尔树　／ 18
　　　　1.8.1　默克尔帕特里夏树　／ 19
　　　　1.8.2　布隆过滤器　／ 20
　　1.9　状态机　／ 21
　　1.10　椭圆曲线加密算法　／ 22
　　1.11　拜占庭将军问题　／ 27
　　　　1.11.1　双花问题　／ 29
　　　　1.11.2　CAP 定理　／ 30
　　　　1.11.3　SPECTRE 协议与康多塞悖论　／ 31
　　　　1.11.4　费马小定理　／ 31
　　　　1.11.5　佩德森承诺　／ 31
　　　　1.11.6　可替代性和存活性　／ 32
　　　　1.11.7　交易和结算最终性　／ 33
　　　　1.11.8　抗审查性　／ 35
　　　　1.11.9　温特尼茨一次性签名　／ 36

1.12　什么是区块链　/ 36
　　1.12.1　基础知识　/ 36
　　1.12.2　构建"区块"　/ 37
　　1.12.3　区块链与分布式账本　/ 40
　　1.12.4　区块链地址　/ 41
　　1.12.5　区块链钱包　/ 43
　　1.12.6　区块链节点　/ 44
　　1.12.7　挖矿　/ 45
　　1.12.8　合并挖矿　/ 47
1.13　出块时间　/ 47
1.14　共识机制　/ 48
1.15　轮询调度　/ 49
1.16　工作量证明　/ 49
1.17　中本聪共识　/ 50
1.18　权益证明　/ 50
1.19　权益授权证明　/ 51
1.20　权威证明　/ 51
1.21　实用拜占庭容错　/ 52
1.22　布谷鸟环　/ 52
1.23　DÉCOR + HOP 协议　/ 53
1.24　GHOST—SPECTRE—PHANTOM 协议　/ 53
1.25　Ethash 算法和 Dagger – Hashimoto 算法　/ 56
1.26　Keccak 256/SHA3 哈希算法　/ 57
1.27　区块链平台的其他协议　/ 58
1.28　一次性随机数　/ 59
1.29　区块链分叉　/ 60
1.30　侧链　/ 61
1.31　区块链执行引擎　/ 65
1.32　序列化　/ 66
1.33　区块链技术栈　/ 66
1.34　有向无环图　/ 67

1.34.1 默克尔有向无环图 / 68

1.34.2 区块有向无环图 / 68

1.35 针对区块链的攻击 / 69

1.35.1 针对虚拟机的攻击 / 73

1.35.2 针对智能合约的攻击 / 74

1.35.3 针对钱包的攻击 / 74

1.35.4 其他攻击 / 74

第2章 比特币 / 75

2.1 比特币简介 / 76

2.2 比特币区块链:网络 / 77

2.3 比特币区块 / 80

2.4 比特币交易 / 84

2.5 比特币签名和验证 / 88

2.6 未花费的交易输出 / 90

2.7 比特币序列化 / 93

2.8 比特币脚本 / 95

2.9 比特币迷你脚本 / 99

2.10 比特币地址 / 100

2.11 比特币钱包 / 102

2.12 简易支付验证 / 104

2.13 隔离见证 / 105

2.14 比特币改进提议 / 107

2.15 Schnorr 签名算法 / 108

2.16 Taproot、G'root 和 Graftroot 脚本结构 / 109

2.17 比特币挖矿 / 111

2.18 比特币中继网络 / 112

2.19 比特币:加密电子货币 / 112

2.20 比特币支付通道 / 113

2.20.1 中本聪高频交易支付通道 / 113

2.20.2 Spillman-Style 支付通道 / 114
2.20.3 CLTV-Style 支付通道 / 114
2.20.4 Poon-Dryja 支付通道 / 114
2.20.5 Decker-Wattenhofer 双向支付通道 / 114
2.20.6 Decker-Russell-Osuntokun Eltoo 支付通道 / 115
2.20.7 哈希时间锁合约 / 115
2.20.8 交易延展性 / 116
2.21 Wasabi 比特币钱包和 Zerolink 技术 / 116
2.22 彩色币：基于比特币的衍生币平台 / 117
2.23 开放资产协议 / 118
2.24 比特币 2.0 / 119
2.25 比特币 Hivemind 协议 / 119
2.26 比特币 Mimblewimble 协议 / 122
2.27 Elements 侧链项目 / 123
2.28 云储币 / 124
2.29 合约方协议 / 125
2.30 Drop Zone 项目 / 126
2.31 Omni 协议 / 126
2.32 闪电网络 / 127
2.33 液体网络 / 129
2.34 RootStock 链 / 130
2.35 大零币 / 132
　　2.35.1 简洁非交互式零知识证明 / 134
　　2.35.2 可扩展的透明零知识证明 / 139
2.36 大零币和 HAWK 框架 / 140
2.37 硬分叉 / 140
2.38 比特拓展 / 141
2.39 比特经典 / 141
2.40 比特无限 / 142
2.41 比特现金 / 142
2.42 比特愿景 / 143

2.43 比特黄金 / 143
2.44 比特钻石 / 144
2.45 比特利息 / 144
2.46 比特隐私 / 145
2.47 比特币分叉机制 / 145
2.48 基于比特币的山寨币 / 151
2.49 莱特币 / 152
2.50 达世币 / 152
2.51 域名币 / 153
2.52 狗狗币 / 154
2.53 渡鸦币 / 155
2.54 点点币 / 156
2.55 格雷德币 / 156
2.56 质数币 / 157

第3章 以太坊 / 159

3.1 以太坊虚拟机 / 161
3.2 以太坊网络通信 / 163
3.3 区块和链 / 164
3.4 GHOST 协议 / 168
3.5 记账模式 / 168
3.6 交易 / 169
3.7 序列化 / 170
3.8 签名 / 171
3.9 以太币、费用、Gas 和 Fuel / 171
3.10 以太坊里程碑 / 173
3.11 以太坊的发展阶段阐述 / 174
3.12 前沿阶段 / 174
3.13 冰河世纪阶段 / 175
3.14 家园阶段 / 176

3.15　去中心化自治组织　　／ 176
3.16　DAO 攻击　　／ 176
3.17　橘哨硬分叉　　／ 177
3.18　伪龙硬分叉　　／ 177
3.19　大都会拜占庭阶段　　／ 178
3.20　大都会君士坦丁堡阶段　　／ 178
3.21　宁静阶段　　／ 179
　　3.21.1　阶段 0　／ 179
　　3.21.2　阶段 1　／ 180
　　3.21.3　阶段 2　／ 181
　　3.21.4　阶段 3　／ 181
　　3.21.5　阶段 4、阶段 5 与阶段 6　／ 182
　　3.21.6　以太坊 3.0　／ 182
3.22　可扩展性与 Casper 协议　　／ 182
　　3.22.1　状态通道　／ 182
　　3.22.2　Plasma 框架　／ 183
3.23　Casper 协议　　／ 183
3.24　智能合约　　／ 185
3.25　区块链预言机　　／ 186
3.26　去中心化应用　　／ 187
3.27　去中心化与自治性　　／ 187
3.28　Web 3.0　　／ 189
　　3.28.1　以太坊 Whisper 协议　／ 189
　　3.28.2　以太坊 Swarm 协议　／ 191
　　3.28.3　星际文件系统　／ 191
　　3.28.4　Libp2p 协议栈　／ 193
　　3.28.5　星际链接数据模型　／ 194
　　3.28.6　多格式数据自描述协议簇　／ 194
　　3.28.7　0x 协议　／ 195
　　3.28.8　Dat 协议　／ 195
　　3.28.9　以太坊加密货币的实现　／ 200

3.28.10　EIP 20：ERC-20 代币标准　／200

3.28.11　ERC-223 代币标准　／202

3.28.12　ERC-721 代币标准　／202

3.28.13　ERC-777 代币标准　／203

3.28.14　ERC-827 代币标准　／203

3.28.15　ERC-664 代币标准　／203

3.28.16　ERC-677 代币标准　／203

3.29　以太经典　／204

第4章　超级账本和有向无环图　／207

4.1　超级账本　／208

4.1.1　Besu 项目简介　／209

4.1.2　Burrow 项目简介　／209

4.1.3　Fabric 项目简介　／210

4.1.4　Grid 项目简介　／210

4.1.5　Indy 项目简介　／211

4.1.6　Iroha 项目简介　／211

4.1.7　Sawtooth 项目简介　／212

4.1.8　Aries 项目简介　／212

4.1.9　Avalon 项目简介　／212

4.1.10　Cactus 项目简介　／213

4.1.11　Caliper 项目简介　／213

4.1.12　Cello 项目简介　／213

4.1.13　Composer 项目简介　／213

4.1.14　Explorer 项目简介　／214

4.1.15　Quilt 项目简介　／214

4.1.16　Transact 项目简介　／214

4.1.17　Ursa 项目简介　／214

4.2　基于 DAML 的数字资产　／215

4.3　埃欧塔　／215

4.4 海德拉哈希图　　/ 221
4.5 Fantom 平台　　/ 222
4.6 其他公共和私有平台　　/ 222
4.7 门罗币　　/ 223

后　　记　　/ 226
参考文献　　/ 227
访问的网站　　/ 237
作者简介　　/ 241

《颠覆性技术·区块链译丛》后记　　/ 243

第 1 章

基本概念和技术

要了解区块链和分布式账本问题的解决方案,首先应该了解区块链底层技术和概念,这些技术和概念对区块链技术的开创都或多或少有影响。只有了解这些知识,才能了解比特币和区块链的理念是如何产生的。当然,读者也可以简单地阅读这一部分,但之后会发现,如果你愿意花时间了解区块链的基本概念,那么这一部分将会给你后续深入研究区块链本身带来较大的优势。

1.1 哈希函数

如图1.1所示,使用哈希函数(或哈希)指的是使用某种算法将任意可变长度的输入数据映射到唯一的固定长度的输出数据。该输出就是区块链中通常所说的"哈希"。读者要着重理解这些单向函数,单向函数意味着输出数据不可以追溯到原始的输入数据。通常可以使用"哈希表"在哈希值之间建立连接,"哈希表"是包含许多哈希值的简单表格,哈希表可以加快计算机软件查找特定哈希值的速度。以下是加密哈希函数的一些重要特征:

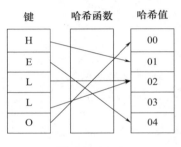

图1.1 哈希

(1)抗原像性:对于某个哈希值a,很难找到任何其他的输入值m,使得$hash(m) = a$。

(2)抗第二原像性:当存在输入值m_1时,很难找到第二个输入值m_2,使得$hash(m_1) = hash(m_2)$。

(3)抗碰撞性:很难找到不同的输入值,可以得到相同的哈希值的情况。

哈希函数具有一些特定的特性,这使得其在当今世界无论是对于密码学还是对于区块链平台,使用都非常广泛。其中,有一个特性是函数中的特定输入将始终导致特定的输出。哪怕只是改变一个字母、一个数字或一个符号,整个输出值都会改变。该特性具有两个有价值的应用。首先,可以用于检查收到的消息内容是否完整。例如,如果在个人计算机上下载了某些软件,则通常可以检查下载的哈希值与网站公布的哈希值是否匹配。如果不匹配,就能知道计算机此时可能是下载了恶意软件,或者至少不是最初想下载的应用程序。其次,当通过哈希函数得到哈希值时,无法通过哈希值知道输入值是何值。正如本书之前所述,只改变输入值的一个字母将导致得到完全不同的输出。在网络安全领域,有一个概念称为"彩虹表攻击"。在彩虹表攻击中,攻击者有一个哈希表,并知道其中的输入和已使用的特定哈希函数,将得到的哈希值与能够窃取到密码的哈希值进行比较。如果攻击者找到匹配项,就能获取到密码。因此,如果攻击者知道使用了哪种哈希算法,就可以尝试猜测输入是什么(过去一些哈希算法已被"破坏",因此攻击者可以更快、更容易地猜测原始输入是什么)。现在需要寻找的是一个抗碰撞的函数,该函数使攻击者无法找到具有相同输出结果的两个不同的输入值。归根结底,每个哈希函数都不是完全抗碰撞的,因为输入空间极大而输出空间有限。但至少要花很长时间才能找到这样的碰撞,否则该函数就失去了价值。随着时间的推移,软件中普遍使用的都是特定几种哈希函数。随着计算机能力的增强,这些标准随着时间的推移而发展,这是因为一些"旧"标准已被打破,而其他标准则包含一些漏洞,这些漏洞已经被攻击者开始利用。此类攻击包括"碰撞攻击",其中攻击者将试图找到导致相同输出的两个输入。没有哈希函数是真正"无碰撞"的,但通常需要很长时间才能找到这样的碰撞。还有一些其他的攻击,如"生日攻击"和"原像攻击"。甚至现在还存在一些竞赛,这些竞赛的目的就是打破当前的哈希函数(如 SHA-256 非对称加密算法)。这样做的目的是当发现漏洞时,人们可以创建出更好的哈希函数来克服这些漏洞。与其让攻击者将新发现的漏洞用于恶意活动,不如让攻击者"合法地"破坏函数。

1.2 电子现金

电子现金(ECash)是大卫·乔姆(David Chaum)在 1983 年提出来的想法[1]。ECash 是一种匿名的加密货币方式,钱将存储在用户的计算机上并由银行的软件签名。银行则作为公钥系统,由重要机构所控制。最终在 1990 年,DigiCash 公司在圣路易斯的马克吐温银行实施了该系统,在三年多的时间里,大约 5000 人使用了该系统。ECash 一直使用到 1998 年(尽管 DigiCash 公司

---

[1] Edwin(November 15, 2017). 1983: *eCash door David Chaum* (https://www.bitcoinsaltcoins.nl-1983-ecash-david-chaum/. Accessed May 17, 2020.

在1993年破产)。随着电子支付开始逐渐流行,并且组织正在寻找执行交易的新方式,ECash在欧洲的一些机构确实有所使用。大卫·乔姆值得特别赞扬,因为其于1982年撰写的论文《相互怀疑的团体建立、维护和信任的计算机系统》(Computer Systems Established, Maintained, and Trusted by Mutually Suspicious Groups)中包含了实现第一个区块链的所有元素(除了工作量证明算法)[1]。

1.3 哈希现金

比特币和其他区块链平台参考的第二种早期技术是哈希现金,哈希现金是一种工作量证明算法,已在多个系统中用作拒绝服务攻击的反制措施。哈希现金由阿达姆·巴克(Adam Back)于1997年发明,至今仍在全世界作为比特币挖矿函数广泛使用[2]。这种代价函数必须可以有效地验证,但其计算成本很高。用简单的话来说,这意味着代价函数必须很容易验证找到的方法是否正确,同时要求找到这样的方法应该足够困难。

哈希现金代价函数

直到今天,哈希现金代价函数仍在比特币网络中使用。哈希现金代价函数是一种非交互式、可公开审计、没有陷门的代价函数,具有无限的概率成本。从深层含义上来说,可公开审计意味着可以在不使用任何秘密信息或陷门[3]的情况下轻松验证代价函数。区块链中使用的代价函数中不应该有陷门,否则协议本身可能会被任何了解该函数的人破坏。如果有人实际完成了工作或通过使用陷门取得了结果,那么将不能再使用该代价函数。有陷门的代价函数会攻击网络中存在的信任,并且会消磨矿工投入时间和精力解决挑战的意愿。正如本书之前提到的,任何类型的代价函数的结果都应该易于验

---

[1] 参见 Wat is de geschiedenis van blockchain? https://btcdirect.eu/nl-nl/geschiedenis-blockchain. Accessed June 3, 2019.

[2] 关于Hashcash的论文可以在这里找到:http://www.hashcash.org/papers/hashcash.pdf。

[3] 这里的意思并不是字面意义上的"可审计",审计员会在任何意义上重复这项工作。这意味着可以有效地验证成本函数的结果,而无须重复工作以得出最终结果。

证但在最初难以创建①。代价函数存在着差异性。其中一个差异是在固定代价函数和概率代价函数之间,固定代价函数使用固定数量的资源进行计算,其中,最快的算法是确定性算法,而概率代价函数具有可以预测的期望计算时间,但实际计算时间是随机的,因为客户端可以通过使用随机选择的起始值来计算代价函数②。概率代价函数还可以区分为两种概率代价函数:无界概率代价函数和有界概率代价函数。理论上,无界概率代价函数可计算结果的空间是无限的,但计算时间比预期更长的概率会迅速下降至零。对于有界概率代价函数,人们应该知道并意识到可以计算结果的空间是有限的,需要搜索特定的键值空间,因此寻找解决方案的成本始终是有限的:

$$\begin{cases} C \leftarrow \mathrm{CHAL}(s,w), 服务器挑战函数 \\ \tau \leftarrow \mathrm{MINT}(C), 基于挑战的\ mint\ 代币 \\ \nu \leftarrow \mathrm{VALUE}(\tau), 代币评价函数 \end{cases} \quad (1-1)$$

从式(1-1)中可以看到服务器向客户端调用的挑战函数 C 被服务器使用 CHAL( )函数计算,其中服务名称位串 s 和工作量 w 是关键的参数。之后,客户端必须使用一个代价函数 MINT( )③来计算代币 τ,并将工作难度 w 作为挑战的一部分。最后,服务器将通过使用评价函数 VALUE( )来检查代币 τ,如式(1-2)所示,还可能存在一种非交互式代价函数(没有服务器和客户端之间的交互),客户端可以在 MINT 函数中选择一个挑战值或随机起始值。

$$\begin{cases} \tau \leftarrow \mathrm{MINT}(s,w), \mathrm{mint}\ 代币 \\ \nu \leftarrow \mathrm{VALUE}(\tau), 代币评价函数 \end{cases} \quad (1-2)$$

对于哈希现金代价函数,需要注意的是阿达姆·巴克引入了如下符号。考虑一个位串 $s = \{0,1\}*$,式(1-3)定义 $[s]_1$ 是位串中最左边的位,而 $[s]_{|s|}$ 是位串中最右边的位,以此类推,$s = [s]_{1\cdots|s|}$。如式(1-4)所示,二元中缀比较运算符 $x =_b b$(b 是两个位串的公共左子串的长度)。

$$x \stackrel{\text{left}}{=}_0 y [x]_1 \neq [y]_1 \quad (1-3)$$

$$x \stackrel{\text{left}}{=}_b y \ \forall_{i=1\cdots b} [x]_i = [y]_i \quad (1-4)$$

---

① 参见 Back A. (August 1, 2002) *Hashcash – A denial of Service Counter – Measure*。

② 读者可能会发现"运气"也是一个重要因素,因为在代价函数中找到合适的起始值几乎像中彩票。比特币协议提出的挑战也是如此。

③ "mint"是指创建成本代币或加密货币与实际铸造实物货币之间的类比。

哈希现金代价函数是相对于服务名称 s 计算的,以防止从一台服务器中铸造的代币在另一台服务器上使用。此服务名称可以是任何用于唯一标识服务的位串(如主机名或电子邮件地址)。代价函数是用来在所有的 $0 \sim k$ 位的 0^k 串中找到部分哈希冲突,其中最快的方法是使用暴力破解。为了确保不存在双花问题,服务器(或网络)需要保留所有交易的分类账,使得能够明确所有的参与者都是真实的。此外,还应该有一个时间限制用来解决时钟的不准确性、计算时间和传输延迟等问题。

$$\begin{cases} \text{PUBLIC}, \text{哈希函数 } \mathcal{H}(\cdot), \text{输出大小 } k \text{ 位} \\ \tau \leftarrow \text{MINT}(s,w), \textbf{find} \, x \in_R \{0,1\}^* \textbf{ st } \mathcal{H}(s \parallel x) \stackrel{\text{left}}{=}_w 0^k \\ \qquad \textbf{return}(s,x) \\ v \leftarrow \text{VALUE}(\tau), \mathcal{H}(s \parallel x) \stackrel{\text{left}}{=}_v 0^k \\ \qquad \textbf{return} \, v \end{cases} \quad (1-5)$$

在实际中,$|x|$ 的值可以选择足够大(根据用例,大约 128 位就足够了),以降低客户端重复使用之前使用过的值的可能性。服务器可以维持一个带有时间戳的双花数据库,避免使用过的值在过期之后从数据库中被删除记录。交互式哈希现金代价函数用于传输控制协议(Transmission Control Protocol,TCP)、传输层安全协议(Transport Layer Security,TLS)、安全外壳协议(Secure Shell,SSH)等交互式设置。在最初的实现中,交互式哈希现金代价函数用作服务器选择的挑战函数,以保护服务器资源免受拒绝服务(Denial of Services,DoS)攻击。

$$\begin{cases} C \leftarrow \text{CHAL}(s,w), \text{choose } c \in_R \{0,1\}^k \\ \qquad \textbf{return}(s,w,c) \\ \tau \leftarrow \text{MINT}(C), \textbf{find} \, x \in_R \{0,1\}^* \textbf{ st } \mathcal{H}(s \parallel c \parallel x) \stackrel{\text{left}}{=}_w 0^k \\ \qquad \textbf{return}(s,w) \\ v \leftarrow \text{VALUE}(\tau), \mathcal{H}(s \parallel c \parallel x) \stackrel{\text{left}}{=}_v 0^k \\ \qquad \textbf{return } v \end{cases} \quad (1-6)$$

多年来,专家提出了一些改进,如目标字符串用于查找与固定输出字符串的哈希冲突,因为该设计更简单并且降低了验证成本。尽管目标字符串用于比特币,但几个重要方面已经发生了变化,如哈希算法(SHA-1 与 SHA-

256,20～160个哈希位0与256个哈希位中至少前32个为0,比特币定期重置难度水平如后所述)。

1.4 B-Money

1998年,戴伟(Wei Dai)在一篇发表在密码朋克邮件列表上的论文中创造了B-money,目的是创建一个匿名的分布式电子现金系统。戴伟提出了两个独立的协议来实现其解决方案。第一个协议是工作量证明协议,该协议的提出是用来创建戴伟提出的数字货币。该协议之所以不被接受,是因为B-money需要一个不会被阻塞并能保持同步的广播频道。B-money的转移方式是通过向所有参与者广播所有的交易。因此,所有参与者都被迫对所有其他参与者进行记账。当网络上出现冲突时,每一方都可以在网络上广播证据,每个参与者都需要在其所保留的账户内为自己确定影响和结果。可以感觉到的是,无论从技术角度(广播、不可干扰、同步)还是从商业角度(由每个参与者决定账户内争议的最终结果),这都不是可以长期持续的事情。第二个协议是基于网络中的一小部分参与者来保存账户("服务器")。这些参与者必须锁定一定数量的钱才能成为服务器,如果这些参与者被证明是不诚实的,就会失去这些钱。重要的是,其他参与者必须不断检查账户,以确保服务器保持诚实,并核实货币供应没有受到这一小部分参与者的影响。B-money的重要性和其背后的想法不能被低估。比特币论文的作者中本聪(Satoshi Nakamoto)甚至在论文中提及B-money[1]这一概念。

1.5 对等

就"经典"互联网而言,对等(Peer-to-Peer,P2P)网络是一种不同的工作方式。在一般的互联网访问方式中,当试图访问一个网页时,一个请求会从用户计算机发送到网页所在的中央服务器。中央服务器做出回应之后,用户就可以在客户端上看到该网页。地球上每一个试图访问同一个网页的人,都会向同一个中央网络服务器发送一个请求,如图1.2所示。

---

[1] 如果想了解更多信息,请随时阅读戴伟撰写的论文:http://www.weidai.com/bmoney.txt。

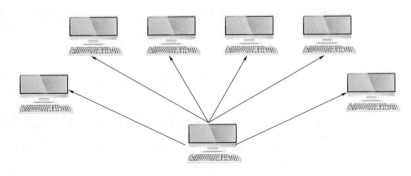

图 1.2　服务端 - 客户端环境

在对等环境中,客户端直接连接到彼此,并在彼此之间传输数据,中央服务器不参与该过程。对等非常类似于人类在现实生活中的通信方式:几个节点需要直接识别对方(利用对方的 IP 地址)并检查是否可以通过正确的端口进行通信。只有在该情况下,通信才能开始。对等网络在以下几个方面不同于其他分布式系统①。

(1)对称的角色:每个参与者通常既充当客户端也充当服务端。

(2)可扩展性:在网络中没有必要进行全方位的通信,允许通信进行扩展。

(3)多相性:节点软件可以在不同的硬件上运行。

(4)分布式控制:网络中的控制权由所有参与者共享。

(5)动态性:对等应用通常在一个非常动态的环境中运行。

对等系统有中心化的可能性,但相对于实际的去中心化对等系统而言,其稳健性和可扩展性还有待提高。对于去中心化系统,人们需要考虑以下几个方面:网络可以是分层的,也可以是扁平的;覆盖的网络可以是结构化的,也可以是非结构化的。

首先,概念传达了这样一个事实,即可以存在一个网络,其中某些节点比网络中的其他节点承担更多责任(通常称为"超级节点"或"主节点")。在这里可以看到有几个区块链网络在实际中确实是这样的情况。这可以为网络带来多项优势,如更快的同步、更高的消息吞吐量和更好的可扩展性。这些特殊节点可以负责对网络中的事件进行投票或承担其他有助于确定网络未

---

① 参见 Vu Q H, Lupu M, Ooi B. C. (2010). Peer - to - Peer Computing: Principles and Applications. 1st ed. Springer, p. 35。

来的关键职责。

其次,结构化数据和非结构化数据之间存在选择。在处理非结构化数据时,每个对等节点都需要对其数据集和如何转发这些信息的查询负责。这种设计存在两个弊端:一方面,从这样的网络中返回数据非常困难,因为这些数据往往是不完整的,可能永远不能确定是否能找回正确的数据;另一方面,结构化网络使用预定义的数据格式(特定的 JSON 格式、XML 格式等)工作。这种数据格式可以使信息有更好的传输,当用户在网络上进行查询时,用户可以预测返回的数字是什么格式。

与此同时,该类型的网络也带来了一系列的挑战。首先,系统的不可预测性大大加强,因为网络中的所有节点都控制着自己的行动,可以自行决定何时进入或离开网络,这反过来又会影响网络的性能。根据节点的不同,同一个数据的查询可以由多个节点回答,也可能没有节点回答此次查询,此外,同一个数据的查询可能使用的还是不同的成本向量。其次,由于数据是在多个节点上复制的,有可能一些节点的数据集是冲突的,甚至是过时的。不存在一个数据完全正确的中心节点,否则可能带来系统自身的问题。

对等系统的应用在网络方面也会存在一些挑战,首先,因为查询需要(在某些情况下)在整个网络中广播,当有大量此类请求发出时,会导致网络的堵塞。此外,网络不能总是支持复杂的查询(因为这意味着节点需要更多地处理其存储的数据信息)。其次,人们经常谈论网络安全性的问题,因为网络往往对所有参与者开放,所以隐私是个值得担心的问题。因为系统要对网络中的每个节点的行为负责,所以系统还需要有激励措施,这样参与者才会真正遵守并支持网络的规则。最后,需要并行编程模型(遗憾的是此类网络通常缺乏)。在该网络中进行路由(如前所述)通常是一项具有挑战性的任务。当然,由于网络拥堵,非结构化对等网络的可扩展性设计就变得十分困难,但这是为实现节点的高自主性和低维护成本而必须做出的权衡。通常,这些网络利用生存时间(Time-to-Live,TTL)来确定在整个网络中传播查询的有效性。

随着时间的推移,一些路由技术已经被定义。首先,这里要简单介绍一下非结构化网络中使用的技术:广度优先搜索(Breadth-First Search,BFS)和深度优先搜索(Depth-First Search,DFS)。BFS 技术中有一个预定义的参数 D,D 决定了一个查询的最大 TTL。BFS 技术会将查询转发给所有节点,信息不断传播,直至达到 D。DFS 技术中也使用了相同的参数 D,但只向网络中最有希望的节点发送查询。还有一些基于启发式的路由策略,如迭代深化。迭代深化是一种源自人工智能研究的技术,基本上可以归结为几个广度优先的搜索,该搜索随着时间的推移不断扩展,直至达到 TTL(或返回结果)。第二种技术是定向 BFS,信息首先被传播到邻近节点的一个子集,之后再使用经典的 BFS 技术。第三种技术称为"本地索引搜索",其中节点不仅为其本地数据创建索引,也为存储在邻近节点的数据创建索引。第四种技术基于路由索引的搜索通过让节点存储主题和邻居存储的文档数量来提升搜索效率。基于路由索引(Routing – Indices,RI)的搜索有几种技术,包括复合 RI、跳数 RI 和指数聚合 RI。第五种技术是随机游走技术,该技术会将查询转发给一个或多个随机邻近节点,直到找到结果或达到 TTL。第六种技术是自适应概率搜索,是一种添加了一些概率的随机游走查询。在该搜索中,发送消息的节点将根据一些指标选择其邻近节点。第七种技术是基于布隆过滤器的搜索,此技术将使用布隆过滤器(稍后解释)来确定哪些信息存储在哪个(相邻)节点上。

结构化对等网络也有许多路由选择,这些路由选择可以分为三个:使用分布式哈希表的网络、跳表系统和基于树的系统。第一个将使用分布式哈希表(下面解释);第二个将使用跳图或一些类似的图,在该图中,节点会参与列表的每一个级别;第三个基于树的系统利用基于树的结构来寻找数据。使用的第一种路由技术称为"Chord",此技术使用哈希来映射一维标识符空间中的节点和数据项。第二种路由技术称为"CAN"或者"内容可寻址网络",其建立在一个虚拟的 d 维笛卡儿坐标空间上。第三种路由技术称为"PRR 树",其中"Pastry"和"Tapestry"是两个实现。每个节点根据节点 ID 构建一个路由表,这些 ID 可以标识哪个节点与其更为接近。第三种路由技术称为"Viceroy","Viceroy"是一种基于 DHT 的多级系统,而称为"Crescendo"的第四种路由技术则采用分层 DHT 方法。

如上所述,跳图在一个层次中使用了多个列表。还有 SkipNet、P – Grid、P – Tree 和 BATON 等路由技术。当然还有混合对等系统,此系统使用诸如"Ultrapeer"之类的技术。在这种技术中有超级节点和叶节点两种类型。第一个超级节点将查询转发给其他超级节点,而这些超级节点还将根据索引搜索其叶节点以找到存在所需数据的节点。还有结构化超级节点和 EDUTELLA 系统。

当谈论对等系统时,"信任"也是一个需要考虑的重要概念。如何信任网络中的其他节点?在没有服务器的世界中,有两种技术可用于管理信任:第一种是在网络中所有节点之间交换知识的流言算法,而第二种技术仅关注"本地"信誉。最早的对等网络之一是集中式对等网络(Napster),此网络允许通过互联网共享文件。如果研究者真正关注完全去中心化的对等网络,就会了解到 FreeNet、Gnutella、FreeHaven 等例子,如图 1.3 所示。BitTorrent 协议是对等网络的另一种特定实现,至今仍在使用。

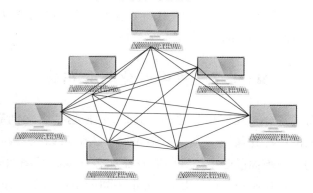

图 1.3　对等网络

在 BitTorrent 世界中,计算机在开始加载 .torrent 文件时加入"Swarm"。基于此文件,客户端会关联一个跟踪器,跟踪器是跟踪所有已连接客户端的服务器。关联跟踪器之后客户端开始根据此信息共享 IP 地址,之后可以共享数据。从用户下载文件的特定位那一刻起,也开始在网络中上传此数据,这样可以加快每个用户的下载速度,并且还不会对任何一台机器造成压力。该跟踪器系统被越来越多的无痕跟踪系统所取代,从而可以完全避免使用中央服务器。该功能是通过使用分布式哈希表来完成的。从用户开始使用"磁力链接"的那一刻起,网络中越来越多的节点就会联系起来,直到找到所请求文件的信息。

1.6　分布式哈希表

分布式哈希表(Distributed Hash Table,DHT)是去中心化分布式系统中的哈希表。这意味着键-值对是存储在表中的,网络中的每个节点都可以利用键在表中查找对应的值。网络中的节点用唯一的键来维护表格,这样就不会出现两个相同的值,因此网络中不会出现问题。分布式哈希表由 Napster、Freenet、Gnutella 和 BitTorrent 等对等网络产生。这些分布式哈希表很容易扩展到网络中任意数量的节点,并且还具有容错能力,易于维护,因为新节点加入或离开网络并不重要。当深入细节时,就会知道分布式哈希表由一个键组成,该键空间分区的方案是让所有参加的节点放在一起划分。此外,还包括一个覆盖网络,覆盖网络的职责是负责连接所有节点(结构化)。最后一个组成部分是表中值的实际哈希。当然,还会存在一些相同的哈希函数或集合哈希函数,这些哈希函数有助于将键映射到节点上。这种结构的优点是当节点进入或离开网络时,只有相邻节点会受到影响。

1.7 去中心化与分布式

本书经常谈论分布式网络与去中心化网络,但这两者之间有什么区别,这两者与经典的中心化解决方案又有何不同?人们可以很容易地想象出一种集中式结构。与前面段落中提到的服务器和客户端的示例相同,用户拥有一个故障点和一个控制点,这是网络中决定一切的中心力量。下一步是去中心化。这里没有单一的中央权力机构,但也可以在网络中找到多个这样的"中央"集群。因此,网络已经摆脱了中央单点发生故障的问题,但还没有真正地达到"分布式"网络的阶段。在分布式网络中不存在中心节点,因此在删除节点时不会导致信息丢失,也不会存在单点故障(也没有4点故障①)。

如图1.4所示,这种结构可以看作分布式网络的一个子集,其中所有节点之间的重要性在整个网络中更加分散。在网络中不再有真正的故障点,因为任

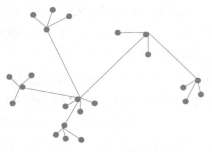

图1.4 去中心化结构

何节点都可以离开或进入网络而不影响整体功能(达到一个特定点,其取决于整个网络中的数据复制率)。

SHA-256 非对称加密算法

安全哈希算法(Secure Hashing Algorithm,SHA)是一组特定的加密函数,

---

① 4点故障指的是在软件、挖矿、交易、钱包这4个方面可能产生的故障。——译者

专门设计用于保证数据的安全。正如其名,算法通过对数据进行哈希做到这一点。哈希是一种可以计算固定大小的输出的数学算法,无论输入有多长,输出的大小始终相同[①]。即使对输入更改一个字母、一个数字,甚至小到一个点,输出都将完全改变。这正是一个好的哈希函数算法可以体现出来的[②]。哈希算法会使用布尔运算,如与($\wedge$)、或($\vee$)、异或($\oplus$)、按位补码($-$)和整数加法模 2^{32}(对于 SHA-256 非对称加密算法而言)。对这些哈希算法可以设想几种攻击方式。第一种攻击是暴力破解。攻击者尝试每种可能的输入,从而对输出进行对比获得原始消息。攻击者越难找到原始消息,所谓的"抗原像性"就越好。第二种攻击是碰撞攻击。在这种攻击中,攻击者尝试找到两个可能的输入,两者通过哈希算法之后得到的输出是一样的。如果发生这种情况,并且应用程序对哈希值而不是密码本身进行比较,攻击者便可能在不知道正确密码的情况下获得访问权限。第三种攻击是基于"生日悖论"的生日攻击。该悖论表明,如果在一个特定房间中有 30 个人,那么有大约 70% 的概率其中的两人生日相同。无须过多解释[③],生日攻击中,攻击者将尝试创建一个错误的输入,该错误输入与正确输入有相同的哈希值。这可以在输出字符串不够长时完成,因为此时输入转换为输出的可能性就比较有限。当然避免这种攻击或许是不可能的,因为哈希函数的输出总是有限的。但是,哈希函数的输出越长,攻击者就越难以进行这种攻击。第四种可能发生的攻击为彩虹表攻击。彩虹表是一个只包含输入列表及其哈希输出的表。攻击者所做的只是尝试将某个哈希值与特定输入相匹配。哈希算法有多种类型和系列,但重点是 SHA 系列。随着时间的推移,出现了 SHA-0、SHA-1、SHA-2 和 SHA-3。SHA-0 和 SHA-1 过去被证明容易受到多种类型的攻击。SHA-2 生成 224 位或 256 位大小的摘要,而 SHA-1 仅生成 160 位摘要。SHA-256 的摘要长度为 256 位,是一种无密钥哈希函数。该算法对 32 位字进行运算并使用式(1-7)~式(1-12)(大致来说):

$$\text{Ch}(X,Y,Z) = (X \wedge Y) \oplus (\overline{X} \wedge Z) \qquad (1-7)$$

[①] 需要注意的是,哈希算法的输出是单向的,这意味着不可能通过输出还原原始输入数据,或者可以说理论上不可能。

[②] 过去曾有一些哈希算法被破解,现在可以对其进行逆向工程。

[③] 该悖论背后的公式为 $1 - 365!/((365-n)! * 365^n)$,其中 n 为房间中的参与者人数。

$$\text{Maj}(X,Y,Z) = (X \wedge Y) \oplus (X \wedge Z) \oplus (Y \wedge Z) \quad (1-8)$$

$$\sum\nolimits_0(X) = \text{RotR}(X,2) \oplus \text{RotR}(X,13) \oplus \text{RotR}(X,22) \quad (1-9)$$

$$\sum\nolimits_1(X) = \text{RotR}(X,6) \oplus \text{RotR}(X,11) \oplus \text{RotR}(X,25) \quad (1-10)$$

$$\sigma_0(X) = \text{RotR}(X,7) \oplus \text{RotR}(X,18) \oplus \text{ShR}(X,3) \quad (1-11)$$

$$\sigma_1(X) = \text{RotR}(X,17) \oplus \text{RotR}(X,19) \oplus \text{ShR}(X,10) \quad (1-12)$$

式中：$\text{RotR}(A,n)$ 表示循环右移；$\text{ShR}(A,n)$ 表示对二进制字 A 进行右移；$A \| B$ 表示二进制 A 与 B 的拼接。并且需要使用 64 个二进制字 K_i，其中 K_i 通过前 64 个质数的立方根的小数部分的前 32 位计算得出。

0x428a2f98	0x71374491	0xb5c0fbcf	0xe9b5dba5	0x3956c25b	0x59f111f1	0x923f82a4	0xab1c5ed5		
0xd807aa98	0x12835b01	0x243185be	0x550c7dc3	0x72be5d74	0x80deb1fe	0x9bdc06a7	0xc19bf174		
0xe49b69c1	0xefbe4786	0x0fc19dc6	0x240ca1cc	0x2de92c6f	0x4a7484aa	0x5cb0a9dc	0x76f988da		
0x983e5152	0xa831c66d	0xb00327c8	0xbf597fc7	0xc6e00bf3	0xd5a79147	0x06ca6351	0x14292967		
0x27b70a85	0x2e1b2138	0x4d2c6dfc	0x53380d13	0x650a7354	0x766a0abb	0x81c2c92e	0x92722c85		
0xa2bfe8a1	0xa81a664b	0xc24b8b70	0xc76c51a3	0xd192e819	0xd6990624	0xf40e3585	0x106aa070		
0x19a4c116	0x1e376c08	0x2748774c	0x34b0bcb5	0x391c0cb3	0x4ed8aa4a	0x5b9cca4f	0x682e6ff3		
0x748f82ee	0x78a5636f	0x84c87814	0x8cc70208	0x90befffa	0xa4506ceb	0xbef9a3f7	0xc67178f2		

该算法利用填充确保输入的长度恰好为 512 的倍数。填充总是遵循特定的方式，即附加 1 位的 1 以及 k 位的 0①，以及再附加原内容的长度 l，$l < 2^{64}$，则长度 l 便可以正好使用 64 位表示。这些都添加到原消息的末尾。对于每个消息块 $M \in \{0,1\}^{512}$，构造 64 个 32 位的字，其中前 16 个字是通过将 M 拆分为 32 位的块 $M = W_1 \| W_2 \| \cdots \| W_{16}$ 得到的，剩下的 48 个是通过公式 $W_i = \sigma_1(W_{i-2}) + W_{i-7} + \sigma_0(W_{i-15}) + W_{i-16}, 17 \leqslant i \leqslant 64$ 计算得到②。在哈希计算的开始，算法将 8 个变量设置为初始值，这些初始值由前 8 个质数的平方根的小数部分的前 32 位给出：

$H_1^{(0)} = \text{0x6a09e667}, H_2^{(0)} = \text{0xbb67ae85}, H_3^{(0)} = \text{0x3c6ef372}, H_4^{(0)} = \text{0xa54ff53a}$

$H_5^{(0)} = \text{0x510e527f}, H_6^{(0)} = \text{0x9b05688c}, H_7^{(0)} = \text{0x1f83d9ab}, H_8^{(0)} = \text{0x5be0cd19}$

初始公式设置为

---

① k 是使得 $l + 1 + k = 448 \bmod 512$ 的最小整数，其中 l 为输入的位长度。

② 书中原公式为 $W_i = \sigma_1(W_i - 2) + W_i - 7 + \sigma_0(W_i - 15) + W_i - 16, 17 \leqslant i \leqslant 64$，订正为 $W_i = \sigma_1(W_{i-2}) + W_{i-7} + \sigma_0(W_{i-15}) + W_{i-16}, 17 \leqslant i \leqslant 64$。——译者

$$(a,b,c,d,e,f,g,h) = (H_1^{(t-1)}, H_2^{(t-1)}, H_3^{(t-1)}, H_4^{(t-1)}, H_5^{(t-1)},$$
$$H_6^{(t-1)}, H_7^{(t-1)}, H_8^{(t-1)}) \qquad (1-13)$$

式(1-14)~式(1-23)是对每个 M_i 对应的 64 个消息块的处理,按顺序对每个消息块进行一次,共 64 次:

$$T_1 = h + \Sigma_1(e) + Ch(e,f,g) + K_i + W_i \qquad (1-14)$$
$$T_2 = \Sigma_0(a) + \text{Maj}(a,b,c) \text{①} \qquad (1-15)$$
$$h = g \qquad (1-16)$$
$$g = f \qquad (1-17)$$
$$f = e \qquad (1-18)$$
$$e = d + T_1 \qquad (1-19)$$
$$d = c \qquad (1-20)$$
$$c = b \qquad (1-21)$$
$$b = a \qquad (1-22)$$
$$a = T_1 + T_2 \qquad (1-23)$$

从中可以计算得到新的哈希值:

$$H_1^{(t)} = H_1^{(t-1)} + a \qquad (1-24)$$
$$H_2^{(t)} = H_2^{(t-1)} + b \qquad (1-25)$$
$$H_3^{(t)} = H_3^{(t-1)} + c \qquad (1-26)$$
$$H_4^{(t)} = H_4^{(t-1)} + d \qquad (1-27)$$
$$H_5^{(t)} = H_5^{(t-1)} + e \qquad (1-28)$$
$$H_6^{(t)} = H_6^{(t-1)} + f \qquad (1-29)$$
$$H_7^{(t)} = H_7^{(t-1)} + g \qquad (1-30)$$
$$H_8^{(t)} = H_8^{(t-1)} + h \qquad (1-31)$$

最后一步如下:

$$H = H_1^{(t)} \parallel H_2^{(t)} \parallel H_3^{(t)} \parallel H_4^{(t)} \parallel H_5^{(t)} \parallel H_6^{(t)} \parallel H_7^{(t)} \parallel H_8^{(t)} \text{②} \qquad (1-32)$$

最终得到了 SHA-256 算法的结果。给出一个示例:abc 的 SHA-256 算

---

① 原书中公式为 $T_2 = \Sigma_0(a)h = gaj(a,b,c)$,订正为 $T_2 = \Sigma_0(a) + \text{Maj}(a,b,c)$。——译者

② 原书中公式为 $H = H_1^{(t)} \parallel H_2^{(t)} \parallel H_3^{(t)} \parallel H_4^{(t)} \parallel H_5^{(t)} \parallel H_6^{(t)} \parallel H_7^{(t)} \parallel H_{18}^{(t)}$,现修改为 $H = H_1^{(t)} \parallel H_2^{(t)} \parallel H_3^{(t)} \parallel H_4^{(t)} \parallel H_5^{(t)} \parallel H_6^{(t)} \parallel H_7^{(t)} \parallel H_8^{(t)}$。——译者

法得到的哈希值为 ba7816bf8f01cfea414140de5dae2223b00361a396177a9cb410ff61f20015ad。为了给出 SHA-256 算法的详细工作过程，以下是 Python 实现的全部过程[①]：

```
W = 32            #Number of bits in word
M = 1 << W
FF = M - 1        #0xFFFFFFFF (for performing addition mod 2**32)
#Constants from SHA256 definition
K = (0x428a2f98,0x71374491,0xb5c0fbcf,0xe9b5dba5,
    0x3956c25b,0x59f111f1,0x923f82a4,0xab1c5ed5,
    0xd807aa98,0x12835b01,0x243185be,0x550c7dc3,
    0x72be5d74,0x80deb1fe,0x9bdc06a7,0xc19bf174,
    0xe49b69c1,0xefbe4786,0x0fc19dc6,0x240ca1cc,
    0x2de92c6f,0x4a7484aa,0x5cb0a9dc,0x76f988da,
    0x983e5152,0xa831c66d,0xb00327c8,0xbf597fc7,
    0xc6e00bf3,0xd5a79147,0x06ca6351,0x14292967,
    0x27b70a85,0x2e1b2138,0x4d2c6dfc,0x53380d13,
    0x650a7354,0x766a0abb,0x81c2c92e,0x92722c85,
    0xa2bfe8a1,0xa81a664b,0xc24b8b70,0xc76c51a3,
    0xd192e819,0xd6990624,0xf40e3585,0x106aa070,
    0x19a4c116,0x1e376c08,0x2748774c,0x34b0bcb5,
    0x391c0cb3,0x4ed8aa4a,0x5b9cca4f,0x682e6ff3,
    0x748f82ee,0x78a5636f,0x84c87814,0x8cc70208,
    0x90befffa,0xa4506ceb,0xbef9a3f7,0xc67178f2)

#Initial values for compression function
I = (0x6a09e667,0xbb67ae85,0x3c6ef372,0xa54ff53a,
    0x510e527f,0x9b05688c,0x1f83d9ab,0x5be0cd19)

def RR(x,b):
    '''
```

[①] 参见 Smith, N. T. *SHA 256 pseuedocode*? https://stackoverflow.com/questions/11937192/sha-256-pseuedocode/46916317#46916317。Accessed May 26, 2020。

```python
    32-bit bitwise rotate right
    '''
    return ((x >> b) | (x << (W-b))) and FF


def Pad(W):
    '''
    Pad and convert
    '''
    mdi = len(W) % 64
    L = (len(W) << 3).to_bytes(8,'big')      #Binary of len(W) in bits
    npad = 55 - mdi if mdi < 56 else 119 - mdi  #Pad so 64 | len; add 1 block if needed
    return bytes(W,'ascii') + b'\\x80' + (b'\x00' * npad) + L  #64 | 1 + npad + 8 + len(W)


def Sha256CF(Wt,Kt,A,B,C,D,E,F,G,H):
    '''
    SHA256 Compression Function
    '''
    Ch = (E and F) ^(~E and G)
    Ma = (A and B) ^(A and C) ^(B and C)        #Major
    S0 = RR(A,2) ^RR(A,13) ^RR(A,22)   #Sigma_0
    S1 = RR(E,6) ^RR(E,11) ^RR(E,25)   #Sigma_1
    T1 = H + S1 + Ch + Wt + Kt
    return (T1 + S0 + Ma) and FF,A,B,C,(D + T1)and FF,E,F,G


def Sha256(M):
    '''
    Performs SHA256 on an input string
    M: The string to process
    return: A 32 byte array of the binary digest
    '''
```

```
        M = Pad(M)            #Pad message so that length is divisible by 64
        DG = list(I)          #Digest as 8 32-bit words (A-H)
        for j in range(0,len(M),64):   #Iterate over message in chunks of 64
                S = M[j:j + 64]              #Current chunk
                W = [0] * 64
                W[0:16] = [int.from_bytes(S[i:i + 4],'big') for i in range(0,64,4)]
                for i in range(16,64):
                        s0 = RR(W[i -15],7) ^RR(W[i -15],18) ^(W[i -15] > > 3)
                        s1 = RR(W[i -2],17) ^RR(W[i -2],19) ^(W[i -2] > > 10)
                        W[i] = (W[i -16] + s0 + W[i -7] + s1) and FF
                A,B,C,D,E,F,G,H = DG #State of the compression function
                for i in range(64):
                        A,B,C,D,E,F,G,H = Sha256CF(W[i],K[i],A,B,C,D,E,F,G,H)
                DG = [(X + Y) & FF for X,Y in zip(DG,(A,B,C,D,E,F,G,H))]
        return b".join(Di.to_bytes(4,'big') for Di in DG)   #Convert to byte array

        if __name__ = = "__main__":
                bd = Sha256('Hello World')
                print(".join('{:02x}'.format(i) for i in bd))
```

1.8 默克尔树

默克尔树[1]或二叉哈希树是一种高效的数据汇总结构,因为默克尔树将形成哈希链的泛化。读者可以将默克尔树想象成一棵倒挂的树(图 1.5)。当正在处理一个分支数据结构时,其中每个叶节点都标有数据块的哈希值,每个非叶节点都标有其子节点标签的哈希值。树的根位于顶部,而叶节点则散布在树结构的下方。当处理 n 个数据元素时,最多可以通过 $2 + \log_2(n)$[2]次计

---

① 哈希树是由拉尔夫·默克尔(Ralph Merkle)创建的,他于 1979 年获得了专利。
② 原文为 $2 + \log_z(n)$,现修改为 $2 + \log_2(n)$。——译者

算来判断某个数据元素是否为根的一部分,这是一种非常有效的数据缩减方式。

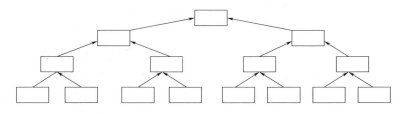

图1.5 默克尔树结构的简单实例

该技术可以在对等网络中得到应用,在对等网络中可以用来验证接收到的数据是否完好无损。当然也可以在比特币和以太坊网络中找到该技术。默克尔树有助于高效地汇总信息,在比特币和以太坊的应用中,默克尔树是被汇总的交易。交易的哈希值被一起哈希,直到只剩下最后一个哈希值,也就是所谓的根,根将包含在块头中。当处理比特币问题时,使用的是双SHA-256算法。为了验证交易是否包含在特定区块中,节点识别过程中所需要的只是区块头,区块头可以从中提取默克尔树的根,从而从整个节点检索默克尔树路径,而无须实际存储整个区块链。可以在简易支付验证系统(Simplified Payment Verification System,SPVS)中找到这一处理问题的办法。

1.8.1 默克尔帕特里夏树

当在谈论以太坊网络时,通常会使用默克尔帕特里夏树。默克尔帕特里夏树是默克尔树(如上所述)和 Patricia Trie 的组合。Patricia Trie[①] 也称为前缀树、Redix 树或简单字典树,是一种使用键作为路径的数据结构,因此共享相同键的节点可以共享相同的路径。这意味着这种结构对于查找公共前缀来说是最快的,同时需要的内存也很小[②]。当研究默克尔帕特里夏树时,可以看到每个节点都会收到一个哈希值,该哈希值是由其内容的 SHA3 哈希值决定。同时,该哈希作为指向该节点的键。例如,Go-Ethereum 使用 levelDB,而 parity 使用 rocksDB 将状态作为键值存储[③]。以太坊状态的这些键值用作默克尔帕特里夏树上的路径。这里用单元的形式来区分"半字节"中的键值。由

---

① 浏览 Medium.com,了解有关 Patricia Merkle Trie 或区块链的更多信息。
② 一般指路由表。
③ 保存在存储中的键和值不是以太坊状态的键值。

此可知,每个节点最多有 16 个分支。当一个节点没有子节点时,其将称为"叶节点"。该节点由路径和值两项组成。除了分支节点和叶节点,这里还可以区分第三种类型的节点:扩展节点,这是分支节点的优化节点。在以太坊状态中,通常有一个分支节点和一个叶节点,然后将其压缩为扩展节点,其中包含子节点的路径和哈希值。为了能够区分叶节点和扩展节点,这里添加了一个前缀。如果正在处理具有偶数个半字节的叶节点,则添加前缀 0x20;如果半字节数为奇数,则添加前缀 0x30。对于扩展节点,如果半字节数为偶数,则添加 0x00,如果半字节数为奇数,则添加 0x10。

1.8.2 布隆过滤器

布隆过滤器是默克尔树的最后一个概念,布隆过滤器是一种概率数据结构,可以确定某数据项是否不在数据集中,或者以一定的概率说明该数据项"可能"存在于数据集中。这就不可能产生假阴性现象,但是可能会产生假阳性现象的问题。布隆过滤器的结构是什么样的? 布隆过滤器基本上由一个位域和一组哈希函数组成,其中哈希函数最终会返回一个数字,该数字的索引与位域中的位相对应。因此,如果用一个输入去测试布隆过滤器,当位域中的位为 1 时,布隆过滤器可以确定其之前见过该输入,反之将为 0。那么如何做到这一点的? 初始状态下,位域中所有的位都置为 0,当引入新的数据时,一些特定的位将置为 1,如表 1.1 所列。

表 1.1 布隆过滤器设置

初始值 位域	插入元素 X 和 Y	新值 位域
0		1
0	X	0
0		0
0		0
0	Y	1
0		1
0		1
0		1
0		0

接下来，向过滤器发送数据，如果不是所有特定的位都等于1，则能确定过滤器之前从未见过该数据，如表1.2所列。

表1.2　Z不在集合中时

Z是否在集合中	布隆过滤器
	1
	0
	0
	0
	1
	1
	0
	0
	0
	1
	1
	0

这是一个有趣的特性：布隆过滤器在空间效率方面比其他数据结构更有优势，因为数据本身并不会被存储，仅仅存储了数据项的哈希结果。在区块链中，有时会用于钱包技术，以加速融合轻型客户端。

1.9　状态机

"状态机"是计算机科学中的一个重要概念，它是一种用于设计算法的数学抽象[①]建模。状态机读取一系列输入，每个输入都会使其切换到不同的状态。根据输入，状态机可以输出输入的顺序。尽管好像并不是很有用，但计算机科学中的一些问题可以用该概念来解决。举个例子，对于网页的展示，即使不是程序员，也可以理解一个网页需要按照一定的顺序呈现，否则将会出现错误，得不到任何有用的信息。状态机可以将状态移动到网页 HTML 文件的多个标记上，并确保一切至少按正确的顺序进行。确定性状态机是状态机的一种类型，其对于每个输入只有一个转换，输出的是其最终状态。当然，

---

① 参见 Shead, M. (February 14, 2011) State Machines – Basics of Computer Science. *Blog. markshead. com.* https://blog.markshead.com/869/state–machines–computer–science/. Accessed June 5, 2019。

也有可能存在非确定性状态机,这意味着多个输入在状态机内进入相同的转换,这时就会触发外部动作。这种情况是可能存在的,因为当涉及状态机时,只有输出是重要的。以进出汽车的有限状态机为例,只有一组特定的可能情况才能导致一组特定的状态输出,如图1.6所示。

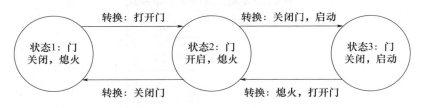

图1.6　有限状态机

图灵机

图灵机是一种假设的机器,能够识别非常规模式。图灵机在计算上是完整的,对于任何可以计算的东西,都可以在图灵机上计算。图灵机不限于有限数量的状态,因为其能够对接收到的输入进行更改,并且在无限量的内存上运行。图灵机有一个有限表,其中包含用户指定的指令,其让机器输入一个符号并继续下一个输入和指令,直到图灵机停止计算①。如果一个数据处理规则系统能够模拟图灵机,则该系统称为图灵完备。该系统能够识别其他数据处理规则集,由此可以展示此类数据处理规则集的强大功能②。

1.10　椭圆曲线加密算法

虽然之前的概念和技术可能非常容易理解,但相对而言,椭圆曲线加密算法会更难一些。首先,这里简短地解释一下公钥加密算法的概念。公钥加密算法(或非对称加密算法)通常用于生成私钥和公钥两种类型的密钥。公钥在某种意义上可以与公众共享,而私钥必须保持私密。为了生成这些密

---

① 参见 Mullins, R. (2012) What is a Turing machine? Department of Computer Science and Technology – University of Cambridge. https://www.cl.cam.ac.uk/projects/raspberrypi/tutorials/turing – machine/one.html. Accessed June 5, 2019.

② 由著名数学家艾伦·图灵(Alan Turing)发明。

钥,需要使用单向函数以解决安全通信方面的古老问题。关于对称密钥加密算法,只需生成一个私钥并将其用作账户、锁或其他任何东西的密码或口令。想象一下,当 A 和 B 想互相发送消息时,两人希望对消息进行加密,因为这样就只有两人可以阅读消息。解决方案之一是共享相同的密码,但这并不是有效的,因为首先需要找到一种安全的方式来相互共享这些密钥,这可能已经造成了很大的问题。其次是数量问题。A 可能想向 B 发送安全消息,但 B 也想对 B 的所有朋友、家人和同事做同样的事情,这样就有很多密钥要发送并且存储,而这里还没有考虑更改密码等事情。这意味着现实世界将会彻底混乱,而公钥加密算法在这里找到了解决方案。A 可以与所有人共享 A 的公钥,将其留在公共数据库中并通过不安全的网络传输。公钥旨在被所有人共享和了解。如果 B 现在使用 A 的公钥加密一条消息,那么 A 是唯一可以使用 A 的私钥解密消息的人[①],如图 1.7 所示。

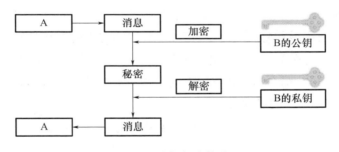

图 1.7　公钥加密算法

这就可以联想到区块链和加密货币:钱包地址和用来访问钱包地址的私钥。当然,公钥加密算法还有很多用途,如用于验证消息发件人的数字签名。公钥加密算法中密钥的生成方式通常基于哈希算法,这些哈希算法会根据熵产生特定结果。一旦丢失私钥,拥有者将无法再访问自己的钱包,因为这些算法是牢不可破的。当算法可以破解时,其他人的密钥也将不再安全。不同的区块链平台会使用不同类型的哈希算法来生成这些密钥,这也是为什么有些币可以存放在一起而有些则不能的原因。通常还有一些额外的程序:这就是为什么以太坊和比特币的地址看起来差异很大,但在一些部分仍然有很多相关的地方。回到最初的话题:椭圆曲线密钥密码学;如果读者从未接触过

---

① 原书使用"你""我",订正为 A,B。——译者

密码学,这将会有点困难。首先必须了解有限域,有限域可以定义为一组有限的数字和满足一组特定规则的两个运算(加法和乘法)①,如式(1-33)~式(1-36)所示。

(1)封闭性:如果 a 和 b 在集合中,那么存在运算 $a+b$ 和 $a \cdot b$。

(2)加法恒等式:

$$a + 0 = a \qquad (1-33)$$

(3)乘法恒等式:

$$a \cdot 1 = a \qquad (1-34)$$

(4)加法逆运算:如果 a 在集合中,那么集合中存在 $-a$ 满足

$$a + (-a) = 0 \qquad (1-35)$$

(5)乘法逆运算:如果 a 在集合中且不等于0,那么集合中存在 a^{-1} 满足

$$a \cdot a^{-1} = 1 \qquad (1-36)$$

可以通过以下方式定义有限域: $F_p = \{0,1,2,3,\cdots,p-1\}$,其中 p 为有限域 F 的阶。有限域的阶将始终是质数的幂,因为定义的所有规则只有在阶是质数的幂时才适用②。如果希望与之前定义的规则保持一致,即如果希望有限域保持"封闭",那么加法将采用不同于常规加法的另一种形式。在有限域中,加法采用模运算的形式,即

$$a +_f b \in F_p \Rightarrow a +_f b = (a+b) \% p, \qquad a,b \in F_p \qquad (1-37)$$

同样地,对于其他运算(其中 f 表示有限域运算,如减法、加法或乘法),如式(1-38)~式(1-43)所示:

$$a -_f b \in F_p \Rightarrow a -_f b = (a-b) \% p, a,b \in F_p \qquad (1-38)$$

$$-_f a = (-a) \% p \qquad (1-39)$$

$$a \cdot_f b = a +_f a +_f a (b 次) \qquad (1-40)$$

$$a^b = a \cdot_f a \cdot_f a (b 次) \qquad (1-41)$$

$$n^{p-1} \% p = 1 (费马小定理) \qquad (1-42)$$

$$a/b = a \cdot_f (1/b) = a \cdot_f b^{-1} \qquad (1-43)$$

---

① 参见 Song, J. (2019). Programming Bitcoin: Learn How to Program Bitcoin from Scratch. 1st ed. Boston, MA: O'Reilly, p. 123.

② 原文为"定义的所有规则只有在阶是质数时才适用",现订正为"定义的所有规则只有在阶是质数的幂时才适用"。——译者

接下来是椭圆曲线,如图 1.8 所示。其公式为
$$y^2 = x^3 + ax + b \tag{1-44}$$

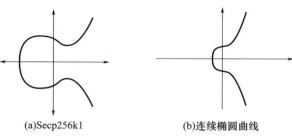

(a)Secp256k1　　　　(b)连续椭圆曲线

图 1.8　Secp 256k1 和连续椭圆曲线

这些椭圆曲线可用于密码学和区块链。对于比特币,一般使用 $y^2 = x^3 + 7$(又称 Secp256k1)。之所以选择这种具体实施方式,是因为 Secp256k1 被美国国家安全局(National Security Administration,NSA)植入盗窃后门的可能性是最小的。这也是许多区块链平台使用相同的椭圆曲线的原因。现在的问题是:为什么需要椭圆曲线? 椭圆曲线用于非常具体的事情:点的加法。点的加法的作用和名字一样:将位于曲线上的两个点相加。神奇的是,该加法的结果,即第 3 个点,也将在曲线上①! 如图 1.9 所示。这是一个非常有用的属性,且该属性正在被应用。这里还有一些需要考虑的可分割属性,如式(1-45)~式(1-48)所示:

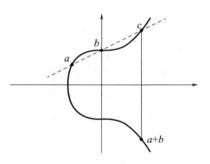

图 1.9　点的加法

(1)恒等式:
$$\text{如果 } I = 0 \Rightarrow I + A = A \tag{1-45}$$

(2)交换律:
$$A + B = B + A \tag{1-46}$$

(3)结合律:
$$(A + B) + C = A + (B + C) \tag{1-47}$$

---

① 当与曲线的交线完全垂直或它是曲线的切线时会出现例外。

(4)可逆性:
$$A + (-A) = I \qquad (1-48)$$

当 $X_1 \neq X_2$ 时,可以根据曲线的斜率 s 来计算 (X_3, Y_3),其中 Y_3 是 x 轴上的对称点。如式(1-49)~式(1-52)所示:

$$s = \frac{Y_2 - Y_1}{X_2 - X_1} \qquad (1-49)$$

$$X_3 = s^2 - X_1 - X_2 \qquad (1-50)$$

$$Y_3 = s(X_1 - X_2) - Y_1 \qquad (1-51)$$

当 $X_1 = X_2$ 但 $Y_1 \neq Y_2$ 时,$P_1 + P_2 = I$。 $\qquad (1-52)$

这是因为当 $P_1 = P_2$ 时,就无法计算切线的斜率,因此无法进行点的加法。现在把有限域与椭圆曲线结合起来,这样为有限域和椭圆曲线所定义的大多数假设似乎就不会出现矛盾,只有点的划分不是那么容易,这也称为"离散对数问题"。该"问题"成为椭圆曲线密码算法的基础,即

$$P^a = Q \Rightarrow \log_p Q = a \qquad (1-53)$$

问题是"$\log_p Q$"不是可分析计算的算法。有限域上的椭圆曲线的另一个方面是提供了标量乘法,这是一个不对称的问题,即很容易在一个方向上计算但很难反转。所有这些结合起来得出任务的实际核心:需要有限循环群的椭圆曲线加密算法。什么是群?群是只有一种操作的有限域,在本例中是点的加法。必须遵循式(1-54)~式(1-57)的属性,其中 G 是帮助生成群的生成点:

(1)恒等式:
$$0 + A = A \qquad (1-54)$$

(2)闭包:
$$(a+b)G = ((a+b)\%n)G, n \text{ 为阶} \qquad (1-55)$$

(3)可逆性:如果 aG 在群中,那么 $(n-a)G$ 也在群中。

(4)交换性:
$$aG + bG = bG + aG \qquad (1-56)$$

(5)结合性:
$$aG + (bG + cG) = (aG + bG) + cG \qquad (1-57)$$

如果希望为公钥加密定义椭圆曲线,就需要定义以下信息:

(1)在 $y^2 = x^3 + ax + b$ 中 a 和 b 分别是多少?

(2) 有限域中质数 p 是多少？

(3) 生成点 G 是多少？

(4) 群的阶 n 是多少？

成功定义了这些信息后，就可以开始创建用于椭圆曲线公钥加密的加密曲线了。加密曲线有很多用途，在区块链世界中，加密曲线用于签署和验证交易。很重要的一点是这些底层曲线不能被攻击者破坏，否则整个系统的安全将受到威胁。如前所述，Secp256k1 被许多区块链平台选中使用，就是因为 Secp256k1 被美国国家安全局破坏的可能性最小，其参数如下：

(1) $a = 0, b = 7$，构建方程为 $y^2 = x^3 + 7$。

(2) $p = 2^{256} - 2^{32} - 977$①。

(3) $G_x = $ 0x79be667ef9dcbbac55a06295ce870b07029bfcdb2dce28d959f2815b16f81798。

(4) $G_y = $ 0x483ada7726a3c4655da4fbfc0e1108a8fd17b448a68554199c47d08ffb10d4b8。

(5) $n = $ 0xfffffffffffffffffffffffffffffffebaaedce6af48a03bbfd25e8cd0364141。

在这里就会出现离散对数问题，需要求解的方程如下：

$$P = eG \tag{1-58}$$

当知道 e 和 G 时，计算 P 非常容易。但是，如果只知道 P 和 G，计算 e 会非常困难。在区块链的世界中，P 称为公钥，e 称为私钥。

1.11 拜占庭将军问题

拜占庭将军问题②是计算机科学中的一个著名问题，由中本聪解决。需要注意的是，中本聪不是第一个解决问题的人，而是给出了一个解决方案，该方案后来被证明是正确的。最初的故事是一个思想实验，旨在清晰地阐述当试图通过不安全或不可靠的链接以分布式方式进行通信时出现的问题和挑战。拜占庭将军问题指的是拜占庭帝国的几支军队试图进行协同攻击，各方的进攻必须同时进行，否则就会失败且军队将被击溃。这些军队的将军试图

---

① 原书中 $p = 2256 - 232 - 977$，订正为 $p = 2^{256} - 2^{32} - 977$。——译者

② 该问题也以其他名称为人所知，如"交互式一致性问题"，由罗伯特·肖斯塔克（Robert Shostak）提出。两将军问题由阿克科云卢等（Akkoyunlu et al.）发表在网络通信设计中的一些约束和权衡（*Some constraints and Trade-offs in the Design of Network Communications*）(1975)。

通过互相派遣信使来相互交流,问题是信使可能被杀害、俘虏或收买,即使是将军也可能背叛同志。将军们都必须决定攻击时间并就此时间达成一致。在这种情况下,将军们该如何达成共识并取得成功?更重要的是:将军们将如何安全地就此达成一致①?当转向计算机科学时,将军可被计算机取代,信使是数字通信信息。如果能够解决问题,就意味着实现了"拜占庭容错"。以上是较为"普遍"的解释(没有双关语义),接下来是更技术性且更深入的解释。第一部分涵盖了拜占庭将军问题的证明,而第二部分则介绍了几种已给出的解决方案,如图 1.10 所示。

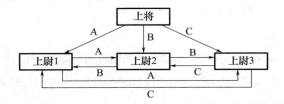

图 1.10　拜占庭将军问题

可以设计几个场景来对应该故事中发生的情况。首先,有固定数量消息的确定性协议。很快便发现这里存在的问题,因为有固定数量的消息,所以可以假设一些会被传递而另一些不会。接收方收到的最后一条消息可能不是发送方发送的最后一条消息。而这里使用的是确定性协议,因此,发件人将坚持原来的决定,但接收方不会遵循此决定,因为未收到最终消息。因此,最终以同时存在一名攻击者和一名阻止者而告终,整个攻击失败了。其次是由非确定性和可变长度协议给出的②,请想象这样一棵树,树的根是所有可能发送的起始消息。树的分支是以下所有带有叶节点或中间节点的消息,叶节点和中间节点包含所有可能的结束消息。还有所谓的"空树",空树是在发送任何消息之前就结束的协议。现在假设存在某种能够解决该问题的非确定性协议,通过和之前确定性示例类似的论证,删除所有结束消息(或者说是叶节点),可以从非确定性协议中派生出确定性协议。最后留下确定性协议来

---

　　① 可以想象发送无限数量的消息和信使,或者只是赌一下信使中的一个可能成功的机会。这当然不是练习的目的。

　　② 更多细节请参见 *Thought Experiments*:*Popular Thought Experiments in Philosophy*,*Physics*,*Ethics*,*Computer Science and Mathematics*,by Kennard,F. (2015),Lulu Press,Morrissville,NC。

解决该问题。同时可以肯定的是，非确定性协议是有限的。因此，解决方案将是一棵空树。最终得到结论：解决问题的非确定性协议根本不存在。

在中本聪发表论文之前，针对该问题已经提出了几种解决方案[①]。这些早期的解决方案之一是基于简单的数学。与其查看发送的消息，不如考虑将军的数量。只要将军中叛徒的数量少于或等于将军总数的 1/3，则仍然能够实现拜占庭容错。该解决方案从数量为三开始：一名将军和两名部下。如果将军向两位部下发送相互矛盾的信息，则两位部下在进攻前必须相互核对，最终两位部下谁也查不出谁是叛徒。如果增加数量，就能得出以下公式：将军（节点）的数量 $n > 3 \times$ 叛徒的数量 t。也可以试着使用不可伪造的消息签名来解决问题。通过使用公钥加密算法，人们可以尝试实现拜占庭容错，因为人们始终可以验证消息的真实发送者，并且消息只能由真正的接收者解密。一个消息可能仍有无法到达的可能，但是当发送有限数量的消息时，一些消息会到达，显示真正的发送者和接收者。最终可以根据身份和消息信息识别出叛徒。问题在于这仍然不是人身安全关键系统较好的解决方案[②]。随着时间的推移，一些技术方法开发了出来[③]。米格尔·卡斯特罗（Miguel Castro）和芭芭拉·利斯科夫（Barbara Liskov）开发了一种更全面的方法，称为"实用拜占庭容错"（Practical Byzantime Fault Tolerance，PBFT）。该协议还被应用于许多不同的技术实现中，一些用于解决鲁棒性（如 Aardvark），而另一些则侧重于性能（如 Q/U）。

1.11.1　双花问题

双花是指多次花费同一数字货币的问题。人们可以很容易地想象，这对于实物货币来说是不可能的，而对于数字货币来说，这是一种人们无法握在手中并且在屏幕上也几乎看不到的东西，信息可以很容易地复制。防止双花

[①] 更多信息请参见 *The Byzantine Generals Problem*, by Lamport, L., Shostak, R., and Pease, M. (1982), ACM Transaction on Programming Language and Systems, 4(3)。

[②] 系统安全与人身安全关键系统。系统安全侧重于情报，而人身安全关键系统侧重于任务或行动本身。系统安全希望确保操作本身按其应有的方式发生，而人身安全关键系统将专注于隐藏消息本身。基于这一逻辑，人们可能会认为它们相互促进，但情况并非总是如此。系统安全可能会破坏人身安全关键系统，反之亦然。公钥加密同样也是这样的。

[③] 参见 Hopkins, et al. (1984). *The Evolution of Fault Tolerant Computing*, Springer。

的经典方法是利用中央机构,作为受信任的第三方,负责接受交易和创建新货币。这样就可以确保双花不会发生。但此解决方案也有一些问题:如果一个人重视自己的隐私,那么第三方参与可能就不是最佳解决方案,同时参与者必须相信第三方会按预期行事。对网络的控制也由该第三方执行,从而使网络中的其他节点仅作为"支付参与者",且人们可以确定的最重要的问题是网络中存在出现故障会造成较大影响的单点:中央机构。中央权力可能会受到损害或欺骗,之后双花可能会再次发生。加密货币以去中心化的方式解决双花问题,这样一来,单点故障的问题在网络中就得到了解决,并且可以专注于参与者本身。为了解决双花问题,已经出现了许多共识算法,可以将其分为工作量证明机制和权益证明机制两大类,每种算法都以自己的方式处理共识和双花问题。

1.11.2 CAP 定理

CAP 定理,又称为布鲁尔定理(以埃里克·布鲁尔(Eric Brewer)的名字命名),是一种以计算机科学为基础的理论,其指的是分布式数据存储(如区块链)中存在的一种不可能性,可以归结为这样的事实,即当一个人使用分布式数据存储时,其只能提供以下三项中的两项:

(1)一致性(每次读取都包含最近的写入/错误)。

(2)可用性(每个请求都会收到响应)。

(3)分区容错性(即使一些消息被丢弃,网络仍能继续运行)。

网络分区是分布式系统的本质之一(网络故障和节点掉线),因此,当想要建立一个网络时,这似乎默认在一致性和可用性之间做出选择。区块链实现选择的是分区容错性和可用性,较少关注实际的一致性。通过使用诸如工作量证明之类的共识算法来支持一致性,但交易被称为"确认",不是交易在一个区块中被挖掘之后,而是在随后几个区块被挖掘之后,这样交易就不会在之后受到质疑[1]。

---

① 参见 Nelaturi,K. (February 5,2018). Understanding blockchain tech – CAP theorem. Mangosearch.com. https://www.mangoresearch.co/understanding–blockchain–tech–cap–theorem/. Accessed June 27,2019。

1.11.3 SPECTRE 协议与康多塞悖论

康多塞悖论与特定于 SPECTRE 协议（稍后解释）和在区块有向无环图结构中实现的类似协议有关。如果这句话看起来像科幻小说中的内容，那么请先阅读关于 SPECTER 协议和区块有向无环图结构的解释后再回来阅读本书会更好。康多塞悖论（或投票悖论）是由康多塞侯爵提出的，其本质上是一种社会选择理论。该悖论认为，选民没有循环性的观点，但群体观点可能存在。可以理解为：必须对三位候选人进行投票。当查看群体偏好时，会发现 A 优于 B，B 优于 C，C 优于 A。很明显，从个人的角度来看这没有意义，但在群体中，可以发现由不同的个体组成的不同的多数票，这也意味着不可能存在康多塞获胜者①。每个候选人都发现自己处于相同且对称的情况，只有当其中一名候选人退出选举时，才能从其余两名候选人中选出获得多数票的获胜者。

1.11.4 费马小定理

费马小定理并不是一个真正的思想实验，而是一个关于质数的数学理论。费马小定理指出，当存在质数 p 时，对于任意整数 a，数 $a^p - a$ 等于 p 的倍数，也可以将其表述为 $a^p = a(\bmod p)$。

1.11.5 佩德森承诺

在多种区块链技术中均用到了佩德森承诺。一方面可增强隐私，另一方面可用于引入能够减少开销的实现方案。在门罗币、比特币和以太坊等多个平台中均能发现佩德森承诺。但佩德森承诺是什么？故事始于一个发送者，发送者想在公共消息传递空间中发送一个至少包含两个元素的秘密消息 m。第二个元素是一个随机秘密数 r。发送方必须通过使用承诺算法 C 来组合 m 和 r 以产生承诺 c，使得 $c = C(m,r)$。接下来，c 被公开，随后 m 和 r 也被公开。由接收者（或验证器）检查承诺算法与 m 和 r 的组合是否真的能导出承诺 c。更详细地说，佩德森承诺使用一个大质数 q 作为阶的公共群（Public Group）$(G, \cdot)$，其中离散算法是困难的，并且具有两个公共随机生成器 g 和 h。在 Z_q 中选择随机密钥 r，实际密钥 m 是随机密钥 r 的子集。这就引出

---

① 原书为"不可能不存在康多塞获胜者"，现订正为"不可能存在康多塞获胜者"。——译者

了下式：

$$C(m,r) = g^m \cdot h^r \quad (1-59)$$

至关重要的是，在 m 实际公开之前，承诺 c 不会给出任何关于 m 的指示，另一点是当 m 或 r 改变时，承诺算法应该导致不同的结果。此外，m 和 r 的不同组合也应导致不同的结果。所有这些对于防止区块链世界中的特定攻击（如双花）都是必要的。

1.11.6 可替代性和存活性

当谈论到区块链和分布式网络时，可替代性和存活性是需要了解的一些核心概念，因为这些是任何区块链平台未来都需要解决的决定成功的关键因素。可替代性意味着使用的东西可以很容易地被具有相同大小和相同功能的其他东西所取代。人们通常期望任何货币都是可替代的。如果 A 借给 B 20 欧元，A 真的不在乎 B 还给 A 的是 4 张 5 欧元的钞票，还是 1 张 20 欧元的钞票，还是任何其他组合。价值都是一样的。借此可以联想到与可替代性相关的另一个关键概念：可分性。如果 A 必须支付 15 欧元，并且用 20 欧元的钞票支付，那么 A 希望被退还 5 欧元。相同的规则适用于加密货币。如果希望普通民众使用加密货币，那就得希望能够收到零钱，当得到回报时，人们不在乎通过何种组合组建出应得的数目，只要能够得到钱。但是，也有不可替代的代币，不可替代的代币是不可分割，不能互换并且具有独特性的。那不可替代的代币存在的目的是什么？可以创建具有大量元数据的独特资产，以便这些资产可以在参与者之间进行交易。这些不可替代的代币不能用作货币，但有其他的作用。2017 年出现了"谜恋猫"热潮。不可替代的代币具有独特的属性，可以（现在仍然可以）在参与者之间进行交易。不可替代代币更严肃的应用是创建唯一的身份证明和唯一的数字证书。这可用于财产契约、学历、投票（并消除选举舞弊）、许可和个人数据交换的管理[①]。与分布式网络和区块链相关的另一个概念是"存活性"。该想法与"安全"密切相关，因为网络中的共识算法永远无法保证安全性和存活性。网络中的共识是由交换消息

[①] 参见 Chandraker, A., Kachhela, J., and Wright, A. (2019) Digital identity, cats and why fungibility is key to blockchain's future, *PA Consulting*. https://www.paconsulting.com/insights/blockchain-fungibility-future/. Accessed June 26, 2019。

的节点达成的,这些节点必须达到最终状态。安全性是在寻求共识的过程中不会发生任何坏事的保证,而存活性则保证最终会发生好事。每个网络都选择了安全性或存活性作为该网络的主要优先事项。具有中本聪共识的比特币网络选择了存活性而不是安全性。强调安全性的实现示例是 Tendermint,Tendermint 利用拜占庭容错式共识算法来达成共识。问题是拜占庭容错式风格的共识协议在最坏的情况下永远不会达成共识,因为对区块的投票可能会持续进行。HotStuff 是 2018 年初公布的一种协议,旨在解决拜占庭容错式算法的存活性问题。这是通过创建包含验证器投票(或提交证书)的块来完成的。也可以使用此协议创建没有投票的块,但存在无法保证最终性的风险。当其他有投票权区块的最终性得到保证时,这些区块将达成共识。这是牺牲了安全性换取存活性[1]。该协议是脸书公司(Facebook)提出的,作为其天平币的共识协议(脸书公司称为天平拜占庭容错协议,但天平拜占庭容错协议实际是从 HotStuff 衍生而来的)。

1.11.7 交易和结算最终性

交易(或操作)最终性是另一个主要概念,当人们想要讨论区块链和加密货币的未来与接受度时,就需要理解交易最终性概念。最终性是金融界众所周知的一个概念,或许大家都知道。一般的理解是,当一个操作执行后,该操作就永远完成了,并且在未来的某个时刻不会被改变。参与者还拥有结算最终性,这是一种法定、监管和契约式的结构,当参与者同意在一方履行义务或将资产或金融工具转让给另一方时,这成为无条件且不可撤销的,即便资不抵债或破产[2]。根据区块链网络的性质,交易最终性是概率性提供的,或根本无法提供,这反过来又会影响网络的实际使用方式。可以理解为,当涉及金融交易时,这对参与者来说非常重要。如果能以快速简洁的方式知道交易是具有最终性的,就可以为这笔交易提供商品和服务。但是,如果无法得知这

---

[1] 参见 Woo Kim, S. (May 28, 2018) Safety and liveness – Blockchain in the point of view of FLP impossibility. *Medium.* https://medium.com/codechain/safety – and – liveness – blockchain – in – the – point – of – view – of – flp – impossibility – 182e33927ce6. Accessed June 28, 2019。

[2] 参见 Liao, N. (June 9, 2017). On settlement finality and distributed ledger technology. *Yale Journal on Regulation.* yalejreg.com/nc/on – settlement – finality – and – distributed – ledger – technology – by – nancy – liao/. Accessed June 30, 2019。

种确定性怎么办？服务方是否仍愿意为该交易提供服务？当然不会。但人们目前依赖的金融系统安全吗？维塔利克·布特林（Vitalik Buterin）认为永远不能100%确定交易是最终的[①]。中央银行可能会腐败，系统可能会崩溃，黑客可能会更改信息，纸质账本可能会被盗或被烧毁，也可以想到一些其他的例子。这意味着当涉及最终性概念时，就会依赖于概率。在区块链网络中，可以想象攻击者从其他参与者那里获取某些资产或加密货币。与任何盗窃案件一样，当涉及盗窃或恶意意图时，由法院系统确定某项资产的真正所有权。曾经，区块链网络出现过一些逆转，这导致了其他交易的逆转或分裂，这些都随着时间的推移而解决。那么，当查看去中心化网络时，什么时候可以接受交易为最终交易？当几个节点开始接受交易并想要挖掘交易时。所以，如果真的想确定交易是否有效，运行多个节点并查看这些节点是否都接受交易（在这种情况下，无论使用的是公有链还是联盟链都不是重点）。当查看工作量证明区块链时，交易永远不会真正完成，因为人们可以创建一条具有更多挖矿能力的链并战胜主链。但是，一般来说，接受6次确认才能使交易成为最终交易。假设攻击者在网络中拥有不到25%的哈希算力，那么攻击者有可能成功攻克参与者0.00137的交易。如果参与者等待13笔交易，这甚至会减少到百万分之一。

但是，仍然存在某些网络攻击，如P+epsilon攻击或马奇诺防线攻击（这些稍后解释）。权益证明协议在使用预定义的选民时可以提供更高的安全性，这些选民必须将自己的股份置于其投票之上，选民以另一种方式投票，如果失败，选民们将失去全部股份。这意味着交易仍然可以恢复，但选民将付出巨大的代价，从而促进诚实行事。最后一点是，在权益证明网络中，参与者不能被迫遵循某个束缚，而是可以在分叉的情况下选择其认为哪些交易是真实的。可以看到，在分布式网络中的某个点可以保证交易的最终性，类似于参与者对中央机构的要求。但结算最终性是不同的，问题在于结算最终性指的是一个时间点，而区块链网络是随着时间的推移达成共识的。最后，结算最终形成了一个由法律框架明确定义的概念，并且由于结算最终性是一个法律结构，因此不同的司法管辖区不同，这意味着一些司法管辖区和国家可以

[①] 参见 Buterin, V.（May 9, 2016）. On settlement finality. *Ethereum blog*. https://blog.ethereum.org/2016/05/09/on-settlement-finality/. Accessed July 2, 2019。

轻松接受分布式网络提供的概率最终性,而其他司法管辖区和国家则认为区块链网络永远不会真正到达"最终"。重要的是,许可网络在现有框架内将会更快地被接受,因为许可网络涉及一定数量的参与者,这些参与者可以相互交互和交换,相当于法定货币。然而,就法律框架而言,无许可分类账是一种新兴事物,而且根据目前的定义,达成结算最终性可能会更加困难。这是因为此类网络跨境运作,使用的是加密货币(具有法定货币和资产的属性),并且当前的法律框架并未为加密货币的发行和转移做好准备,使得人们在谈论结算最终性时存在不确定性。然而,这并不意味着加密货币的转移支付永远不会发生。技术已经准备就绪,现在只需要法律框架来支持发行加密货币。

1.11.8　抗审查性

当浏览公共区块链平台时,几乎必然需要了解抗审查性,这是任何获得许可的区块链网络都无法提供的。抗审查性是什么?抗审查性意味着任何人都可以按照相同的条款与网络进行交易,无论其身份、地位或任何其他标准。唯一需要遵守的规则是网络规则。可以想象,完全保护参与者隐私的网络比其他网络更具有抗审查性。然而,总有一个"但是",公共分类账还能排除参与者使用某些构建在公共分类账之上的去中心化应用(Decentralized Application,DApp),这似乎与预想的相反。比特币最初流行的原因是其具有抗审查性,时至今日,比特币在全世界都很受欢迎。在法定货币经历恶性通货膨胀以及受到国际金融制裁的国家(如委内瑞拉和伊朗),比特币提供了一种支付方式(在某种意义上甚至是稳定的)。同样,也存在一个"但是",为了提高公共网络的接受度,某些参与者可以阻止基于公共网络的去中心化应用。波场币网络就是与日本政府合作防止公民过度使用赌博应用程序的案例①。这在原本开放的网络中引入了审查制度!以太坊还允许去中心化应用排除参与者,即金融机构能够根据特定标准排除参与者,这样金融机构也可以在网络之上创建应用程序。因此,公共区块链平台在一定程度上可以抗审查。

---

① 参见 Sedgwick, K. (April 4, 2019). Decentralized networks aren't as censorship-resistant as you think. *News.Bitcoin.com*. https://news.bitcoin.com/decentralized-networks-arent-as-censorship-resistant-as-you-think/. Accessed July 2, 2019。

1.11.9　温特尼茨一次性签名

温特尼茨一次性签名(Winternitz One – Time Signature, W – OTS)应用于区块链网络中的一些方案,目的是提高安全性并为量子计算时代做好准备。已经实施该方案的网络示例是埃欧塔(IOTA)。1979年,莱斯利·兰波特(Leslie Lamport)引入了一次性签名的概念,一次性签名完全依赖哈希函数来进行安全证明。可以通过使用该方法来保持消息传递方案(公共 – 私有)的安全性。

公钥形如：$\quad h(x0)|h(y0)|h(x1)|h(y1)|\cdots \quad$ (1 – 60)

私钥形如：$\quad (x0, y0, x1, y1, \cdots)$。 (1 – 61)

仅仅几个月后,罗伯特·温特尼茨(Robert Winternitz)就提出了一种不同的方案,其中选择使用了 $h^w(x)$ 而不是 $h(x)|h(y)$,同时还添加了一个简短的校验和,以防止攻击者在计算 w 时猜出密钥 x。

1.12　什么是区块链

1.12.1　基础知识

当谈论区块链时,必然会涉及相关的基础知识。如果读者已经对区块链和分布式账本技术有了大致的了解,请跳过这一部分。如果没有,在这部分中本书将尽量进行初步讲解,因为后面会有更深入的解释。当谈论区块链时,实际谈论的是分类账。在传统的工作方式中,需要第三方来验证付款、公证交易、使用托管以及允许投票和注册。随着区块链的出现,人们远离了这些集中权力的第三方。就其本身而言,中心化不一定是坏事,但中心化往往会导致效率低下、成本高、隐私和控制权丧失、腐败等问题。但使用分布式网络就使得这些不再可能,因为参与者决定交易的结果和有效性。每个决定必须得到大多数人的支持,而不是由网络中单一的一方来决定。人们经常忘记这项技术到底是什么,然后立即去查看介绍。但想要更加深入地了解,首先需要真正了解并认识到这项技术代表什么。第一个重要技术是对等网络的存在,这在之前本书已经解释过了,移除所有中心化服务器并允许参与者节点直接相互通信。第二个重要技术是非对称加密算法。非对称加密算法基本上依赖于公钥和私钥两个密钥。意如其名，公钥可以与公众共享，而私钥应该保持私密。在许多区块链项目中，公钥被称为"账户"地址，可以将比特币或以太币等加密货币发送到该地址。私钥是账户的"密码"。理解该技术的最后一部分是哈希的概念，当读者对某个数据集进行哈希时，便会收到该数据集的唯一标识符。如果只更改一个数字、字母或符号，则生成的哈希值看起来将完全不同，这样就可以确保数据未被修改。正如图 1.11 所显示的，单词"apple"和"apples"的哈希值区别非常明显。

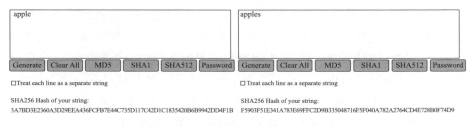

图 1.11　apple 与 apples 的哈希值区别

在区块链中，使用这种技术可以使生成的数据集相当快地进行相互比较。区块链使用一种称为"默克尔树"（详见上文）的技术，该技术允许基于其他再次引用数据集（交易）的哈希创建哈希结构。这些哈希将在随后挖掘的区块中使用。所有这些区块都是被一个巨大的分类账链接在一起的交易集。事实上，区块链只不过是显示了网络中发生过的交易的历史概览。所有这些技术一起帮助人们创建了一个仅追加的交易分类账，该交易分类账分布在网络中的所有节点上，这些交易包含在区块链表中。

1.12.2　构建"区块"

区块指的是"区块链"技术的核心[①]。底层的数据结构是一个由交易组成的有序反向链表。正如所想到的那样，这些交易代表所有参与区块链网络的参与者之间的支付。参与者可以使用多种方式存储此数据，如数据库甚至是 flat 文件。块之间相互连接的方式，是通过使用之前加入到链上的块的前一个块的哈希值。仔细思考一下，带有交易数据的区块链只不过是一个以新方式构建数据的分类账，如图 1.12 所示。

---

① 参见 Van Hijfte, S. (2020) *Decoding Blockchain for Business*. 1st ed. New York: Apress。

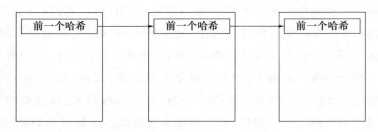

图1.12 连接起来的区块

该哈希值用于计算下一个区块的哈希值,通过这种方法将此信息链接到系统的核心。每个哈希值都是一个独特的指纹,因此可以确定该区块是链的一部分(当尝试使用区块浏览器查找特定交易时)。需要注意的是,一个父区块(最近添加的块)可以有多个子区块,而一个子区块有且只有一个父区块。当有多个子区块时,就会处理系统中的一个分支。通常大多数分叉将被清除,最终只有一个子区块用来延续链。然而,在某些情况下,在稍后例子中会出现的,其中一些分叉仍然存在,需要处理曾经拥有相同父代的不同链。链条总会存在一个起点,第一个块一般称为"创世区块"。因为可以直观地理解块正在彼此堆叠,所以最近的块称为"尖端"或"顶部",并将其与创世区块的距离称为"高度"①。"高度"越高,对较早进入链的块进行更改就越困难。链从某个块之后延续得越长,重新计算所有块中包含的信息所需的计算机能力就越强。这也是该技术提供的最重要的安全性。正如本书之前提到的,区块通过使用前一个区块的哈希值相互连接,但是区块中还存储了什么?块有区块体与区块头两个必须要区分的主要部分。前一个区块的哈希值是存储在块头中的内容之一,但这不是唯一的内容,根据区块链平台不同,还可以在其中找到默克尔根、时间戳和随机数以及其他几个参数(包括难度目标、版本等)。图1.13所示为比特币区块链的示例。

图1.13中的信息现在可能还不是很清楚,但本书会继续解释。现在重要的是理解默克尔根是什么。默克尔根提供了存储在区块中交易的数字指纹,正如之前解释的,默克尔根基于交易哈希(Transaction ID,TXID),是"哈希值的哈希"。该哈希值对于区块中的交易本身是唯一的。

---

① 可以尝试使用高度来标记一个区块,但这很容易出错,因为高度不是唯一标识符。哈希将会提供唯一标识符。

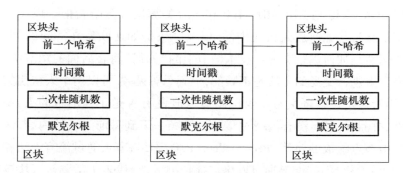

图 1.13 比特币的区块头信息

图 1.14 是区块头内容的简化视图,对区块头中的内容进行了一个初步解释。当然,区块不仅仅由区块头组成。一个区块的"绝大部分"是由交易本身组成的。

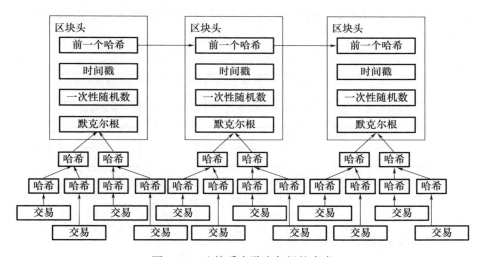

图 1.14 比特币中默克尔根的内容

如图 1.15 所示,不仅在区块中,而且区块头中也有大量的数据。区块头中包含了前一个区块的哈希值,对于建立所有区块之间的联系至关重要。通过最终计算的哈希值能在整个区块链中正确且唯一地识别一个区块①。比特

---

① 比特币网络中创世区块的哈希值为 000000000019d6689c085ae165831e934ff763ae46a2a6c172b3f1b60a8ce26f。

币使用 SHA-256 与 RIPEMD-160 相结合的算法计算哈希值。现在本书已经介绍了交易是如何放入区块中的,以及区块是如何联系在一起的,但主要的问题仍然是如何进行交易?技术细节上的"如何"将在后面的章节中描述,不同平台上进行交易的方法是不同的,但其思想是,A 可以用个人密钥签署交易,使用个人密钥签署交易不仅可以清楚地表明 A 是正在消费的人,A 有权利消费,并且 A 之前没有消费过货币。回顾一下到目前为止的内容,区块链网络是由节点组成的对等(Peer to Peer,P2P)网络,节点通过流言算法相互沟通(将在后面解释)。交易通过网络广播挖掘成块,代表了需要被区块链网络的状态机处理的状态转换。交易只有在所有参与者同意的共识规则基础上才执行。简而言之,交易的生命周期如下:交易由创建者创建并签署,应立即包含验证和执行交易的所有必要信息。拟议的交易与网络中的其他验证过交易的节点共享。如果被接受,交易就会在整个网络中传播,否则就会被丢弃。挖矿节点可以将交易纳入可以挖掘的区块,并最终添加到先前接受的交易链中。

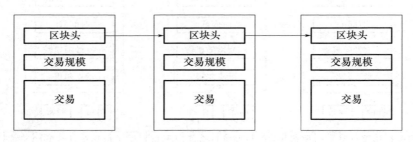

图 1.15 整个区块链

1.12.3 区块链与分布式账本

区块链与分布式账本技术(Distributed Ledger Technology,DLT)存在区别。经常有人说,每个区块链都是一个分布式账本,但并不是每个分布式账本都是一个区块链。区块链与分布式账本技术在概念以及试图实现的目标上有一些相似之处。分布式账本是一种数据库,试图在不同地理位置之间共享数据而没有一个中央参与者对整个网络进行控制。两者之间的一个主要区别是将新数据追加到平台上的方式。在区块链技术中,人们利用共识算法来添加新的信息,而并不是所有的分布式账本都有共识算法。正如书中所说,DLT

的应用有多种形式,正如区块链平台的应用一样。使用"区块链"或"分布式账本"的名称有很多含义,不仅是技术不同,而且人们对这两个名字的看法也不同。区块链广为人知,在全世界范围内被炒得沸沸扬扬,而分布式账本则更多地隐藏在暗处,似乎在互联网技术(Internet Technology,IT)专家中更为人知。那么,为什么要使用两个不同的名字呢?使用"区块链"的公司想借势炒作,而使用"分布式账本"的公司则想远离炒作,表明自己真正专注于技术本身。人们应该考虑的另一点是目前存在的区块链的"类型"。有公共的、无许可的区块链(如比特币和以太坊),访问或参与没有任何限制,也称为"真正的"区块链。也有私人的、有权限的区块链,只有特定的人群才能获得访问和参与(如 Rubix 和超级账本平台)的权限,也有一些存在于两个"极端"之间的平台。首先是公开但有权限控制的区块链,这种区块链允许每个人进行交易并看到交易日志,但只有少数人可以参与共识机制(如瑞波币和私人版本的以太坊)。其次,还有一种私有但没有权限控制的区块链,其共识算法对所有人开放,而交易只限于特定数量的参与者,目前还没有完全实现这一目标的网络(最接近的可能是 Exonum 网络框架)。最后,还有基于有向无环图(DAG)的区块链,这些区块链也以自己的解决方案和网络进入了区块链领域。为了不使内容进一步复杂化,本书把区块链和分布式账本当作同义词,并特别提到有向无环图,以备更详细的讨论。

1.12.4 区块链地址

　　了解区块链世界的下一步是区块链地址。区块链地址①是区块链和加密货币中需要理解的主要概念之一,基于公钥密码学(也称为非对称加密),使用私钥和公钥。从名称中可以推断,公钥是公众知道的密钥。

　　公钥主要用于识别用户的身份,而私钥则应始终保持隐私。想象一下,A 想给 B 发送一条信息,但不想让其他人读到信息内容,A 可以利用公钥密码学,通过用 B 的公钥对信息进行加密,就可以确保 B 是唯一能够阅读信息的人。B 需要自己的私钥来解密该信息。同样,如果 B 想回复信息,B 需要使用 A 的公钥对其进行加密,然后 A 使用自己的私钥来解密信息。有大量的算法

---

① 在比特币网络的早期,人们可以直接向一个 IP 地址付款,这会导致"中间人"(Man-in-the-Middle)攻击等各种问题。人们选择了更安全的方案放弃了早期比特币网络系统。

能够使用单向函数创建这样的公钥和私钥。公钥密码学在计算机科学中有很多用途①,也可以用在区块链网络中。如果付款通过网络发送到区块链地址(这些地址是哈希公钥),则只能通过使用私钥来解锁。例如,在比特币网络中②,用户有几个可以使用的地址③。其中一个是支付到公钥哈希(Pay to Public Key Hash,P2PKH)地址。钱包通过椭圆曲线数字签名算法(Elliptic Curve Digital Signature Algorithm,ECDSA)来创建地址,并使用熵生成私钥,从生成的私钥中得出公钥,先后用 SHA 256 和 RIPEMD 算法对该公钥进行哈希④。再向结果中添加"00"的前缀字节,这就是比特币地址以"1"开头和末端有 4 个校验字节的原因。校验字节是通过双 SHA 256 哈希并取其结果的前 4 个字节得到的。最后,将结果转换为一个 base58 字符串。一个更高级的例子是"支付到脚本哈希(Pay to Script Hash,P2SH)"地址⑤。P2SH 无须支付到公钥的哈希值,而是支付到脚本的哈希值。在这里,用户需要提供一个脚本来解锁连接到该哈希值的账户。P2SH 地址增加了字节前缀"05",所以以"3"开头。

另外,还有比特币网络中的支付到见证公钥哈希(Pay to Witness Public Key Hash,P2WPKH),这是与隔离见证一起引入的⑥。基于这些地址的推导方式,人们有可能在同一地址上存储竞争币。诸如莱特币、达世币和狗狗币等都是以类似于比特币的方式产生的,主要的区别是添加的前缀。这些代币各自使用自己的前缀来识别竞争币(如狗狗币的"D",达世币的"X",莱特币的"L")。这意味着,用户可以使用相同的公钥和私钥来存储这些币。莱特币对 P2SH 地址使用相同的前缀,用户就可以在同一个地址上存储币。目前,还有一大批使用不同算法来计算地址的加密货币,如门罗币⑦使用的是 Cryptonote

---

① 如 PGP、S/MIME、GPG、SSH、SRTP 等。
② 参见 Hoogendoorn,R.(December 3,2019). Easypaysy makes Bitcoin addresses much easier. Medium. https://medi – um. com/@ nederob/easypaysy – makes – bitcoin – addresses – much – easier – faf40988614。Accessed June 4,2020。
③ P2PK 是指直接向公钥发送资金,而不用哈希值来掩盖它,这在本质上是不安全的。
④ 随着量子计算的兴起,安全性将逐渐增加。
⑤ 参见 https://bitcoin. stackexchange. com/questions/64733/what – is – p2pk – p2pkh – p2sh – p2wpkh – eli5。
⑥ 带有参数的 scriptSig 在交易中充当"证人"的作用,以验证其有效性。
⑦ 参见 Rosic,A.(2017). Blockchain address 101:What are addresses on blockchains? *Blockgeeks*. https://blockgeeks. com/guides/blockchain – address – 101/. Accessed July 4,2019。

协议。Cryptonote 协议不仅使用了爱德华兹曲线数字签名(Edwards Digital Signature Algorithm,edDSA),还使用了"环签名"(Ring Signatures)来提供更多的隐私,因此需要两个公钥:查看密钥和消费密钥。Cryptonote 协议还使用 Keccak-256 而不是双 SHA 256。人们很难记住这些地址,于是想了一些改善的方法。最近一个用于比特币的方法称为 Easypaysy,该方法将比特币地址转换为看起来像电子邮件地址的东西。

以太坊采用另一种方法来生成区块链地址,这种方法从私钥和 ECDSA 开始导出 64B 的公钥,接下来用 Keccak-256 对公钥进行哈希,得到一个 32B 的字符串,前面的 12B 被删除,在剩下的 20B 中,加入前缀"$0x$"。与其他区块链网络的地址生成相比较,这种方法并不安全。在一开始,以太坊的开发者并不关心安全问题,开发者主要关注的是平台的发展和可能性。还有另一个以太坊地址生成方法的安全性不那么重要的原因是通过利用智能合约,人们可以根据需要并参考原始地址来调整和转换地址①。互换客户端地址协议(Inter Exchange Client Address Protocol,ICAP)格式在社区中得到越来越多的支持②。ICAP 新设计使用了银行(或英国的基本银行账号(Basic Bank Account Number,BBAN))广泛使用的国际银行账号(International Bank Account Number,IBAN)格式。在 ICAP 格式中,国家代码被"XE"取代,之后 BBAN 可分成三种编码方案:"直接"(Direct)编码、"基本"(Basic)编码和"间接"(Indirect)编码。当使用"直接"编码方案时,BBAN 的编码由 30 个字符组成,被解释为代表以太坊地址的最低有效位大端编码的 base36 整数。"基本"编码方案不兼容 IBAN,因为"基本"编码方案由 31 个字符组成,而不是之前"直接"编码方案中的 30 个字符。"间接"编码方案包含 16 个字符,由 3 个字段组成:3 个字符的资产标识符、4 个字符的机构标识符,以及 9 个字符的机构客户标识符。

1.12.5 区块链钱包

与地址密切相关的是区块链钱包的概念。钱包不用来存储加密货币,而

---

① 参见 Chen,M.(April 13,2019). Inter exchange client address protocol (ICAP). Github-Ethereum. https://github.com/ethereum/wiki/wiki/Inter-exchange-Client-Address-Protocol-(ICAP). Accessed July 3,2019。

② IBAN 包含国家代码、错误检测代码和基本银行账号三条信息。

是用来与网络交互。区块链钱包用来生成发送和接收加密货币所需的信息，为此使用了公钥和私钥。公钥或地址（如前所述），用于接收交易。私钥用于签署交易①。根据使用方式，区块链钱包定义为"冷"或"热"。热钱包是最容易理解的，指的是一个连接到互联网的钱包，目前有几个供应商可以让用户制作钱包。热钱包也称为软件钱包，有几种不同的类型。其中一种类型为网页钱包，可以在浏览器中创建；另一种类型为桌面钱包，可以在机器上下载，因此被认为比网页钱包更安全。不过，钱包还是要尽可能保护好，并尽可能地进行备份。另一种类型的软件钱包是手机钱包，是专门为智能手机设计的。手机钱包同样需要进行备份，以确保钱包不会和手机一起丢失，并对手机进行加密，以防止网络攻击，或者至少在一定程度上减轻网络攻击的损害。冷钱包没有与互联网连接，用于离线存储加密货币。因为热钱包可能容易受到网络攻击，冷钱包是一种更安全的存储方式（请记住，冷钱包不会丢失）。硬件钱包是冷钱包的第一种形式，是用于长时间存储代币的物理设备，也有一些硬件钱包的实现可以用来实现类似于执行交易的功能。硬件钱包的问题可能是钱包的固件实现，并不总是那样安全。永久保持离线的智能手机可以看作具有类似安全性的硬件钱包。另一个有趣的例子是硬件钱包制造商NGRAVE 开发的 ZERO，ZERO 是一个具有极端安全措施的硬件钱包形式的冷钱包。最后还有纸钱包，纸钱包只是一张纸，上面有包含公钥和私钥的二维码。因为纸很容易遭受特定危险而受到损害，纸钱包是非常危险的。除此之外，这些类型的钱包只能使用一次——将全部金额发送到另一个地址。

1.12.6 区块链节点

当谈论区块链和区块链所代表的网络时，对于节点的讨论是无法避免的。节点是网络的命脉，因为节点总是负责一组特定的任务。即便软件是最新的，如果没有节点，网络也将不复存在。节点分布在世界各地，分布在一个广泛的网络中。那么，什么是节点？节点是任何连接到网络并具有 IP 地址的电子设备。网络的主要目的之一是维护区块链的副本和处理交易（取决于节点的类型）。节点的所有者愿意使用硬件、计算机能力和能源来维护网络。为了对这种行为进行奖励，矿工有机会获得基于区块内的交易费用和新铸造

---

① 或助记词，取决于使用的钱包。

的币的奖励,这称为挖矿或锻造。根据区块链网络的类型,挖矿可能需要巨大的计算机能力,并产生大量的电力成本。需要对两种类型的节点进行区分,节点可以是一个通信终端,也可以是一个通信再分发点。这两种节点在整个网络中是平等的,每种类型的节点都以不同的方式支持网络。首先,网络中有一个全节点,全节点下载并保有区块链的完整副本,根据正在使用的共识协议检查任何新交易。其次,轻节点是参考全节点上的区块链副本。

网络节点具有树状结构,因此本书使用以下术语:

(1)根节点(Root Node):二叉树中最高的节点。

(2)叶节点(Leaf Nnode):没有子节点的节点。

(3)树(Tree):节点的一种结构。

(4)森林(Forest):一组树。

(5)父节点(Parent Node):具有子节点的节点。

(6)子节点(Child Node):链接到父节点的节点。

(7)兄弟节点(Sibling Node):链接到同一父节点的节点。

(8)边(Edge):节点之间的连接。

(9)度(Degree):节点的子节点数。

区块链网络的安全性和强度在很大程度上源于节点数量,这一点很重要。网络中的节点越多,网络中的权力就越分散,恶意行为者试图利用网络的机会就越少。

1.12.7 挖矿

挖矿是区块链技术的关键概念之一,是在新的区块[①]内接受新交易的方式,也是创造新货币的方式。新的区块添加到现有的链上。挖矿是防止欺诈的对策,并确保网络内的所有参与者都是真实的。挖矿的成本很高,因为进行挖矿需要用于挖矿过程的硬件、为挖矿供电的能源和时间。为此,矿工通过两种方式得到奖励:矿工收到包括在区块中交易的交易费,以及在增加新区块时创造的新币。矿工可以根据网络内使用的算法(工作量证明或权益证明)获得奖励。挖矿过程不仅是创造新的加密货币的关键,也是帮助在无信任环境中创建去中心化共识的机制。网络中的所有节点都会收到区块,并因

---

① 以比特币为例,每10min就会增加一个新的区块。

此可以检查其有效性。因为没有在特定时间进行选举,而是通过网络中所有节点的异步互动,所以网络的共识将随着时间的推移而出现。

在比特币这样的网络中,因为市场空间中参与者的增加,也因为硬件解决方案的发展,竞争和挖掘下一个区块所需的计算机能力随着时间的推移呈指数增长①。随着比特币的发展,矿池获得了发展的机会。通过合作,矿池有更大的机会找到下一个获胜区块,从而在参与者之间分享奖励。随着时间的推移,挖矿装置的基础设施有了很大的发展,根据区块链平台的不同,本书将深入探讨这些发展的时间和原因。其中,一些平台需要相当先进的基础设施进行挖矿,而其他平台仍对所有人开放。那么,进行挖矿究竟需要哪些基础设施呢?根据现有的网络和共识协议,挖矿至少需要一个中央处理单元(Central Processing Unit,CPU)。2009年和2010年初,比特币网络仍在使用这一技术,但后来被图形处理单元(Graphics Processing Unit,GPU)挖矿所取代。GPU最终在2011年底被现场可编程逻辑门阵列(Field Programmable Gate Array,FGPA)挖矿取代。最终,在2013年,专用集成电路(Application-Specific Integrated Circuit,ASIC)的兴起确保了网络特定的挖矿基础设施得以创建。ASIC是非常昂贵的挖矿硬件,以比特币为例,专用集成电路甚至催生了特定的比特币挖矿初创公司,立刻引起了许多批评。首先,这种现象导致了在赚取加密货币时,网络不再是真正分布式的。虽然每个人都可以使用,但权力掌握在有现金购买这种基础设施的强大公司手中。其次,挖矿的电力消耗是巨大的,像比特币这样的网络消耗的电力相当于一个小国家的电力!如果网络想要保持相同的出块时间,愿意挖矿的参与者的增加将会导致更困难的计算,从而导致对计算能力的更多需求(一个无休止的循环)。除此之外,交易的成本也会增加。这些因素使得区块链网络在日常使用中变得更加不受欢迎。其他网络对此实行了一些措施,如改变为其他共识协议,以及权益证明。权益证明的能源消耗要低得多,而且权益证明的挖矿是基于信誉的,虽然风险可能仍然很高,但可以根据网络参与者的需求来调整。还有一个措施是实施替代工作量证明的共识协议,这些协议对专用集成电路有抵制作用。如果实施这些协议,就很难建立一个特定的挖矿基础设施,参与者不得不依靠对更多参与者开放的FPGA挖矿。

---

① 从CPU转向GPU和FPGA挖矿,后来又引入了专用集成电路挖矿技术。

1.12.8　合并挖矿

合并挖矿是一种特殊情况,即矿工实际上能够挖出一个以上的链[1]。合并挖矿并不意味着这些链必须有任何关联或者必须包含彼此的数据。矿工再一次根据需要挖掘的交易创建哈希值,如果矿工最终找到了解决方案,那么就由该矿工来为两条链提供此方案。如果矿工提供的解决方案对第一条链是正确的,则该矿工会收到第一条链的代币;如果矿工提供的解决方案对第二条链是正确的,则该矿工随后会收到第二条链的代币。如果矿工提供的解决方案对任何一条都不正确,则该矿工就什么都得不到。两个或更多的链之间可以创建链接,增加了系统的安全性。以比特币和域名币之间的关系作为样例。当一个域名币区块被创建时,该域名币区块哈希化并作为交易哈希包含在比特币区块中,从而有效地将域名币区块与比特币区块联系起来。另外,在一个域名币区块中也可以找到一个比特币区块的头。这样一来,比特币链就被链接到了域名币链上。这里的区块头是用来作为工作量证明的。该样例清楚地表明只有挖矿是关联的,从而提高了安全性(如防止51%攻击)[2]。

1.13　出块时间

出块时间是人们需要了解的一个重要概念。维塔利克·布特林发表了几篇关于出块时间及其重要性的博客文章。比特币的出块时间平均为10min,而以太坊网络的出块时间在 12~17s(白皮书中规定为12s,而现实中由于特定的困难,大约为17s)。出块时间是一个新区块在区块链上被接受的必要时间。每个网络因为创造者使用的算法不同,都有自己的出块时间。漫长的出块时间会给其用户带来挫败感。当然,如果卖家对某些攻击很小心,如芬尼攻击或双花攻击(后面解释),在交易真正被接受之前等待几个区块可

---

[1] 参见 Roberts, D. (January 9, 2014). Mergen – Mining. mediawiki. *Github – Namecoin*. https://github.com/namecoin/wiki/blob/master/Merged – Mining. mediawiki. Accessed July 6, 2019。

[2] 参见 Schwartz, D. (August 31, 2011). How does merged mining work? *Stackexchange*, https://bitcoin.stackexchange.com/questions/273/how – does – merged – mining – work. Accessed July 10, 2019。

能会更好①。

为什么不立即提高区块接受速度呢？这里存在几个问题,区块是否被挖掘是基于被赋予的分数,而分数取决于该区块与链上的创世区块或第一个区块之间的距离,得分最高的区块被视为正确的区块并被挖掘。但问题是,德克尔(Decker)和瓦滕霍夫(Wattenhoffer)在论文《比特币网络中的信息传播》(*Information Propagation in the Bitcoin Network*)中指出,一个区块需要6.5s才能到达50%的节点,40s才能到达95%的节点。在每10min产生一个区块的速度下,这种现象不会导致什么问题,但在每12s产生一个区块的速度下,矿工仅相隔几秒便找到一个新区块的频率就会增加。第一个矿工总是获胜,导致网络中出现更多的无效区块。这又导致了一些不安全因素,如51%的攻击不再需要控制网络51%的算力,以及挖矿集中化的问题(在这种情况下,矿池与单个矿工相比有效率的提升,从而导致中心化,这是人们在一个公共的、无许可的区块链生态系统中想要避免的)。

德克尔和瓦滕霍夫确实提供了一些可能的解决方案来加快区块在网络中的传输时间,如先广播头部,然后才是区块本身,或者干脆削减区块容量(因为传输时间与区块大小有关)。维塔利克·布特林的另一篇博客文章《关于快和慢的出块时间》(*On Slow and Fast Block Times*)总结说,更快的出块时间可能是有益的,因为更快的出块时间细化了整个网络的信息粒度。在发生分叉的情况下,网络可以更快地决定继续前进的正确路径。维塔利克·布特林还明确指出,这是一个在用户体验、可扩展性和可用性与安全问题(如集中化风险和较高的陈旧率)之间的平衡行为。在较慢或较快之间的权衡并不完美,完全依赖于网络中内置的机制。每个平台都根据是私有的还是公共的,是有权限的还是无权限地做出自己的选择。

1.14 共识机制

当谈论区块链技术时,经常提到协议。当然,协议并不只限于区块链,而

---

① 参见 Buterin, V. (July 11, 2014). Toward a 12-second block time. *Ethereum Blog*. https://blog.ethereum.org/2014/07/11/toward-a-12-second-block-time/#:~:text=At%2012%20seconds%20per%20block,a%20stale%20rate%20of%2050%25. Accessed July 11, 2019。

是可以在任何远程通信技术的实施中找到。当人们谈论协议时,谈论的是一整套规则,决定用户如何连接到一个系统并与之互动。这些规则非常广泛,可以决定用户必须使用哪些硬件,允许使用哪些软件,以及在网络上传输的信息参数是什么。与其他电信业务一样,区块链的情况也是如此。当谈论开源区块链的实现时,如比特币或以太坊,这些平台对硬件没有限制,所需的软件也完全免费。尽管现在私有链(或者说分布式账本)的实现也是这种情况,但未来的发展不再会是这种情况。

1.15 轮询调度

相较于公有链,轮询调度更适合私有链,允许参与者添加区块以签署交易。当参与者真正认识彼此并且存在一定程度的信任时,该系统就可以工作。在选定的时间范围内,特定的参与者被允许创立新的区块并将其添加到链上,以确保没有一个参与者可以独占网络。

1.16 工作量证明

工作量证明是区块链网络内使用的第一个共识协议。第一个实施这种共识协议的网络是比特币网络,之后许多其他网络也开始使用。其理念是矿工必须使用其节点解决一个数学问题。解决该数学问题需要大量计算,但验证结果却很容易。这种共识方式解决起来很困难,需要消耗大量资源。网络将设定一个目标哈希值,节点必须根据区块和一次性随机数计算一个低于该目标数字的哈希值。目标值设置得越低,参与者就越难找到一个正确且可接受的哈希值。工作量证明协议可以通过使用前面提到的一次性随机数并将信息组合成块来帮助解决拜占庭容错问题。为了防止预计算,一次性随机数对每个节点都是唯一的,并且只能使用一次。这种协议受到批评的一个重要原因是应用这种类型协议的网络所消耗的能量过大。在气候变化、资源匮乏和经济危机的时代,这是一个需要考虑的重要问题。目前,有许多不同的工作量证明共识协议被多个网络所使用,本书将介绍其中几个。这里列举的内容是有限的,因为可以根据正在处理的情况创建和使用任意数量的协议。

1.17 中本聪共识

中本聪共识是一个经常能看到的术语,出现在区块链平台及其共识协议中。实现中本聪共识需要工作量证明、选择出块人、稀缺性和激励[①]。这些都是管理比特币网络的规则,并被许多其他平台使用。工作量证明算法确保了需要足够的计算能力来达成正确的共识,并且网络中不可能发生51%攻击。矿工使用一种抽奖式的算法,希望能计算出正确的结果,为区块链选择下一个区块。唯一的获胜方式是使用足够的算力,从而有更大的机会挖到区块。然后是稀缺性的概念,稀缺性是由可挖掘的比特币数量有限而产生的,比特币只有2100万个可以被挖出来。最后一个部分,激励是在矿工挖到正确的区块时给予的奖励。这样一来,网络就保持了可扩展性,同时鼓励参与者保持诚实,投入时间和算力来保持整个区块链的结构。

1.18 权益证明

权益证明是在工作量证明协议之后发展起来的,在区块链网络中被越来越多地使用。首先,实施这种协议的网络是2012年的点点币。在权益证明网络中,下一个区块的矿工是伪随机选择的。节点持有的加密货币的数量影响选择的机会,因此,被选中的概率与在网络中拥有的权益直接相关。这显然比工作量证明共识协议更具成本效益,因为矿工不需要使用能源来解决数学问题。其次,事实证明权益证明更安全。权益证明有助于防止51%的攻击,这看起来似乎是矛盾的,但利益相关者有动机维护网络,因为如果发生攻击将损害网络的信誉,伤害参与者,减少利益相关者的权益价值。该协议也有一个缺点,称为"无利害关系"(Nothing at Stake,NAS)问题。当网络中出现共识失败,而参与者没有任何损失时,参与者有可能会支持不同的侧链。

[①] 参见 Curran,B.(June 26,2018). What is Nakamoto Consensus? Complete beginner's guide. *Blockonomi*. https:// blockonomi. com/nakamoto – consensus/. Accessed July 12,2019。

1.19 权益授权证明

权益授权证明协议在网络中维护了一个无法更改的信条。该协议利用实时投票与信誉相结合来实现共识。权益授权证明允许每个加密货币的持有者影响网络。该网络利用在网络角色中选举出的代表,代表必须在一个基本账户中投入一定数量的加密货币,数额越大,代表可以对网络施加的影响就越大。如果出现恶意行为,则基础账户中的钱就会丢失。这也称为股份授权证明机制(Deposit-based Proof of Stake,DPOS)。虽然代表们负责交易的验证,但由参与者定期要求确认挖掘的区块是否包含所有正确的交易。这确保了网络的自我管理和监督,比其他共识协议更民主。

1.20 权威证明

权威证明(Proof of Authority,PoA)是私有链[①]网络(与分布式账本网络更相关)经常使用的一种替代方案,其中工作量证明被节点的"身份"所取代,作为网络中的权益。只有被选中的节点才允许挖掘新的区块。只有"验证器"节点才允许将交易添加到区块中,然后将区块添加到区块链上。有了权威证明和验证器,也有了"信誉"(Reputation)的新概念。验证器的信誉对网络的存在至关重要,区块链网络要求验证器投入资金并确认其真实身份,这减少了恶意活动的风险。如果其中一个验证器或"验证器机构"的信誉受到损害,则其他参与者可能会离开网络或质疑新创建的区块及其交易。与其他协议的实现方式相比较,权威证明既有优势,也有劣势。权威证明的主要风险是,如果只有一个验证器节点,风险就会集中,从而容易导致单点故障,这是讨论分布式网络时要考虑的主要风险。然而,权威证明不需要使用工作量证明的网络所需的巨大计算能力。与权益证明相比,权威证明也有优势。权威证明提出了节点的身份概念,如果一个节点的行为是恶意的,当身份暴露出来后,该节点就会失去在网络中的全部权益。而在权益证明的情况下,参与者只会失去当前提出的权益。这意味着在网络中总体参与度较低的人比在网络中

---

① 也有某些公共网络使用此协议。

区块链平台——分布式系统特点分析

投入大量资金的人损失要小。

1.21 实用拜占庭容错

实用拜占庭容错（Practical Byzantine Fault Tolerance，PBFT）是一种共识协议，在至少可以信任一部分网络成员的网络中使用。米格尔·卡斯特罗（Miguel Castro）和芭芭拉·利斯科夫（Barbara Liskov）于1999年在同名论文中介绍了这一概念。网络依赖于一个"主"节点，其他所有节点充当备份[①]。节点之间相互沟通以达成共识。网络中存在大量通信，节点之间不仅彼此通信，而且希望确认消息确实来自声称发送该消息的节点，还希望验证消息在传输过程中没有更改。该协议可以在出现故障之前抵御1/3的恶意节点（参考拜占庭将军问题），因此更大的网络具有更高的安全性。由于需要发送大量的消息，该协议的主要问题是不可扩展。实用拜占庭容错也是一种共识算法，其可能较容易受到女巫攻击。这也是为什么这种共识算法只适用于一小群相互信任到一定程度的参与者。值得肯定的是，这种共识算法大大降低了计算成本（如与工作量证明相比）。

1.22 布谷鸟环[②]

布谷鸟环是一种工作量证明算法，其目的是抵抗专用集成电路。这种特定的算法是在加密货币热潮（2018年）达到顶峰时设计的，很多公司和人都在投资专用集成电路矿机，并将其他参与者排挤出去。区块链始终旨在为所有拥有通用计算机的参与者留出空间，但随着这些投资专用集成电路的参与者出现，其他参与者被从事矿工的专业人士排挤在外。于是，就有了布谷鸟环等抵抗性协议的兴起。布谷鸟环由约翰·特伦普（John Tromp）设计，适合GPU挖矿，同时专注于内存的使用而不是GPU速度的优化。这使得布谷鸟环成为一种节能的算法。布谷鸟环是基于图论的算法，试图在siphash算法随机

[①] 参见 Curran, B. (April 18, 2020). What is Practical Byzantine Fault Tolerance? Complete beginner's guide. Blockonomi. https://blockonomi.com/practical-byzantine-fault-tolerance/. Accessed July 18, 2019.

[②] 参见 Tromp, J. (November, 2019). Cuck(at)oo cycle. Github - cuckoo. https://github.com/tromp/cuckoo. Accessed July 22, 2019.

生成的布谷鸟二分图中找到一个固定长度为 L 的环①。随着图规模的增加，L 值也会增加，环变得更难找到。还有两种基于布谷鸟环的替代工作量证明的算法称为 CuckAToo 算法和 CuckARoo 算法。CuckAToo 算法被设计成对专用集成电路更友好，而 CuckARoo 算法则被设计成对专用集成电路更有抵抗力。

1.23　DÉCOR+HOP 协议

由塞尔吉奥·德米安·勒纳（Sergio Demian Lerner）提出的 DÉCOR+HOP 协议是一种旨在帮助区块链轻松扩展的协议，同时仍具有拜占庭容错性②。DÉCOR+HOP 协议可以分成两个不同部分：确定性冲突解决（Deterministic Conflict Resolution，DÉCOR+）和仅传播区块头（Header only Propagation，HOP）。前者是一个奖励分享策略，而后者结合了几个元素，如先传播区块头，在未验证的父节点上挖矿（轻钱包（Simplified Payment Verification，SPV）挖矿，稍后在比特币章节中解释）。DÉCOR+给现有的"经典"工作量证明共识协议带来的主要变化是解决冲突的方式。在经典的方法中，如果发生冲突，则需要确定正确的区块，挖出正确区块的矿工将因此获得奖励。这种新的方法正在考虑一个更广泛的领域，达成的解决方案应该使所有参与矿工的收入最大化，包括冲突的矿工和其他矿工。DÉCOR+与 HOP 相结合，可以更快达到目标，因为新协议不依赖于区块容量，而是随着网络直径的对数而发展。

1.24　GHOST—SPECTRE—PHANTOM 协议

在区块链"最新"实现中经常看到的一个重要协议是幽灵协议（Greedy Heaviest Observed Subtree，GHOST），佐哈尔（Zohar）和索姆波林斯基

---

①　参见 Oscar, W.（March 22, 2019）. WTF is Cuckoo Cycle PoW algorithm that attract projects like Cortex and Grin？ *Hackernoon*. https://hackernoon.com/wtf-is-cuckoo-cycle-pow-algorithm-that-attract-projects-like-cortex-and-grin-ad1ff96effa9. Accessed July 25, 2019。

②　参见 Lerner, S. D.（November, 2014）. DECOR+HOP：A scalable blockchain protocol. *Semantic Scholar*. https://pdfs.semanticscholar.org/141e/d5f15e791ec7a9537a7b3250f4b7524ce302.pdf. Accessed July 27, 2019。

(Sompolinsky)于2013年引入了这一概念,并在论文《比特币的安全高速交易处理》(*Secure High-Rate Transaction Processing in Bitcoin*)中提出,旨在解决区块链平台使用较高出块时间时出现的问题。幽灵协议既能解决网络传播的大量陈旧区块的问题,又能对抗中心化。幽灵协议是如何做到这一点的?通过采用陈旧或"孤"块作为"叔"块。这样一来,挖掘这种区块的矿工仍然可以获得部分奖励,而且可以防止自私挖矿。叔块可以纳入主链,增加其安全性。因此,最长的链不再是最重要的链,而是拥有最多计算量的链成为主链。幽灵协议中仍然有更快的出块时间的附加价值,同时不影响区块链本身的安全性。在发生冲突的情况下,主链就变成了根为分叉处的权重最高子树①。图1.16展示了幽灵协议中的最长链与采用"最长"规则的最长链之间的区别。当用户希望提高网络的可扩展性和速度时,幽灵协议核心上仍然是一个希望提高安全性的工作量证明共识协议。

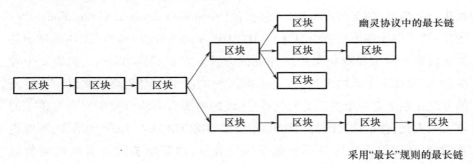

图1.16 幽灵协议

当转向区块有向无环图结构时(图1.17),网络可以使用其他共识协议达成共识。SPECTRE协议(Serialization of Proof-of-work Events:Confirming Transactions via Recursive Elections)由索姆波林斯基、勒文伯格(Lewenberg)和佐哈尔提出②。通过其提出的实现方式,挖矿和共识的概念部分地分割开来。在挖矿层面,仍然使用工作量证明协议,该协议对实际包含在区块中的交易

---

① 参见 Sompolinsky, Y. and Zohar, A. (August, 2013). Secure high-rate transaction processing in bitcoin. *IACR.* https://eprint.iacr.org/2013/881.pdf. Accessed July 30, 2019。

② 参见 Sompolinsky, Y., Lewenberg, Y., and Zohar, A. (2016). SPECTRE: Serialization of proof-of-work events: Confirming transactions via recursive elections. *HUJI.* www.cs.huji.ac.il/~yoni_sompo/pubs/17/SPECTRE.pdf. Accessed August 1, 2019。

不做任何假设,这样就能以较高的速度(网络速度)创建新的区块。

为了实现共识,SPECTRE 协议将交易层面与区块的挖掘完全分开,规定了一个基于区块优先级的递归投票系统,每个区块都为每对区块提交投票。在观察一对区块时,每个区块都会根据喜好投票,要么是 -1,要么是 0,要么是 1。例如,如果有两个区块 A 和 B,而区块 C 必须投票。如果 C 喜欢 A,C 就会投 1;如果 C 喜欢 B,C 就会投 -1;如果没有偏好,C 就投 0。这在区块有向无环图结构的拓扑排序之上创建了一个额外的排序,并让用户了解哪些交易可以在网络中视为已确认和验证[①]。该投票基于区块 C 对网络的观点(vision)。如果 C 区块只存在于 A 区块之后(C 是建立在 A 区块之上的),C 当然会投票给 A 区块。如果 C 区块既存在于 A 区块之后,也存在于 B 区块之后,C 就会根据历史,确定哪个区块在网络中得到了更多的支持。而即使 C 不在 A 和 B 之后,C 也会根据整个区块有向无环图结构进行投票。

人们需要考虑的最重要的一个方面是时间。交易被约束在特定的时间,攻击者经常试图隐藏某个区块,然后通过网络传播该块。在 SPECTRE 协议中,这种行为没有任何利润产生。在交易冲突的情况下,最早发生的交易获得优先权。当区块变得可见时,这些区块与区块有向无环图中的其他区块相连,其他诚实的区块将很快能够确定哪个区块有真实的交易。SPECTRE 协议还引入了"弱活性"的概念,因为每个非故障节点的交易都被接受(假设没有冲突)。使用 SPECTRE 协议会产生一个有向无环图结构的非线性区块网络。

SPECTRE 协议的一个局限性是只能用于加密货币或网络,其中不需要有严格的交易顺序(参考本章开头解释的康多塞悖论)。幽灵协议与 SPECTRE 协议非常相似,但幽灵协议假设整个系统中的区块和交易有严格的顺序。这既有优点也有缺点。优点是不用承受康多塞悖论的风险,实现一个可用于智能合约的系统,另外,区块链网络必须在共识协议(如 SPECTRE 协议)所能实现的速度上让步。因此,虽然挖矿仍然类似于现有的 SPECTRE 系统,但幽灵协议在涉及共识时将采取另一种方法,因为幽灵协议将在整个区块有向无环图内寻找一个正确的区块链。在区块链内,交易的顺序由正在使用的递归算法强

---

① 参见 Stone, D. (March 26, 2018). An overview of SPECTRE—a blockDAG consensus protocol (part 2). *Medium*. https://medium.com/@drstone/an-overview-of-spectre-a-blockdag-consensus-protocol-part-2-36d3d2bd-33fc. Accessed August 3, 2019。

制执行[1]。

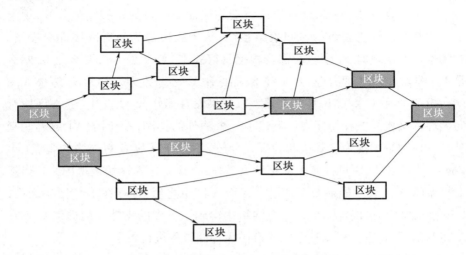

图1.17 在区块有向无环图中的区块链

攻击者一般从两个重要方向入手。从网络中保留区块并非有效,因为网络不断地建立相互关联的区块,从整个网络中保留太久的块不会再造成真正的破坏,因为"诚实的"区块链显然会有最长的结构。攻击者也可以尝试通过比网络中的其他矿工更快地挖矿来构建最长的链,但要实现该攻击,攻击者应该至少拥有网络中所有计算能力的50%[2]。

1.25 Ethash算法和Dagger–Hashimoto算法[3]

Dagger Hashimoto算法是以太坊1.0中使用的工作量证明挖矿算法的第一个研究实现。该算法的目标有两个:第一个是抗专用集成电路,从而使专

---

① 参见 Sompolinsky, Y., Wyborski, S., and Zohar, A. (February 2, 2020). PHANTOM and GHOSTDAG. A scalablegeneralization of Nakamoto Consensus. *IACR*. https://eprint.iacr.org/2018/104.pdf. Accessed February 27, 2020。

② 参见 Stone, D. (March 29, 2018). An overview of PHANTOM: A blockDAG consensus protocol (part 3). *Medium*. https://medium.com/@drstone/an-overview-of-phantom-a-blockdag-consensus-protocol-part-3-f28fa5d76ef7. Accessed August 4, 2019。

③ 参见 Ray, J. (April 2, 2019). Welcome to the Ethereum Wiki! *Github–Ethereum*. https://github.com/ethereum/wiki/wiki/Ethash and https://github.com/ethereum/wiki/wiki/Dagger–Hashimoto. Accessed Augst 6, 2019。

用硬件的好处降到最低。以太坊的目标是成为一个所有用户都可以访问的网络,也包括那些买不起昂贵硬件的用户。第二个是让轻量级客户端能够相对轻松地验证挖掘到的区块①。Dagger-Hashimoto 算法基于之前的 Hashimoto 算法和 Dagger 算法。Hashimoto 算法由撒迪厄斯·德里亚(Thaddeus Dryja)开发,其目标是抗专用集成电路。Dagger 算法是一种既要实现内存困难的计算函数,又要实现内存容易的验证函数的算法,在"基于区块链的工作证明"②和"随机电路"③中尝试了几种方法。与 Hashimoto 算法相比,Dagger Hashimoto 算法的优势在于使用了一个自定义生成的 1GB 数据集作为数据源,而不是区块链本身。数据集使用 Dagger 算法,每 N 个区块基于块数据进行更新。最后,Dagger Hashimoto 算法被在该算法基础上进行大幅修改的 Ethash 算法取代。Ethash 算法首先通过扫描区块的块头为每个区块创建一个种子,从该种子可以计算一个 16MB 的伪随机缓存。从该缓存中,Ethash 算法生成一个 1GB 的数据集,该数据集中的每个项都只取决于缓存中的少数项。在挖矿过程中,数据集中随机片段被抓取并哈希在一起,通过使用缓存生成所需的数据集片段便可以进行验证。大数据集每 30000 个区块更新一次。

1.26 Keccak 256/SHA3 哈希算法④

Keccak-256 是 NIST 哈希函数竞赛的胜利者,其成为 SHA3 标准的哈希算法。Keccak-256 与 SHA3 有一个重要不同,即 NIST 改变了算法填充,因此尽管两者的基础算法是相同的,但 SHA3-256 和 Keccak-256 会出现不同的输出。如今,Keccak 算法用于以太坊网络中的 Ethash 工作量证明协议,也用于门罗币等其他网络。在门罗币中,Keccak 算法不用作工作量证明协议,而是在随机数生成、区块哈希、交易哈希等其他领域中发挥作用。Keccak 算法

---

① 第三个目标是矿工应该存储区块链的完整副本,但为此,对算法进行一些修改是必要的。
② 基于在区块链上运行合约,但被证明易受远程攻击(如后门)。
③ 由弗拉德·扎姆菲尔(Vlad Zamfir)开发,其目标是每 1000 个一次性随机数 nonces 生成一个新程序,每次选择一个新的哈希函数,比 FPGA 重新配置的速度要快。其困难之处在于如何生成足够通用的随机程序,使得专用硬件没有任何好处。
④ 参见 Bertoni, G., Joan, D., Hoffert, S. Peeters, M., Van Assche, G., and Van Keer, R. Keccak specifications summary. https://keccak.team/keccak_specs_summary.html. Accessed August 7, 2019。

基于海绵结构,如图 1.18 所示。海绵结构是一种操作模式,使用了固定长度的置换和填充规则,从而将一个可变长度的输入转化为可变长度的输出。转换过程首先将输入信息块进行异或,并对一个状态子集进行转化,然后通过使用置换函数 f 将所有信息块转换为一个整体(也称为"吸收"阶段)。下一个阶段,又称为"挤压"阶段,算法从状态子集中读取部分输出块,并将整个输出再输入置换函数 f 中,如此交替,直到获取所需长度的输出数据①。

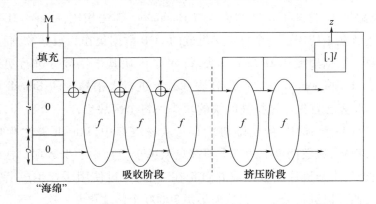

图 1.18　海绵结构

1.27　区块链平台的其他协议

在区块链平台中可以使用其他几种类型的协议,以便人们达成共识。其中,有一个协议与权益证明密切相关,即重要性证明。与权益证明不同,重要性证明环境下将用户的交易也考虑在内,因此重要性证明协议尝试衡量节点在整个网络中的信用度和重要性②。另一个有趣的协议是活动证明协议,其与工作量证明和权益证明都有关。活动证明协议比工作量证明更节能,因为只在第一阶段使用工作量证明,而在第二阶段使用权益证明。还有容量证明,其主要驱动因素是可用的硬盘空间(而不是像在工作量证明协议中使用

---

①　状态子集中写入和读出的大小称为"速率"(rate),未写入和读取的大小称为"容量"(capacity)。正是容量决定了算法的安全性。

②　在 NEM 区块链中使用。

的 CPU)①。区块链领域中还有其他协议,包括复制证明、燃烧证明、空间证明、时空证明、存款证明、数据占有证明等。很明显许多不同的区块链平台正在尝试不同的解决方案,以安全和高效的方式在分布式和去中心化的环境中提供共识机制。每一个协议都有优缺点,协议的选择取决于需要实现的目标以及系统的组织工作方式。下面的章节将介绍区块链协议集中的部分协议,并详细介绍部分协议的工作原理。

1.28 一次性随机数

一次性随机数(Nonce)是一个来源于密码学的术语。其是一个任意的数字,且只能在加密通信中使用一次。Nonce 的来源通常是一个(伪)随机数生成器,在通信中用于防止以重放攻击为代表的攻击②。谈到区块链时,Nonce 会被经常讨论。在比特币和比特币的工作量证明算法中,Nonce 对参与网络的矿工起着重要作用。比特币的序列化区块头大小为 80B,Nonce 是其中一个 4B 的字段。Nonce 中的数字可以根据需要进行修改,以使区块头的哈希值小于或等于全网难度所设定的值。当找到一个满足上述要求的 Nonce 时,该 Nonce 便称为"黄金 Nonce"。实际情况下,挖矿应用程序将寻找一个 Nonce,该 Nonce 将产生一个具有 32 个前导零的区块哈希。很重要的一点是,Nonce 将工作负荷转移到搜索正确的哈希值上,并使验证找到的哈希值变得更加容易。由于哈希函数的输出不容易根据输入来预测,因此挖矿涉及大量的试错,直至找到一个可接受的哈希值。

比特币网络中得到的 Nonce 会随着时间而改变。一开始,矿工可以遍历 Nonce 能取到的值,直至找到满足要求的 Nonce。随着难度的增加,区块链网络中可能会出现矿工遍历了所有 Nonce 能取到的值但没有找到满足要求的 Nonce 的情况,因此矿工需要更新区块头的时间戳,考虑经过的时间,从而使得在矿工中又能产生不同的结果。随着算力的提升,上述方法也不能保证继

---

① 其也称为硬盘挖矿,可以在 Brustcoin 加密货币等中有所体现。

② 重放攻击是一种网络攻击。攻击者进入网络,并等待网络上的数据传输,试图延迟或重复发送网络上的数据包。如果被攻击对象并不知道自己已经接收过这段数据,那么攻击者就成功了。Nonce 是防止这种攻击的一个可能的方法,因为它只能使用一次。

续挖矿,因为 Nonce 值会在不到 1s 的时间内就被耗尽①。因此,需要一个新的解决方案以确保矿工能够在比特币网络中继续挖矿。

Coinbase 交易解决了此问题,并且可以使用额外空间作为 Nonce 值的附加源,从而允许矿工在 4B 的标准 Nonce 外再寻求 8B 的额外 Nonce。如果将来矿工们又完全覆盖了指定空间,其可以再次使用调整后的时间戳,甚至使用 Coinbase 脚本来给 Nonce 提供更多空间。Nonce 在网络中的传播也是一个重要问题。区块链网络通过流言算法实现 Nonce 的传播。流言算法的工作方式类似传染性病毒或者流言的传播方式,如图 1.19 所示。例如,A 告诉 B 一个流言消息片,A 和 B 都将该消息片再告诉给 C 和 D,以此类推。Nonce 在区块链网络中就类似流言一样传播开来。流言算法被比特币、超级账本 Hyperledger 和哈希图 Hashgraph 用来在网络上传播信息(不一定用来传播 Nonce)。

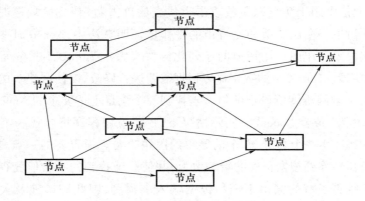

图 1.19 工作中的流言算法

1.29 区块链分叉

区块链分叉是区块链世界中的一个重要课题。区块链分叉指的是在同一网络中竞争或共存的侧链。由于区块链网络的去中心化结构,自然就会出现分叉。区块通过网络进行传播并在不同时间到达不同节点,但可能产生所谓的孤块。通常,节点会尝试扩展具有最大累积难度的链②。当有两个或多

---

① 硬件挖矿的计算机算力开始超过 GH/s,如果再使用专用集成电路,甚至可以达到 TH/s。
② 包含最多工作量证明的链。

个候选区块相互竞争形成最长链时,便会出现分叉情况。如果矿工发现一个"正确"的区块,就会立即发送给邻居。多个节点可能同时发现不同的"正确"区块并通过网络进行广播。最接近该区块原始矿工的节点将开始基于该区块构建自己的链,并继续在下一个区块上工作。如果分叉以该方式产生,问题通常会在一个区块内得到解决。原因是一组矿工将首先找到下一个"正确"区块,即便网络中的算力平均分配给几个竞争组。下一个"正确"区块将在网络节点之间共享、被接受并通过网络传播。竞争节点将收到下一个"正确"区块,接受"正确"区块并停止在与接受结果竞争的"正确"区块上工作,从而解决分叉①的问题,如图 1.20 所示。

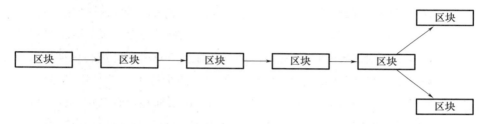

图 1.20　区块链分叉

同样,区块链网络中也有硬分叉的产生。当网络上有软件更新时,协议或挖矿程序有升级,便可能出现上述情况。一旦升级发生,使用旧软件挖矿的交易行为将不再被升级后的节点接受。一个新的持久分支就产生了。通过硬分叉形成的不同链上也可以发生并行的交易。软分叉是软件的变化导致的,其中只有以前的块和交易被无效化,同时仍然是向后兼容的。硬分叉和软分叉的另一个区别是,软分叉只需要大部分矿工升级,而硬分叉需要所有节点升级到新版本。

1.30　侧链

有了分叉之后,侧链的概念便更容易理解。侧链是通过双向锚定对"孩子"(子链)和"父母"(父链)进行连接的区块链,如图 1.21 所示。通过锚定

---

① 类似的分叉可能每周发生一次,而扩展到两个区块的分叉则极为罕见(上面已经解释过了)。

链接,资产可以在网络上以固定的确定汇率进行兑换,而侧链可以完全独立于父链运行并使用自身的共识协议。

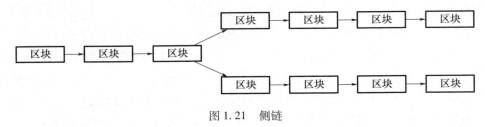

图 1.21 侧链

通过侧链进行兑换实际上不过是一种错觉。代币锁定在父链中,而等量的代币在子链中被解锁。如果想要进行兑换,则子链中的代币被锁定,而父链中的加密货币被解锁。为了实现该机制,区块链进行了几个假设。需要理解的最重要的基本原则是所谓的"结算最终性"(将在第 2 章中对此进行更详细的解释)。该原则实际上意味着兑换过程中必须信任两个链中的参与者,并且参与者都能够抗审查。一切均需要参与者是诚实的,包括那些持有被锁定代币的参与者,否则会导致锁定代币可以被花费,以及导致双花。在兑换过程中,存在子链没有结算最终性的可能。在该情况下,链之间可以通过所谓的保管人进行交易,保管人必须投票决定何时锁定或解锁一定数量的代币。该投票系统可以适应任何形式,连接情况很好的区块链可以使得系统非常灵活。有几种方法可以实现系统。第一种是单一托管模式,在属于链 2 的代币被锁定时,通过仅解锁链 1 的等量代币来强制执行两条链之间的双向锚定,如图 1.22 所示。

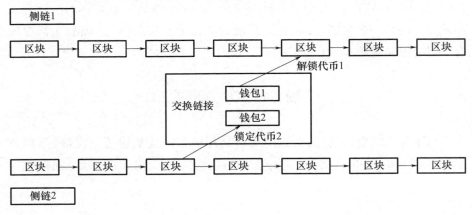

图 1.22 单一托管模式

第1章 基本概念和技术

显然,单一托管模式的系统违背了区块链的本质。其工作方式会重新引入单点故障和中心化。系统可以尝试通过使用多重签名来为多方建立一种去中心化形式,但只能在私有环境下完美工作,如图1.23所示。

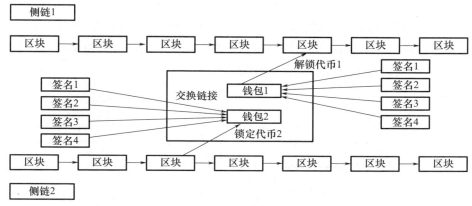

图1.23 多重签名方法

第二种是通过对每个链的共识机制进行理解,从而摆脱任何中心化并链接两个链,如图1.24所示。从而使得代币在第二条链能够验证是否发起锁定交易的时候便可以进行解锁。当系统中有一条链没有结算最终性时,会存在不安全因素。这种设置可以应用于私有链/分布式账本,但考虑这种设置会带来实质上无信任环境的风险,因此不能应用于公共世界。有多种方法可以创建这种特定的设置,但特定的设置只能作为一种确认交易的简化方法,因此可以使用在区块链世界中经常使用的默克尔根。

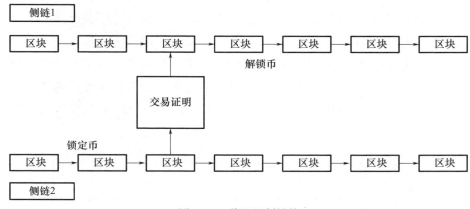

图1.24 共识机制链接

与前面的示例相关的另一种方法称为"缠结链",如图 1.25 所示。该方法下两个独立链之间的关系被提升到一个新的水平。当代币被锁定在一条链中时,另一条链中等量的代币立即被释放,反之亦然。有几种方法可以实现这一点,最简单的方法或许是将代币锁定在交易本身的元数据中(之后可以在合约币和比特币之间的联系中发现这一点,因为 OP_RETURN 操作码用于锁定某些特定信息)。其他方法包括让第二条链上的每个区块链接多个父区块,或者通过加密手段在交易中锚定①。

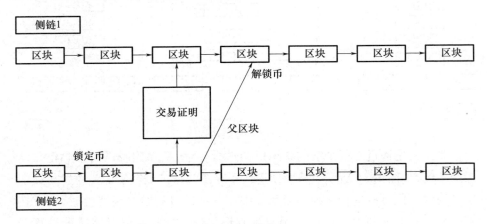

图 1.25　缠结链

最后一个示例是"驱动链",如图 1.26 所示。在这种方式下,参与者可以投票决定何时释放锁定的代币,以及何时将这些代币发送到另一条链。这些选票可以锁定在交易信息的特定部分内。拥有投票权的参与者往往与其中一条链相关联,从而投票决定另一条链采取的行动。这种方法最关注的是参与者的信用问题。

对上述方法的介绍虽然都是单独进行的,但实际上这些方法也可以互相结合使用。根据实际的工程需要,拆分或组合这些方法是最明智的选择。在很大程度上,开发者需要根据私人－公共和许可－非许可的方法,以及对参与者的信任程度。

---

① 参见 (2015). Sidechains, drivechains, and RSK 2 – Way peg design. *Rootstock*. https://www.rsk.co/noticia/sidechains – drivechains – and – rsk –2 – way – peg – design/. Accessed August 12, 2019。

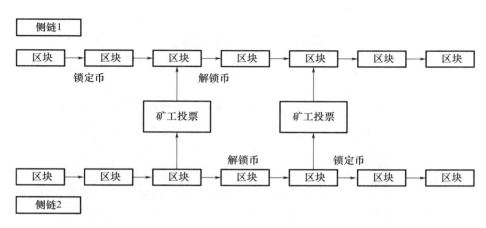

图 1.26　驱动链

1.31　区块链执行引擎

在解释区块链执行引擎概念前,本书需要对状态机和虚拟机进行解释。简而言之,状态机记录每个状态并处理状态之间的转换。举例来说,如果钱包里有 10 欧元,这就是"开始"状态。花掉 2 欧元后,状态机进入新的状态。为了处理发生的交易情况,区块链使用虚拟机,虚拟机能够执行这些交易中编码的指令。比特币交易验证引擎非常简单,依赖于两种类型的脚本,即锁定脚本(scriptPubKey)和解锁脚本(scriptSig)。锁定脚本指定必须满足的条件,以便生成未来可以使用的输出。解锁脚本需要去满足锁定脚本指定的条件,以使用输出交易。另外,以太坊虚拟机旨在成为执行通用智能合约的运行环境,其指令集目前有 140 个独特的操作码。随着 Serenity 更新,以太坊将使用基于 WebAssembly① 的新以太坊虚拟机。以太坊虚拟机目前被认为是以太坊风格的 WebAssembly(Ethereum - flavored WebAssembly,EWASM),因为以太坊虚拟机利用改进的硬件功能并且可以构建在工具和语言支持的广泛的生态系统上。由于以太坊虚拟机必须是确定性的,并且包括几个提供对特定以太坊平台功能访问的智能合约,所以可以称为"以太坊风格"。

---

① WebAssembly 是一种开放标准,它提供了一种优化的二进制格式,该格式受多种运行时环境的支持,因此可以在大多数现代 Web 浏览器中执行。

1.32 序列化

下面需要介绍的概念是"序列化"。序列化在计算机科学和网络领域得到了广泛的使用,序列化是指系统如何存储某些数据结构以及如何通过网络传输这些数据。这一点在分布式网络中很重要(请参阅出块时间的概念)。系统需要以一种高效且安全的方式来传输数据,并且随着时间的推移,序列化可能会发生变化,系统可以使用新格式来提高安全性、准确性,或者对网络其他实现提供支持。有时,这些新格式可以向后兼容,而在其他时候,新格式是通过网络强制执行的(这里又会出现硬分叉和软分叉)。但最重要的一点是,每个网络中都有一种结构化的方式来存储和传输数据。根据开发方案,这些方式在不同平台之间可能会有很大差异。

1.33 区块链技术栈

随着本书介绍的深入,下面将详细地讨论区块链技术栈,如表 1.3 所列。当讨论区块链时,读者可能已经对新应用程序的构建以及架构(在非常普遍的意义上)有了大致的了解。实际上,在区块链概念构建一个新的应用与广义上的架构很相像。与其他技术实现相反,当在组织中使用该技术时,必须考虑该技术的整个"栈"。区块链需要考虑的技术核心是去中心化和共识,所以开发者必须关注基础架构,并准备好进入一种新的工作方式。从某种意义上说,开发者需要抛弃集中化和控制的经典观点,从而再进行不再有单点故障的互联系统的开发工作。

表 1.3 区块链技术栈

层	描述	示例
应用层	应用接口	去中心化应用、用户接口、链码等
服务层	应用互联	预言机、钱包、智能合约等
协议层	共识协议	算法和侧链
网络层	信息传输	P2P、RLPx[①]等
基础设施层	节点基础设施	挖矿、代币、节点、存储等

---

① 原书为 PRLx,现订正为 RLPx。——译者

这样的技术栈既有优势,同样也存在着挑战,即当考虑应用区块链时,必须考虑每一个"层"。之后的内容也会说明这一点,区块链不仅仅是加密货币。所以在开始区块链之旅时开发者需要对表1.3有所了解。

1.34 有向无环图

有向无环图是另一种分布式账本技术,就像区块链一样。主要区别在于有向无环图定义下不再有区块。这可能看起来令人困惑,区块链世界中的一切基本上都是"链式区块",但是事物并不会如此简单。使用有向无环图,交易直接相互关联,不是整齐地排成一行,更多的是连接到几个新交易形成的交易云中等。有向无环图技术的名字便体现出了其作用。有向无环图是定向的,这意味着(图1.27)所有链接都指向同一个方向,因此网络中不会存在环路,有向无环图是"非循环的"。

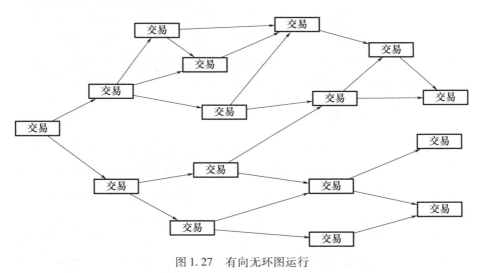

图1.27 有向无环图运行

有向无环图技术基本上可以提供与区块链相同的功能,但具有更好的性能[1]。有向无环图提供了更好的可扩展性和更低的交易费用(因为网络中没

---

[1] 参见Thake,M.(November 9,2018)What is DAG distributed ledger technology?. Medium. https://medium.com/nakamo－to/what－is－dag－distributed－ledger－technology－8b182a858e19. Accessed August 14,2019。

有矿工）。与区块链技术相反，随着等待成为已验证状态的交易数量开始增加，网络将开始更快地工作（最小化网络拥塞的可能性）。目前，关注的主要问题是如何在网络内达成安全的去中心化共识。当该问题得到解决，由于有向无环图的优势，可能会对当前的区块链格局构成"威胁"。有向无环图也经常称为"区块链3.0"，因为其被视为去中心化应用程序世界和未来工作方式的下一个自然的发展方向。同样地，这只是对有向无环图的基本介绍，实际上每种有向无环图的实现都大不相同，并且各有优缺点。本节的稍后部分将更详细地介绍当前存在的有向无环图技术，以及在不久的将来可能实现的技术。

1.34.1　默克尔有向无环图

说到有向无环图，就需要介绍一下默克尔有向无环图。默克尔有向无环图的结构与默克尔树相似，不同之处在于默克尔有向无环图不需要平衡操作，非叶节点也允许包含数据。图的边使用默克尔链接进行构造，这意味着这些链接可用于识别自身链接到的对象[①]。通过这种方法，默克尔有向无环图允许对数据定义唯一的加密哈希，这些哈希是防篡改的，并确保没有重复的数据。通过转移哈希值，用户可以将大量数据互相进行传送。

1.34.2　区块有向无环图

有向无环图同样也有区块有向无环图。当对区块链和有向无环图有深刻理解后，区块有向无环图的概念便会很清晰。区块有向无环图仍然使用区块，但区块不会只有一个父区块。相反，每个区块都引用了矿工可以现场发现的所有未经确认的交易（tips）。图1.28展示了这一点。由于有许多区块和区块分支互相引用，肯定存在属于相同链的一部分交易产生冲突的可能性。因此，区块有向无环图需要特定的共识机制，从而满足整个网络上一定程度的安全需求。由此已经开发了一些协议（如 SPECTRE 协议、幽灵协议和 Inclusive 协议）。

[①] 参见 Batiz – Benet, J.（2018）. go – merkledag. *Github – ipfs*. https://github.com/ipfs/specs/tree/master/merkledag. Accessed August 14, 2019。

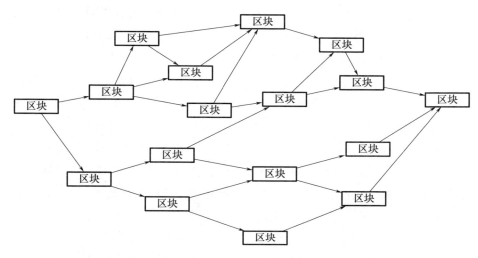

图 1.28 区块有向无环图结构

正常运行的区块有向无环图网络,交易速度可以加快到秒级,交易费也可以降至最低,并且网络支持去中心化(因为可以挖掘更多的区块),孤块更少,自私挖矿的激励大大降低[①]。基于区块有向无环图的网络试图在中本聪、维塔利克·布特林和其他人设计的网络与有向无环图之间找到合适的关系。这样实现的网络有 Soteria。

1.35　针对区块链的攻击

虽然比特币网络和其他区块链实现(实际上就是分布式账本实现)试图解决拜占庭将军问题,但这些类型的网络上仍然可能受到其他攻击。

1.51% 攻击

51% 攻击很著名。其原理很简单:如果攻击者能够获得网络上至少 51%的节点的控制权,那么便可以推动网络对一个谎言形成共识。网络会接受谎言,但这也意味着攻击者需要在任何时候都保持对网络上至少 51%的节点的控制。

---

① 参见 Tran, A. (May 23, 2018). An introduction to the BlockDAG paradigm. *Daglabs*. https://blog.daglabs.com/an-introduction-to-the-blockdag-paradigm-50027f44facb. Accessed August 28, 2019。

当攻击者失去对大部分节点的控制时，网络便可以对谎言进行鉴别。所以很明显，在比特币或以太坊等大型网络中进行此类攻击几乎是不可能的，这就是为什么这种类型的攻击主要针对规模较小的加密货币，在这些加密货币中更容易获得网络中的多数算力。当然，实际上此时攻击者已经带着获得的利润离开了网络。过去曾发生过几次攻击者使用 51% 攻击来进行双花攻击或者完全停止接受新付款，在货币价值方面造成的损失往往达到数百万，但真正的损失实际上是用户对网络丧失信任。这种攻击不仅会破坏网络，还会彻底摧毁一种加密货币。最近的一次攻击是 2018 年 6 月对莱特币现金的攻击，由于及早发现攻击迹象，因此损失有限[①]。需要注意的是，除非网络放弃链或分叉的一部分，否则不能推出旧区块。

2. 种族攻击

种族攻击（Race Attack）是另一种攻击方式，主要针对在区块链网络上接受付款的任何人。这种攻击的重点是速度[②]，因为攻击者将首先向一个接收方（如商家）付款，然后再向另一个商家甚至可以是他自己付款。如果第一个接收方接受了零确认交易，就可能存在第二笔交易正在被挖掘并在下一个区块中被接受，而第一笔交易仍未被挖掘的情况，会使得第一笔交易不需要为交付的服务付款。

3. 芬尼攻击

芬尼攻击（Finney Attack）是一种非常巧妙的攻击，其重点同样在于付款的接收方，特别是（再一次）在零确认交易下接受商品或服务付款的接收方。攻击者本人是一名矿工，拥有一个已挖掘的区块，但尚未将其广播到网络中的其他节点。攻击者在本区块中包含了其拥有的两个地址之间的虚假付款。接下来，攻击者向商家付款，商家在确认付款之前接受付款并提供所需的商品或服务。在最后阶段，攻击者最终在向商家付款之前广播了带有虚假支付的区块，该付款将被接受，攻击者将不需要为商家付款。

4. Vector76 攻击

Vector76 攻击是芬尼攻击和种族攻击的组合。在这种攻击中有两个节

---

① 过去还发生过几次其他攻击，有许多著名的例子，如 Krypton、Verge、比特黄金、Monacoin、Zen-cash 等。

② 在比特币网络这种每个区块的挖掘大约需要 10min 的区块链上，这种攻击不会发生。

点:一个连接到交换节点,一个连接到网络中的几个对等节点。在此之后,攻击者拥有高价值和低价值交易,进行预挖,并从交易服务中扣留高价值交易区块。在区块进行公告之后,攻击者迅速将预挖区块发送到交易服务。网络的一部分将接受该区块,而另一部分则没有看到该交易。一旦交易服务确认高价值交易,攻击者则将低价值交易发送到主网络,从而再最终拒绝掉高价值交易。这将使得攻击者的账户存入高价值金额。

5. 女巫攻击

女巫攻击方式下,攻击者用自己的节点填充网络。当新节点连接到网络时,则很可能出现只连接到攻击者节点的情况。在下一阶段,攻击者截停通过网络共享的区块和交易。然后攻击者只共享自己想要共享的东西并用虚假信息填充区块,从而将新节点与网络分割开来。

6. 日蚀攻击

日蚀攻击与女巫攻击的不同之处在于日蚀攻击并不想攻击整个网络。相反,日蚀攻击专注于攻击者想要隔离和攻击的特定用户。攻击者使用日蚀攻击使得用户不再清楚地了解网络和分类账状态,这可能会让被隔离的用户受到双花攻击或者其他攻击。

7. 自私挖矿

在自私挖矿攻击(或块扣留攻击)中,矿工试图赚取得比通常能够赚取得的更多的加密货币①。通过对其他矿工和区块链隐藏新挖掘的区块,攻击者矿工创建了一个单独的私人分叉,其他矿工看到该私人分叉时,会放弃自己的工作加入新分叉。

过程一直持续到私有链比公有链更长,从而表明加入单独的链更有利可图。如果大多数人加入私有链,则可能导致整个公共区块链去中心化性质的崩溃。

8. 加密货币挖矿恶意软件

这并不是针对区块链网络的攻击,但在这里该攻击方式值得提及。挖矿恶意软件是一种利用计算机系统资源(连接到互联网的任何设备)为犯罪分子创收的恶意软件。自 2011 年以来,就有基于浏览器的挖矿恶意软件的案

---

① 参见 Eyal, I. and Sirer, E. G. Majority is not enough: Bitcoin mining is vulnerable. *Cornell*. https://www.cs.cornell.edu/~ie53/publications/btcProcFC.pdf. Accessed August 20, 2019。

例,但近年来这些恶意软件越来越流行。

9. 外部数据源攻击

恶意矿工可能声称存储比自己实际能够存储的数据量更多的数据,依赖于从其他存储提供商快速获取数据(来进行伪装)[①]。这是一种与专注于数据或者文件存储的区块链和去中心化应用相关的网络犯罪形式。

10. 生成攻击

恶意矿工可能声称存储了大量数据,而恶意矿工使用一个较小的程序便可以按需有效地生成这些数据。如果程序大小小于据称存储的数据,便会增加恶意矿工赢得文件币区块奖励的概率,其中文件币区块奖励实际上与矿工当前使用的存储空间成正比。

11. 马奇诺防线攻击

该攻击的名字是由蒂姆·斯旺森(Tim Swanson)提出的,基本上意味着如果某一方在网络中有足够的算力,则这一方将能够阻止区块交易或按照自己的意愿重写区块交易。

12. P + Epsilon 攻击

P + Epsilon 攻击是一种贿赂攻击[②]。基本的潜在假设是,攻击者提供的奖励略高于诚实参与者一般因为参与网络而获得的奖励。

这些贿赂可以锁定在智能合约中,其中额外奖励"Epsilon"可用于证明已投票支持贿赂的人。然而,这里有一个重要的问题:如果投票一致支持攻击者,则攻击者不需要支付贿赂。只有行贿者即攻击者输了,贿赂才会真正被付清。

13. 交易延展性攻击

交易延展性攻击(Transaction Malleability Attack)试图诱骗受害者为某笔交易支付两次。根据区块链网络,攻击者可以尝试更改交易 ID 或以其他方式诱使受害者认为第一笔交易失败了。这可能会导致受害者尝试发送第二笔交易,从而使得受害者支付两次。

[①] 参见 Protocol Labs(July 19,2017). Filecoin:A decentralized storage network. *Protocol Labs*. https://filecoin.io/file-coin.pdf. Accessed August 28,2019.

[②] 参见 Buterin,V.(January 28,2015). The P + epsilon attack. *Ethereum Blog*. https://blog.ethereum.org/2015/01/28/p-epsilon-attack/. Accessed September 2,2019.

14. 分布式拒绝服务

尽管分布式拒绝服务不是针对区块链网络的特定攻击,但同样是区块链网络处理的最常见攻击类型。通过关闭某些矿池、钱包提供商、加密货币交易所等,攻击者可能对区块链网络造成损害。

15. 时间劫持

时间劫持(Time Jacking)是一种攻击方式。在这种攻击中,攻击者试图通过使用网络中具有不准确时间戳的虚假对等节点来更改某个节点上的网络时间计数器。如果攻击者能够说服节点调整其网络时间计数器,攻击者就可以强制节点接受一个不同的区块链。

16. 单分片接管攻击

1% 分片攻击是一种在分片网络环境中成为可能的攻击。在这种情况下,攻击者专注于网络的单个分片,攻击者使用自身的算力来接管该分片。单分片接管攻击(Single Shard Takeover Attack)的想法是,假设攻击者拥有网络 1% 的哈希算力,如果有 100 个分片,攻击者就可以接管单个分片的 100%。通过权益证明机制的实现,这类攻击已经失效[①]。

1.35.1 针对虚拟机的攻击

现在有许多使用虚拟机的区块链网络[②]。虚拟机也同样可能受到攻击。第一个常见的问题是当代币被发送到一个不再存在的地址或者智能合约运行但无法完成执行时丢失代币。一些平台已经开始针对此类缺陷采取措施缓解问题,但并非所有平台都已经证明可以防止此类损失。第二个问题实际上是防篡改性。一旦部署了智能合约,就无法再对其进行更改,这意味着攻击者可以利用智能合约中发现的漏洞,而开发人员则无法保护其用户或更改其代码。另外一种可能性是访问控制,攻击者可以在发现错误时尝试访问智

---

① 参见 Dexter, S.(March 11, 2018). 1% Shard attack explained—Ethereum Sharding (Contd⋯) *Mango Research*. https://www.mangoresearch.co/1-shard-attack-explained-ethereum-sharding-contd/. Accessed September 5, 2019。

② 参见 Bryk, A. (November 1, 2018). Blockchain attack vectors: Vulnerabilities of the most secure technology. *Apriorit*. https://www.apriorit.com/dev-blog/578-blockchain-attack-vectors. Accessed September 7, 2019。

能合约的敏感功能①。最后,还有短地址攻击。如果虚拟机接受错误填充的参数,攻击者可能利用此漏洞向潜在受害者发送精心制作的地址。

1.35.2 针对智能合约的攻击

智能合约漏洞最著名的例子之一是 2016 年对 DAO 的攻击。通常,这些漏洞与智能合约语言的源代码有关,但使用 Solidity 等语言的开发人员也很容易在构建智能合约时构建出漏洞。这意味着用户必须始终意识到智能合约并非完美无缺,开发人员必须一次又一次地检查自己的代码,以防代码被滥用。

1.35.3 针对钱包的攻击

钱包可能成为多种攻击的对象。有一些经典的攻击,如网络钓鱼,攻击者试图通过窃取受害者的用户信息来访问其钱包。这种类型的攻击是一种经典的攻击向量,攻击者试图控制受害者的资产。同样地,还有字典攻击,攻击者试图猜测受害者的密码并破解受害者的密码哈希。对受害者钱包的更具体的攻击可能与钱包软件使用的签名算法有关。如果没有足够的熵,使得多次生成相同的值来创建私钥,从而导致签名本身存在漏洞。同样,如果密钥生成存在漏洞,攻击者就可以尝试访问受害者的钱包。即使是冷钱包也不是完全安全的。例如,Nano S Ledger 钱包(很流行),研究人员能够对钱包中的软件漏洞进行邪恶女仆攻击,并根据该攻击获取用户信息②。

1.35.4 其他攻击

上述攻击当然并非完全,攻击的种类会随着时间的推移而变化和增加。网络安全比以往任何时候都更加成为一个活跃话题,网络战争从未像近年来这样大规模地展开。区块链上肯定会出现更多的攻击,但这并不意味着区块链技术没有价值,而只是意味着区块链技术像任何其他技术一样容易受到攻击。

---

① 参见 Monahan, T. (2017). Unprotected function. Github – Crytic. https://github.com/crytic/not-so-smart-contracts/tree/master/unprotected_function. Accessed September 14, 2019。

② 参见 Mihov, D. (February 6, 2018) All ledger wallets have a flaw that lets hackers steal your cryptocurrency. The Next Web. https://thenextweb.com/hardfork/2018/02/06/cryptocurrency-wallet-ledget-hardware/. Accessed September 26, 2019。

/第 2 章/

比特币

CHAPTER 02

区块链平台——分布式系统特点分析

2.1 比特币简介

在所有加密货币和区块链网络中,比特币是第一个,并且是迄今为止最著名的一个。比特币是第一个不基于银行系统、中央政府和支付系统,完全去中心化的代币。比特币网络是完全去信任的,信任是基于网络中所有节点的行为。要推动比特币网络向前发展,共识必不可少,是该网络的命脉。比特币也是目前所谓的"区块链 1.0"或第一种区块链和区块链实现方式的支持者(Unibright.io 团队,2017)。比特币网络使用的是工作量证明算法,更具体地说,是基于安全的哈希算法 256,其更广为人知的名称是 SHA – 256(请参阅前面的详细说明)。网络中的交易由矿工处理,矿工从区块头生成哈希输出,该区块头与 Nonce 一起用作输入①。为什么要挖掘这些区块? 找到一个区块的正确解需要花费时间、硬件和算力。获胜的矿工将获得一定数量的比特币作为其工作的奖励②。这是从宏观角度来叙述的,如果读者仅仅满足于此,当然不会阅读本书。

下面将深入细节,看看是什么让比特币网络如此独特。如果读者对区块链的开发和技术理解感兴趣,请继续阅读。即使只是"略读"下面章节,也将更好地理解其他平台所做的选择,以及区块链世界中为什么会有某些演变。针对那些对比特币爱不释手的人,推荐阅读:吉米·桑(Jimmy Song)(2019年)的《比特币编程:了解如何从头开始对比特币进行编程》(*Programming Bitcoin: Learn how to Program Bitcoin from Scratch*),可以在这本书中更深入地解释网络的工作原理(以及如何编程),或安德烈亚斯·安东诺普洛斯(Andreas M. Antonopoulos)(2017年)的《精通比特币》(*Mastering Bitcoin*)。本书选择了一种与其他区块链书籍不同的写作思路:将"自上而下"地叙述。下面将从大多数人都已经知道的区块链开始介绍,其次是区块本身,最后讲述带有签名和验证的交易。这意味着有时可能会看到新的一些术语和概念,但不必担心,因为随着深入的了解,一切都会变得更加清晰。

---

① 哈希值应低于网络设置的目标哈希值。
② 此时,一个矿工每个区块可获得 12.5 个比特币。但随着时间的推移,这个数字将持续下降。

2.2 比特币区块链：网络

比特币网络是一个庞大的网络，其中有一堆节点在不断地相互通信。交易和区块在整个网络中广播，其中流言算法有助于将 Nonce 传播到所有节点。但首要问题是：如何进入网络内部？当拥有一个节点时，必须有一种方法可以发现网络中的其他节点并开始建立连接，否则无法启动拥有的节点进入该网络。当拥有的节点可以发现网络中其他节点并开始建立连接时，拥有的节点变成了比特币网络中的一部分。节点之间通常使用 8333 端口建立 TCP 连接①（或自定义端口）②。新的节点可以通过利用种子节点来发现，这有助于快速发现网络中的其他节点。一旦新节点与网络中的几个"常规"节点建立了连接，新节点就将失去与种子节点的连接。当在使用比特币核心客户端时，节点发现机制默认打开（将变量 – dnsseed 设置为 1）。节点发现另一个节点地址的其他方法是：利用用户在启动时提供的文本文件、节点软件中的硬编码地址、数据库中存储的地址，并通过节点启动或 DNS 请求来读取这些地址。该节点将为每个地址保存一个时间戳，当调用 net.cpp（构成比特币核心实现的文件之一）中的 AddressCurrentlyConnected 函数从特定节点接收到消息时，将该时间戳 20min 更新一次。当节点最终发现网络中的节点时，该节点开始发送一个版本消息。表 2.1 中包含该版本消息信息。

表 2.1　版本信息

名字	描述
PROTOCOL_VERSION	P2P 协议版本
nLocalServices	本地服务列表
nTime	当前时间
addrYou	"旧"节点 IP 地址
addrMe	节点 IP 地址
Subvert	节点中的软件类型
BestHeight	区块高度

---

① 运行一个完整的节点。可查询 https://bitcoin.org/en/full–node. Accessed. July 1,2020。
② 对于测试网络（Testnet）来说，默认端口是 18333，对于回归测试（Regtest）来说是 18444。

基于此版本消息,已经是比特币网络一部分的"旧"节点将使用所谓的 verack 消息进行响应。通过此消息,"旧"节点确认了新节点发送的版本消息,如表 2.2 所列。现在,"旧"节点可以进行相同的操作并用版本消息进行响应,以便节点确认。这样一来,各节点成为彼此的对等节点。下一步将是节点开始通过网络发送"addr"和"getaddr"消息。通过第一条消息,节点将网络地址发送给新连接的对等节点,这样对等节点就可以通过网络进一步发送该地址,以便更多节点了解新节点并建立连接。

表 2.2 新版本消息

名字	描述	字段长度	数据类型
Time	真实的时间戳	4	Uint32
Services	待启动的特征位字段	8	Uint64_t
IPv6/4	IPv6 地址/IPv4 映射至 IPv6	16	Char[16]
Port	端口号或网络字节顺序	2	Uint16_t

新加入的节点可以通过使用 getaddr 消息以同样的方式获得一个地址列表。getaddr 的响应是一个地址列表,表中的时间戳不超过 3h 且最多有 2500 个地址。如果地址超过 2500 个,则会在时间戳小于 3h 的地址中随机选择。比特币网络是一个分布式网络,节点可以随意加入和退出,因此需要不断进行网络节点更新。但这样做效率比较低,并且会导致网络发送和接收过多的消息。该问题可以通过两种不同方式解决:第一种是让节点只连接到少数对等节点,太多的连接根本没有意义。第二种更巧妙,用户断开节点连接后,节点会使用一种称为"引导"(Bootstrapping)的技术快速重新发现节点并重新连接到网络。上述过程是如何实现的?通过保留节点在网络中的早期连接列表,这样节点就可以很容易地尝试与以前掌握的节点重新建立连接。如果不能发现任何节点,则由种子节点来协助[①]。节点发现步骤如图 2.1 所示。

此外,也可以采取更冒险的方式,只需关闭默认设置即可。但是这并不可取,因为这样会造成网络连接不再自动维护。关于网络中的节点和地址,还需要做一些说明。当节点接收到 addr 消息时,节点不仅对这些地址做简单的相加,还要对其进行检查。如果消息来自一个版本非常旧的节点,则该消

---

① 参见(December 19,2017)Satoshi Client Node Discovery. https:/en. bitcoin. it/wiki/Satoshi_Client_Node Discovey. Accessed July 1,2020。

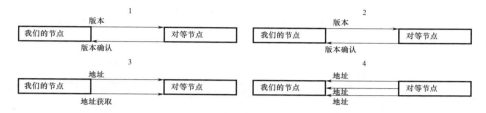

图 2.1　节点发现步骤

息将被忽略。例如,当另一个节点的版本不是很旧(可能仍然比较旧),然而用户却已经有了 1000 个地址(达到上限)。这些地址也会在 addr 消息中收到一个时间戳,如果时间戳太低或太高,便将其设置为 5 天前。除此以外,通常做法是从时间戳中减去 2h 并添加地址。接着,addAddress 函数将检查该地址是否已经存在,如果存在,则相应地更新地址记录。节点可能会希望响应一个 getAddr 消息,将 addr 消息发送出去,但是添加到消息中的地址必须遵守一定的规则:

(1) 处理后,该地址的时间戳 <60min。

(2) 该地址必须是可路由的。

(3) addr 消息最多可包含 1000 个地址。

(4) 节点上没有设置 fGetAddr。

该节点也会每隔 24h 向所有连接的节点广播自己的地址,并更新自身地址列表,同时删除旧的地址。只要超过 3 个连接,上述情况 10min 就会发生一次[1]。过去在大多数节点中实现的一种特殊类型的消息(在最近的比特币核心版本中已经删除)即"警报消息"[2]。这是一个允许比特币开发者通过网络向所有节点广播紧急消息的选项。警告消息用于警告用户是否必须采取某些行动。该行动可能是因为使用中的软件存在严重的错误需要进行更新。到目前为止,本书已经介绍了发现消息和警报消息,但比特币网络中的大部分消息都是更"标准"的消息。表 2.3 所列为比特币中网络消息具有的结构。

---

[1]　参见(December 19,2017) Satoshi client node discovery. Github – Bitcoin. https:/en.bitcoin.it/wiki/Satoshi_Client_Node_Discovey. Accessed November 4,2019。

[2]　与 BIP133 一起移除。

表 2.3　比特币网络消息

名字	描述	大小
Start string	开始指示器及标识符	4B
Command name	有效载荷是什么	12B
Length of the payload	以小端序排序时的长度	4B
Checksum field	标识符	4B
Payload	实际的数据	可变

在这些"标准"消息中隐藏了哪些信息呢？在表 2.3 中，首先要理解的是"Start string"。网络消息提供了正在传输消息的开始指示符。消息中还提供了一个标识符，因为每个使用"Start string"的网络，就像签名一样对每条消息都有自己独特的起始代码。通过使用网络标识，来自不同网络的其他节点发出的消息将永远不会被接受，因为没有正确的"指纹"。对于比特币主网络，这个指纹是 0xf9beb4d9[①]。下一部分是命令字段(Command Field)，该字段给出关于有效载荷的描述，目的是让人可读。通过检查命令字段，可以更好地理解消息的意图。有效载荷的长度以小端序编码，这对于客户端选择是否接受通信十分重要。值得注意的是因为有效载荷的大小是可变的，在某些情况下载荷太大而使得客户端无法承受。消息头的最后一部分是校验和字段。该检验和字段由有效载荷中 SHA-256 的前 4B 组成。最后，还有有效载荷本身。读者可能已经猜到接下来要介绍的重要内容:关于区块链的信息，更具体地说是区块头。为什么是区块头？因为区块头的大小比实际的区块本身小得多，并且已经包含了完整节点异步下载整个区块所需的信息。对于一个轻量级的客户端来说，区块头足以证明其所包含的交易消息，在本章末尾将深入探讨这些不同的节点类型。

2.3　比特币区块

为了获得这些区块头，节点发出一个"getHeaders"消息，该消息请求一个"headers"消息，headers 消息指示比特币区块链是从某点开始的。同时，节点

[①] 对于 testnet 来说，起始字符串是 0x0b110907，对于 Regtest 来说，是 0xfabfb5da。对等网络。参见 https://developer.bitcoin.org/reference/p2p_networking.html. Bitcoin Developer. Accessed July 1. 2020。

也可以通过使用"getBlocks"消息来得到区块头。如何确定节点需要下载哪些区块头信息？有两种情况：一种是有一个全新的客户端，其中不包含任何信息；另一种是已经断开连接一段时间的客户端。如果已经断开连接，则可能存在不再是"主"链部分的过时区块信息的可能性。对"getHeaders"和"get-Blocks"的回复都是区块链中多个高度的一组区块头哈希值。节点将从这些回复中识别出链是从哪个区块开始的。如果有过时区块被对等节点回复，则由用户的节点来区分其是否为主链的一部分。表 2.4、表 2.5 所示为回复消息的格式。

表 2.4 getBlocks 消息之后清单消息

名字	描述	大小
Version	协议版本	4B
Hash count	区块头哈希值数量	可变
Block header hashes	实际区块头哈希值	可变
Stop hash	全零	32B

表 2.5 getHeaders 消息之后的清单消息

名字	描述	大小
Count	头数量	可变
Headers	区块头	可变

getHeaders 和 getBlocks 的主要区别是区块头哈希值的数量。getBlocks 最多可以提供 500 个区块头的哈希值，而 getHeaders 最多可以达到 2000 个区块头的哈希值。

区块头本身由 6 个参数组成。

(1) 版本：比特币软件的版本号。

(2) 父区块哈希值：区块链上最后接受的区块的哈希值。

(3) 默克尔树根哈希：区块中包含的所有交易的哈希。

(4) 时间戳：该区块的创建时间。

(5) Nonce：一个用于工作证明的集合变量。

(6) nBits：网络设置的阈值。

对于创世区块,可以填写表2.6[1]。

表2.6 简化的区块头

版本	父区块哈希值	默克尔树根哈希值	时间戳	Nonce	nBits[2]
1	0	Genesis.buildMerkelTree()	1231006505	2083236893	0x1d00ffff

这些数据是如何通过比特币网络传输的?利用表2.7中的格式来提供某种清单。

表2.7 数据容器

名字	描述	大小
Type Identifier	哈希对象的类型	4B
Hash	两次 SHA-256 的内部字节顺序	32B

数据标识符是正在传输的数据的指示符。例如,MSG_TX 表示哈希是一个交易标识符。这是对 getData 消息(或 getBlocks/getHeaders 消息)的回复。这里介绍的消息类型是比特币网络所采用的,稍后将看到,这些消息根据技术实现的不同将会表现出差异。随着时间的推移,区块头内提供的信息也在不断发展。创世区块是2009年推出的第一个版本的例子。2012年9月,区块头引入了区块高度这一参数,并且从2013年3月开始,比特币网络将会拒绝不包含区块高度的区块的加入。第3版区块是另一个软分叉,它需要所有椭圆曲线数字签名算法进行 DER 序列化(稍后解释)。第4版(也于2015年发布,和第3版一样)是一个支持 OP_CHECKLOCKTIMEVERIFY 操作码的软分叉。所有这些升级都得到了 isSuperMajority() 机制的支持。表2.8 所示为比特币中区块的结构。

表2.8 比特币中区块的结构

名字	描述	大小
Block size	区块的尺寸(B)	4B
Block header	见后	80B
Transaction counter	有多少交易	可变
Transactions	交易数据	可变

---

[1] 创世区块的编码可以在这一网址中找到:https://github.com/bitcoin/bitcoin/blob/3955c3940eff-83518c186facfec6f50545b5aab5/src/chainparams.cpp#L123。

[2] 原书为 NBits,订正为 nBits。——译者

比特币网络内包含的一个重要规则是区块序列化的大尺寸为 1MB(字节)。虽然区块内存在多个可变部分,但其总和仍遵守该硬性限制。比特币中区块头的结构如表 2.9 所列。

表 2.9　比特币中区块头的结构

名字	描述	大小
Version	协议的版本	4B
Previous block hash	父区块的哈希值	32B
Merkle root	当前区块的根的哈希值	32B
Timestamp	区块的创建时间	4B
Difficulty	目标难度	4B
Nonce	可变数字	4B

创世区块由中本聪创建,其中包含一条隐藏的信息,它不仅提到了区块创建的最早时间,同时也提到了比特币创建背后的哲学:"《泰晤士报》2009 年 1 月 3 日头版文章标题:财政大臣面临第二次为银行提供紧急救助的窘境。" 每个生成的区块都被分享到网络中其他部分,根据参与者的结果进行检查和批准或丢弃。节点接受区块有两种方法:一种是节点已经发出了对区块数据的请求,节点会收到数据类型为 MSG_BLOCK 的数据消息;另一种是因为对等节点刚刚挖掘了一个新区块,所以这一区块可以作为"区块消息"发送出去。当使用一个节点,或者至少是一个完整的客户端时,从创世区块开始的所有区块,都包含在这个节点中。当节点收到一个新区块时,将开始检查该区块是否符合以下条件[①]:

(1)区块的数据结构在语法上是否有效。

(2)区块头的哈希值是否小于目标难度。

(3)时间戳不超过未来 2h(针对时间错误)。

(4)区块大小在可接受的范围内。

(5)第一笔交易是生成交易。

(6)区块内的所有交易都是有效的。

区块链中的区块是根据前一个区块的哈希值相互连接的。最后需要理解网络难度(Difficulty)的概念。可以通过增加或减少网络中的目标哈希值来

---

① 可以在比特币客户端的 CheckBlock 和 CheckBlockHeader 函数中找到这些条件。

设置找到正确哈希值的难度。通过这种方式，人们可以改变发现正确哈希值的速度、交易被批准的速度以及将新区块添加到区块链的速度。比特币网络的平均速度约为1个区块/10min。相比于比特币，其他网络要快得多，但正如前面几节中所介绍的，较快的网络也有其潜在风险。每隔2016个区块，网络难度就会根据挖掘前2016个区块的时间长度来进行调整。这样做是因为网络希望保持1个区块/10min的速度，但计算机的算力会随着时间的推移而增加，因此需要调整难度，以便保持1个区块/10min的速度。这种计算调整不会经过中央机构，因为这将完全违背去中心化和分布式网络的目的。相反，网络中的每个完整节点都能够完全独立地执行此操作。依据下式进行难度调整：

$$\text{Difficult } y_t = \text{Difficult } y_{t-1} \cdot (t \text{ of last 2016 blocks}/20160\text{min}) \quad (2-1)$$

为确保重新计算不会波动太大，该调整必须小于系数4。

2.4 比特币交易

本书已介绍了区块和区块头是如何在整个网络中共享和传输的，以及节点如何从其对等节点请求信息。接下来介绍交易是如何在节点之间共享的。通过"mempool"消息，比特币节点可以请求已经验证为有效但尚未在区块中被挖掘的交易。请求交易的回复也是一个包含交易编号（或TXID）的清单(inv)消息，此外，该未确认的交易列表可能并不完整。如果正在运行一个简易支付验证(Simplified Payment Verification, SPV)客户端（见下文），可能只会收到与钱包相关联的交易，而不会收到其他任何交易。一条常规的清单消息最多可以包含50000[①]个未确认的交易。因此在节点拥有完整列表之前可能需要几条消息，并且"filterload"消息也存在一些问题（因为还有更多消息可以在整个网络中传输，请查看比特币开发者手册以获取更多信息）。在放入候选区块之前，交易在网络节点之间共享。表2.10所列为标准交易结构。

---

① 原书为50.000，订正为50000。——译者

表 2.10 标准交易结构

字段	描述	大小
Transaction hash	指向已经花费的未花费的交易输出（UTXO）交易指针	32B
Output index	已经花费的 UTXO 索引	4B
Unlocking – script size	长度以 B 为单位	可变
Unlocking – script	满足 UTXO 锁定脚本条件的脚本	可变
Sequence number	交易替换功能	4B

节点收到的每笔交易都必须先由该节点进行验证，以确保信息有效，进而传送到网络中其他节点，而无效的交易将立即被丢弃。交易的验证需要满足以下标准：

（1）语法和数据结构必须正确。

（2）$100 \leqslant$ 交易大小 $<$ MAX_BLOCK_SIZE。

（3）nLockTime $\leqslant$ INT_MAX。

（4）输入和输出列表非空。

（5）输入不应该有哈希值等于 0 或 $N = -1$。

（6）对于每个输入，如果引用的输出存在于交易池中的任何其他交易，则拒绝。

（7）对于每个输入，检查主分支/交易池，以找到被引用的交易输出。如果输出缺失，这就是一个孤立交易。

（8）对于每个输入，如果引用的交易输出是 Coinbase 的输出，则必须至少有 100 个确认。

（9）如果输入之和 $<$ 输出之和，则拒绝。

（10）$0<$ 输出 <21000000 并且 $0<$ 输入 <21000000。

（11）签名操作的数量 $<$ 签名操作限制。

（12）scriptSig 只能在堆栈中推送数字，而 scriptPubkey 必须与 isStandard 匹配。

这些标准会随着时间的推移而变化，以防止某些类型的攻击或调整区块挖掘的速度。这有助于防止双花问题，确保只有在 Coinbase 交易时才能创建新的比特币，并确保组合脚本的有效性。当一笔交易被接受时，该交易将添加到内存池①中,直到可以与候选块中的其他交易一起被挖掘。哪些交易将被包含在下一个区块中,是基于其输入的未花费的交易输出(Unspent Transaction Output,UTXO)②的存活时间来确定的③。如何确定一个交易的优先级?这将根据输入的价值和存活时间之和除以交易的总规模来确定。对于高优先级交易有一个 50kb④ 的特定交易空间。该空间可以添加高优先级交易,即使这些交易没有交易费用⑤。第一个被添加到区块的交易是区块创始交易(或 Coinbase 交易),这实际上是对挖矿工作的支付,如表 2.11 所列。此交易没有 UTXO 作为输入,但其将"Coinbase"作为输入,矿工利用 Coinbase 来收集奖励。值得一提的是,在区块链中有 100 个区块确认之前,矿工不能花费这笔钱。

表 2.11 区块创始交易

字段	描述	大小
Transaction hash	所有比特都是 0	32B
Output index	所有比特都是 1	4B
Height	区块高度(从 BIP34 开始要求)	4B(可变)
Coinbase data size	Coinbase 数据长度	可变
Coinbase data①	任意数据	可变
Sequence number	0xFFFFFFFF	4B

① 中本聪正是在这里隐藏了他的秘密信息。然而,该字段的开头不再是任意的,因为 BIP34 规定第 2 版区块以区块高度索引作为脚本推送操作来启动 Coinbase 数据。

现在回到链本身,可以看到有主链区块、侧链区块和孤儿块三种类型的链被网络节点所维护。主链是具有最高累积难度的链。

侧链是通过主链的分叉创建的,而孤儿块是那些保存在孤儿池中的区块,直到发现该区块的父区块,才可以将其添加到链中。

---

① 一个交易是永久有效的,但内存池是一种临时的、非持久性的存储形式。因此,假设所有接收到尚未进入区块的交易的节点都要重置或重新启动。交易将从内存池中删除。解决方案将是随后的钱包重新传输交易或以更高的费用重建交易。
② UTXO 的年龄是指自记录 UTXO 以来已经过去的区块数。
③ 甚至可以说,如果候选区块中有足够的空间,则被优先处理的交易可以被发送而不需要任何费用。
④ 一个高优先级的交易。
⑤ 尽管一些采矿节点选择忽略这些交易。

表 2.12 所示为交易在区块中被开采时的实际情况。从中可以看到,交易结构已经发生变化,而且提供的信息与最初在整个网络上传输交易时不同。

表 2.12 区块内交易①

字段	描述	大小
Version	版本数字	4B
Flag	可选(总是 0001)	可选 2B
In – counter(tx_int count)	输入数量	1~9B
Inputs(tx_in)	实际的输入	可变
Out – counter(tx_out count)	输出数量	1~9B
Outputs(tx_out)	实际的输出	可变
Witnesses	见证的列表(仅仅在有标记时)	可变
Lock_time	如果 ≠0 且序列 <0xFFFFFFFF: 区块高度或最后时的时间戳	4B

接下来是交易的输入和输出。一笔交易的输入实际上是指前一笔交易的输出。每笔交易的输入都与之前的输出有关,因为交易输入的物品一定是之前的输出给出的。所以,网络关注两件事情:①这些比特币是从哪里来的?②这些比特币是否真的可以花费?同样地,输出端也为后面的交易提供这些信息。时间锁定用于延迟交易。基于这个值,一个交易只能添加到一个区块中,除非是达到特定区块高度(或 Unix 时间)。本书已经多次提到 pubkey 脚本或 sciptPubKey,这是一个包含在输出中的脚本。该脚本设置了使用这些聪(Satoshis)的条件。可以通过使用签名脚本(或 scriptSig)来提供满足这些条件所需的数据。当涉及交易时,可以在 scriptPubKey 中使用几个操作码。下面简要概述可在脚本中使用的操作码:

(1) OP_TRUE/OP_1:根据 OP_1 到 OP_16,将数值 1~16 推到堆栈上。

(2) OP_CHECKSIG:消耗一个签名和一个完整的公钥。该操作码检查由签名哈希标志(SIGHASH flag)指定的交易数据是否被同一个椭圆曲线数字签名算法私钥转换为签名。如果是,则将 TRUE 推入堆栈中,否则推入 FALSE。

(3) OP_DUP:将最顶端项目的副本推入堆栈。

---

① 参见(December 13,2019). Transaction. *Github – Bitcoin*. https//en. bitcoin. it/wiki/Transaction. Accessed December 26,2019。

(4) OP_HASH160：计算堆栈中最顶端项目的 RIPEMD160(SHA256( ))。

(5) OP_EQUAL：检查前两项是否相等，并将 TRUE 或 FALSE 压入堆栈。

(6) OP_VERIFY：如果最顶端的一项是 O(FALSE)，则会在失败时终止脚本。

(7) OP_EQUALVERIFY：依次运行 OP_EQUAL 和 OP_VERIFY。

(8) OP_CHECKMULTISIG：消耗堆栈顶部的值(n)，消耗相同数量的下一级堆栈（公钥），消耗当前堆栈顶部的值(m)，并消耗相应的下一级值（签名）加上一个额外的值。

(9) OP_RETURN：失败时终止脚本。

对于比特币交易，应该考虑"确认"的概念。当执行交易时，这项交易必须在一段时间内得到确认。只有当刚刚执行的交易在整个网络中传播并在某个区块中被接受时，才会进行确认。众所周知，在比特币网络中，这种情况每 10min 发生一次。但是，为了完全确定，最好等到在包含交易的区块之后有几个区块挖掘出来。实际上，如果供应商想要确保交易真实有效，则应该等待约 1h（在包含交易的区块之后有五六个区块已被挖掘出来），然后才能真正接受交易的确认和有效。对于小额交易，这个过程可能没有必要。但对于具有一定意义的支付，这个过程可以防止多种类型的攻击和双花的企图。在金融服务领域，该过程也称为"清算"。

2.5 比特币签名和验证

前面介绍了如何创建区块链，以及对等节点如何构建和共享交易。但是如何签署交易以及如何验证这些交易呢？比特币使用了椭圆曲线数字签名算法（Elliptic Curve Digital Signature Algorithm，ECDSA）。通过签名，为 G 签署一个标量（之前在椭圆曲线密码学部分为比特币定义了这一概念）。使用 ECDSA 签名归结为使用离散对数问题。签名只有在知道私钥或能够破解离散对数问题的情况下才能起作用。使用签名哈希来创建输入数据的指纹（哈希算法将始终提供固定大小的输出，无论输入的大小如何）。通过签名哈希可以确保签署的东西恰好是 256 位。签名过程背后的等式如下：

⇒ 私钥 e 和公钥 P 之间的关系 ⇒ $eG=P$；

⇒ 一个有类似关系的目标 k ⇒ $kG=R$；

⇒ 离散对数问题意味着⇒ $uG + vP = kG$，k 是随机的 256 位整数，并且 u，$v \neq 0$，由签署人选择，同时已知 P 和 G；

⇒ $u = z/s$ 且 $v = r/s$；

⇒ $s = (z + r)/k$，其中 r 是 R 的 x 坐标，z 是签名哈希值。

正是该最终方程给了 ECDSA 中正在使用的最终签名算法。验证变得更容易（这也是区块链网络内的总目标）：

⇒ 已知哈希值 z，签名者的公钥 P，R 的 x 坐标，以及签名 s；

⇒ $u = z/s$ 且 $v = r/s$；

⇒ $uG + vP = R$；

⇒ 如果 R 的 x 坐标和 r 的 x 坐标相等，则这个签名是有效的。

区分编码规则（Distinguished Encoding Rule，DER）用于 r 和 s 值的编码，这些值用于在单个字节流中执行实际签名。验证是在几个层次上进行的。交易有输入和输出，其中输入参考以前的交易，输出确定比特币的新所有者。每个输入都需要有签名来解锁之前交易的代币[1]。大多数情况下，这是一个单一的交易，但也有其他的可能性。可以指定需要两个 ECDSA 签名的脚本，也可以指定三个方案中的两个。验证交易输入的签名是否有效的脚本操作码称为 OP_CHECKSIG。

根据使用脚本的不同，OP_CHECKMULTISIG 也可以与 OP_CHECKSIGVERIFY 和 OP_CHECKMULTISIGVERIFY 一起使用。另一个要求是，输入的总和必须大于或等于输出。额外的金额则作为交易矿工的交易费用。有些交易还利用了锁定时间机制，如果在指定的时间内尚未过去，交易将被标记为无效，这是利用 OP_CHECK LOCKTIMEVERIFY 操作码实现的。为实现完整交易，还使用了数字签名技术。存在一个 SIGHASH 标记，其指示了由私钥签名的散列中包含交易数据的哪一部分。此标志应用于每个签名并由单个字节组成（包含 ALL、NONE、SINGLE 或 ANYONECANPAY）。根据所创建的交易类型，需要一个不同的标志来向使用该交易类型的其他参与者表明这一点，如表 2.13 所列。

---

[1] 参见（December 26，2018）. Protocol documentation. *Github – Bitcoin*. https：//en. bitcoin. it/wiki/Protocoldocumentation#Signatures. Accessed November 20，2019。

区块链平台——分布式系统特点分析

表 2.13　交易类型标志

标志	描述	大小
ALL	所有输入和输出的签名	0x01
NONE	所有输入的签名	0x02
SINGLE	所有输入和一个输出的签名，其索引与有符号的输入相同	0x03
ALL|ANYONECANPAY	一个输入和所有输出的签名	0x81
NONE|ANYONECANPAY	一个输入和没有输出的签名	0x82
SINGLE|ANYONECANPAY	一个输入和所有具有相同索引的输出的签名	0x83

值得注意的是，一笔交易可以包含多个输入，每个输入可以有不同的 SIGHASH 标志。最重要的是，解锁脚本可以包含一个签名，该签名会导致不同的 SIGHASH 标志，并导致交易的不同部分被提交。签名哈希最终将签署 nLocktime 字段，并且 SIGHASH 本身也将附加到交易中。这意味着该哈希也将被哈希，因此不能被网络中的任何其他参与者更改，从而提供了必要的安全性，以确保交易仍然是签名方发送时所定义的。

2.6　未花费的交易输出

未花费的交易输出（UTXO）是在本章前面提到的一个术语。UTXO 是网络中发生交易的基础，因为其用于平衡账本①。从确认交易的那一刻起，比特币就从 UTXO 数据库中移除，并将交易记录在账本上。为了理解比特币的花费方式，需要明白可以通过算法检索比特币的多个部分来完成交易。对使用的每个部分所做的更改都发送到 UTXO 数据库。当然，人们需要考虑为执行交易而必须支付的交易费用，这些费用从 UTXO 中扣除，因此该金额将始终低于最初发出的金额。虽然用户会自然地认为交易将比特币从一个钱包发送到另一个钱包，但实际上比特币是在交易之间移动的。如前所述，每个交易都有一个输入，该输入是前一个交易的输出。由于交易可能会创建多个输出，而输出本身只能使用一次，否则就是在尝试双花。这就是拥有唯一的交

---

① 参见 Asolo, B. (December 20, 2018). Bitcoin's UTXO set explained. *Mycryptopedia*. https://www.mycryptopedia.com/bitcoin-utxo-unspent-transaction-output-set-explained/. Accessed November 28, 2019。

易标识符（TXID）的原因。在比特币的世界里，有花费的和未花费的两种类型的输出。因为钱包里的钱并不真正在钱包里，而是在 UTXO 数据库中，所以 UTXO 十分重要。

用一个实际的例子来解释：假设有两个参与者 A 和 B，参与者 A 想要发送 0.80 比特币（Bitcoin，BTC）给参与者 B，A 也需要支付 0.20 比特币的交易费。为了执行交易，A 将使用一组 UTXO 作为输入（在图 2.2 中，这些 UTXO 的大小都相同，但实际情况通常并非如此）。这些未使用的 UTXO 可以在一个全球数据库中找到，该数据库由比特币网络中的所有完整（和最新的）节点保存和更新。当使用 UTXO 时，集合会减少，同时也会创建新的未花费输出，从而扩大全局 UTXO 集合。此交易和其他所有交易都参考了比特币当前"所有者"的地址（以及一个可以与输入地址相同或不同的变更地址）和新所有者的地址。交易中的任何"找零"都可以发送到变动地址。这是因为 UTXO 在用作输入之前无法分割。

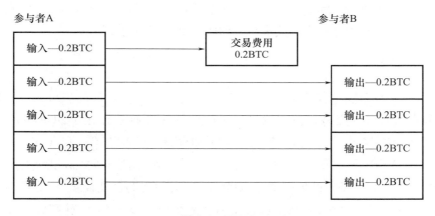

图 2.2　UTXO

通过使用比特币脚本语言，还可以从交易中创建不可花费输出。可以利用这种称为"智能合约"的脚本语言开发特定的应用程序（后面会详细解释）。有时，这些应用程序会产生不可花费的输出，并且当使用 RETURN 运算符时，这些不再存储在 UTXO 数据库中（假设存储在 UTXO 数据库中，即使不再创建花费，运行一个完整节点的成本也会越来越高）。还值得注意的是，聪是比特币货币的最小不可分割单位，其是以比特币网络的发明者命名的，很多交易和交易费用是以聪为计数而不是比特币。聪与比特币换算关系如表 2.14 所列。

表 2.14 聪与比特币换算关系

聪	比特币	别称
1	0.00000001	
10	0.0000001	
100	0.000001	1Bit/μBTC/you-bit
1000	0.00001	
10000	0.0001	
100000	0.001	1mBTC/em-bit
1000000	0.01	1cBit/bitcent
10000000	0.1	
100000000	1.0	

最后一个需要注意的方面是"比特币粉尘"(Bitcoin Dust)的存在。如果交易费用高于 1/3 交易价值,则称为粉尘交易。对于参与方来说,这种情况非常无趣,因为查看实际交易价值的成本非常高。将其中几个输出组合成更有价值的输出,可以为所有相关参与方创建一个更有趣的交易。

时间锁

另一个有趣的实现称为"时间锁"(Timelocks)。通过时间锁可以在特定时间点之前限制交易或使用输出。时间锁从一开始就存在于 nLocktime 字段,但后来引入了新功能字段:CHECKLOCKTIMEVERIFY 和 CHECKSEQUENCEVERIFY。第一个字段用来定义交易有效并且可以实际处理与验证的最早时间。该字段的值应低于 500000000,并解释为区块高度,这意味着只有当区块链达到这个区块高度时,交易才能生效。超过 5 亿,就解释为 Unix 时间戳(Unix Epoch Timestamp),交易仅在达到给定时间时才会有效。问题是 nLocktime 可能会引起双花,因为用户可以发送一个有锁定时间的交易和一个没有锁定时间的交易。BIP 65 利用"CLTV"(CHECKLOCKTIMEVERIFY)来实施补救。CLTV 与 nLocktime 的区别是,CLTV 实际上是一个基于输出的时间锁,而 nLocktime 字段是一个交易级的时间锁。CLTV 并不是要取代 nLocktime,而是要阻止 UTXO 交易值的花费,直到将 nLocktime 设置为更大或相等的值。前面的例子是绝对时间锁,而在比特币网络中也有可能使用相对时间锁。该时间锁取决于基于区块链输出确认的经过时间。可以将一组交易保存在链下,并用于闪电网络和支付通道(请参阅本节后面部分)。可用于此的第一个字段称为"nSequence",其为交易级的时间锁,而脚本级时间锁称为"CSV"(CHECKSEQUENCEVERIFY)。当交易不使用时间锁时,nSequence 字段标准设置为 0xFFFFFFFF,如果使用 CLTV 或 nLocktime,则应将其设置为小于 2^{31} 的值。BIP 68 引入了此字段的一些用途,因为小于 2^{31} 的值现在解释为相对时间锁交易。每个输入都可以有一个不同的相对时间锁,因此交易只有在最后一个输入有效之前才有效。nSequence 既不能以区块数也不能以秒数来指定。为了区分,在第 23 个最低有效位中有一个类型标志,如果其被设置,则该值被解释为 512 的倍数,否则被解释为区块数量。CSV 链接到 nSequence,就像 CLTV 链接到 nLocktime 一样。所有这些实现都涉及时间,但在去中心化的对等网络中,时间与在集中式系统中的意义不同。在集中式系统中,服务器可以确定所有客户端的时间,而在比特币的世界里,每个参与者对时间都有自己的解释。

除此之外,网络延迟给整个网络的时间解释带来了更大的压力。这可能会给正在被解释的交易、时间戳和时间锁带来困难。如果挖矿的区块包含时间锁的交易,矿工就会谎报他们为挖矿的区块设置的时间戳,以赚取更多费用(这也称为"费用狙击")①。BIP – 113 引入"中位过去时间"(Median – Time – Past)消除这种情况。这个时间戳的计算方法是取最后 11 个区块并计算中位时间。这成为网络中的共识时间,并最终在时间锁定的交易中使用。中位过去时间大约比"挂钟时间"(Wall – Clock Time)晚 1h。

2.7 比特币序列化

比特币网络中使用序列化来传递所有信息。曾出现有许多种序列化方法,现在比特币序列化有特定的标准(基于隔离见证或非隔离见证)。过去使用的是未压缩的 SEC 格式,也称为"高效密码学标准"来进行序列化。对于点 $P = (x,y)$ 的未压缩 SEC 格式是通过下列步骤生成的。

---

① 由于区块奖励足够高,现在费用狙击并不有利可图,但在未来的某个时候,交易费用将高到足以尝试和窃取。这就是为什么 nLoctime 被设置为"当前块 + 1",nSequence 被设置为 0xFFFFFFFE 的原因,这样锁定时间被设置为下一个块并且费用狙击变得不可能。

(1)前缀:0×04;

(2)附加 x 坐标(32B)作为大端序整数;

(3)附加 y 坐标(32B)作为大端序整数。

对于压缩的 SEC 格式,点 $P=(x,y)$ 使用以下程序。

(1)前缀:0×02 或 0×03(如果 y 甚至是前者,否则是后者);

(2)附加 x 坐标(32B)作为大端序[①]整数。

从该过程中可以清楚地看到,压缩格式是 33B,而未压缩格式是 65B。对于签名的序列化,需要使用不同的格式。不能只是简单地压缩签名,因为之前提到的(离散日志问题),不能从 r 中得出 s。可以使用 DER 来进行序列化,在 OpenSSL 库中能查找到该标准,格式如下:

(1)0×30(开始);

(2)编码签名长度;

(3)0×02(标记字节);

(4)编码 r(大端序)并且预处理 r 的结果长度;

(5)0×02(标记字节);

(6)编码 s(大端序)并且预处理 s 的结果长度。

自 SegWit 和 BIP141 以来使用的是目前的方案,而在隔离见证方案更新之前,比特币是直接使用原始格式的。从 2014 年 10 月开始使用原始交易格式,其格式如表 2.15 所列。

表 2.15 原始格式

名称	数据类型	描述	字节
Version	Uint32_t	交易数据结构的版本号	4
Tx_in count	compactSize uint	输入交易的数量	可变
Tx_in	TxIn	输入交易的数组	可变
Tx_out count	compactSize uint	输出地址的数量	可变
Tx_out	txOut	输入地址的数组	可变
Lock_time	Uint32_t	时间或区块号	4

在表 2.15 中可以看到名为"compactSize unit"的数据类型。该数据类型在原始交易格式中用来表示后续要传递的数据集中可以预期的字节数。在

---

① 大端序意味着最重要的字节最先写入,小端序表示最不重要的字节最先写入。

比特币网络的文档中,其称为"var_int"或"varInt",因为其是可变长度的整数。表2.16显示了编码方案的工作原理,数字0～252普通的无符号整数。

表2.16 编码方案格式

值	使用的字节	格式
>＝0 && <＝252	1	Uint8_t
>＝253 && <＝0xffff	3	0xfd + 数字作为 uint16_t
>＝0x10000 && <＝0xffffffff	5	0xfe + 数字作为 uint32_t
>＝0x100000000 && 0xffffffffffffffff	9	0xff + number as uint64_t

最后是"钱包导入格式"(Wallet Import Forma,WIF),用于减少复制私钥时导致的出错概率,过程如下:

(1)前缀 0×80(主网);

(2)密钥编码(32B 大端序);

(3)如果公钥被 SEC 压缩,则添加 0×01 作为后缀;

(4)复制前三个组合,SHA-256 运算后,取前 4 个字节;

(5)结合所有并编码为 BASE58 格式。

2.8 比特币脚本

比特币网络利用脚本来锁定和解锁比特币①。这种脚本语言是一门编程语言,每次只处理一条命令,包含元素或操作。元素是数据,而操作是在堆栈上执行的函数,如 OP_HASH160 会先执行 SHA-256 一次,然后是对栈顶数据进行 RIPEMD160 哈希运算操作。这些命令称为"操作码",其构成了比特币网络的编程语言。这是一门活的语言,因为操作码可以随着时间的推移而添加或删除。大多数时候,操作码都被删除或限制,以尽可能地减少对比特币网络的威胁。

比特币网络是带有原生代币的交易网络。比特币脚本采用后进先出的数据结构,是类似于堆栈的编程语言。通常情况下,"push"可以用来将元素添加到堆栈的顶部,而"pop"则可以移除顶部的元素。在解析脚本的过程中,

---

① 参见(June 27, 2020) Script. Bitcoin Wiki. https://en.bitcoin.it/wiki/Script. Accessed July 7, 2020。

机器会根据字节来确定其是操作还是元素（当数值在 0x01 和 0x4b 之间时，接下来的 n 个字节是元素）。每当想进行解析时，就把 ScriptPubKey 和 ScriptSig 字段结合起来，这代表锁定和解锁的机制。

在第一节谈论区块链地址时，已经提到了几个标准脚本，其中几个是支付到公钥（Pay to Public Key，P2PK），支付到公钥哈希（P2PKH），支付到脚本哈希（P2SH），支付到见证公钥哈希（P2WPKH）和支付到见证脚本哈希（Pay to Witness Script Hash，P2WSH）。当然，并不局限于这些特定的标准脚本，读者可以建立自己的锁定和解锁脚本。对于那些到目前为止还没有明白的读者来说，可以把脚本的世界想象成堆叠在一起的信息栈。使用脚本来对该堆栈进行修改，如 OP_CHECKSIG 指令，这条指令结合了签名和完整的公钥，如果签名和公钥是由相同的私钥产生的，就会在栈顶入栈 TRUE，否则就会入栈 FALSE。OP_CHECKMUL TISIG 做了类似的事情，但其有多个签名和公钥。可以定义以下几组操作码：常数、用于流控制的操作码、执行特定堆栈操作的操作码、还有 1 个名为 OP_SIZE 的拼接操作码、2 个位逻辑运算符（OP_EQUAL 和 OP_EQUALVERIFY）、一些算术命令、哈希和签名操作码、锁定时间操作码、保留字和伪字。对于这些指令和比特币脚本更确切的描述，可以查看比特币开发者参考和比特币维基百科页面。

正如之前提到的，这些操作码发生了变化，那些曾经使用过的操作码应该尽量少用甚至禁用（以此来提高比特币网络的安全性）。看到上面这些描述，以及比特币脚本的工作方式（堆栈），就能理解比特币脚本为什么不是对开发者友好的语言。很显然，比特币的初衷并不是创建智能合约（但这并不意味着这不可能）。

比特币 Ivy 合约语言

Ivy[①] 是一门高级编程语言，由区块链初创企业 Chain 开发，可以为比特币协议编写智能合约[②]。目前，Ivy 仍是原型软件，但已经可以用来测试软件，未来可以用这种新的编程语言开发新的应用程序。Ivy 提供了一个可以用于测

---

① 参见 Robinson, D. (2018). ivy - Bitcoin. https：//docs. ivy - lang. org/bitcoin/language/IvySyntax. html. Accessed De - cember 6, 2019。

② Chain 已被 Lightyear 收购，Lightyear 是一家专注于恒星区块链（Stellar）的公司，共同组成了"星际"（Interstellar）。

试所写合约的工具。它具有比特币脚本拥有的灵活性,正如所期望的那样,这门语言还有一些其他有意思的地方:名称变量、名称条款、静态类型,以及熟悉的函数和运算符的语法等。Ivy 和用于 Ethereum 智能合约开发的 Solidity 语言和其他平台的 Vyper 语言有一些相似之处(后面会详细讨论)。必须要指定合约模板,并传递一些参数,才能够真正使用该合约。这些参数有几种类型,如公钥、数值和签名。合约还需要一些合约条款,即解锁合约所需的参数。

在 Ivy 中为比特币脚本定义的类型有:

(1) Bytes:字节串。

(2) PublicKey:椭圆曲线数字签名算法公钥。

(3) Signature:椭圆曲线数字签名算法签名。

(4) Time:区块高度或时间戳。

(5) Duration:区块数量或者 512 内秒出块的数量。

(6) Boolean:真或假。

(7) Number:整型。

(8) Value:比特币的数量。

(9) HashableType:任何可以传递给哈希函数的类型(字节串、公钥或哈希函数返回的结果)。

(10) Sha256(T:HashableType):SHA-256 算法。

(11) Sha1(T:HashableType):SHA1 算法。

(12) Ripemd160(T:HashableType):RIPEMD160 算法。

在 Ivy 中为 Bitcoin 脚本定义了以下函数:

(1) checkSig(publicKey:PublicKey, sig:Signature):检查公钥是否与用于签名的私钥相对应的布尔值结果。

(2) checkMultiSig(publicKeys:[], Sigs:[]):检查每个公钥是否与用于创建签名的私钥相对应的布尔值结果。

(3) After(time:Time):布尔值,检查当前块的高度/时间是否在时间之后。使用 nLockTime 和 CHECKLOCKTIMEVERIFY 字段。

(4) Older(duration:Duration):布尔值,检查正在花费的合同是否在区块链上至少持续了一段时间。使用 CHECKSEQUENCEVERIFY 字段。

(5) Sha256(preimage:(T:HashableType)):原像的 SHA-256 加密算法。

(6) Sha1(preimage:(T:HashableType)):原像的 SHA1 加密算法。

（7）Ripemd160（preimage：（T：HashableType））：原像的 RIPEMD160 加密算法。

（8）Bytes（item：T）：将传进来的值变成字节字符串，不能对值或布尔值执行（只影响类型检查）。

（9）Size（bytestring：bytes）：返回"number"类型的字节串的长度。

（10）＝＝or！＝：相等或不相等检查。

对于大部分人来说，这比前面的比特币脚本语言更熟悉。对 Ivy 感兴趣的人，建议访问网站并使用文档来进行深入了解。这样能更好地帮助理解比特币脚本语言，对于那些愿意的人来说，也许真正介绍比特币脚本编程起点（安德烈亚斯·安东诺普洛斯（Andreas Antonopoulos）的《掌握比特币》（*Mastering Bitcoin*）可能会给出对脚本语言本身更深入的理解）。图 2.3 是比特币脚本和 Ivy 编程语言的例子，读者可以借此了解到更高级别的 Ivy 编程语言是如何编译成操作码的。以 LockWithPublicKeyHash 为例。

```
contractLockWithPublicKeyHash(pubKeyHash:Sha256(PublicKey),
clausespend(pubKey:PublicKey,sig:Signature){
verifysha256(pubKey)==pubKeyHash
verifychecksig(pubKey,sig)
unlockval
    }
}
```

图 2.3 LockWithPublicKeyHash

可以在这里清楚地看到，使用公钥的哈希值来锁定合约后，需要提供公钥来进行解锁。该合约最终会编译成以下输出。

OP_DUP OP_HASH256 ＜pubKeyHash＞ OP_EQUALVERIFY OP_CHECKSIG

实际的脚本会是这样的：

ScriptSig：＜sig＞ ＜pubKey＞

ScriptPubKey：OP_DUP OP_HASH256 ＜pubkeyHash＞ OP_EQUALVERIFY OP_CHECKSIG

最后，还有 JavaScript 库，虽然其只是处于早期阶段，但可以用来测试。

2.9 比特币迷你脚本

比特币脚本最新的创新项目称为"Miniscript",其是一门编程语言,允许开发人员以更规范的方式编写脚本,还允许对各种行动进行统计分析,如消费条件、正确性、安全属性和可塑性①。目前,已经开发了 P2WSH 和 PS2H – P2WQH 脚本(遵守其在比特币脚本语言中通过标准或共识②定义的资源限制)③,已有比特币核心兼容的 C++ 和 Rust 实现。读者在专门的网站上,可以测试和分析迷你脚本,也可以查看是否真的实现了需求的功能,还可以找到详尽的参考资料,在进一步开发脚本时使用。如果读者浏览该列表,可以清楚地看到迷你脚本是如何方便许多开发人员的。下面这个比特币脚本作为例子。"SIZE <32> EQUALVERIFY RIPEMD160 <h> EQUAL"简化为"ripemd160(h)"。然而,并不是每个迷你脚本表达式都可以编译为其他表达式。就像任何其他比特币脚本(甚至任何其他编程语言)一样,连接在一起的表达式需要有逻辑上的意义。在迷你脚本中,已经引入了"正确性验证系统",以帮助开发者避免犯错。这里有 4 种类型:

(1) 基础表达式(B):这些表达式从堆栈的顶部获取其输入。这种类型用于大多数的表达式,并且是全局表达式所需要的。如果表达式求值为真,就会向栈顶压入一个非零值,否则将压入一个零值。

(2) 验证表达式(V):这些表达式从堆栈的顶部获取其输入。如果表达式的计算结果真,则不会发生任何事情,脚本继续进行。否则,脚本就会中止。

(3) 密钥表达式(K):从堆栈的顶部获取输入,总是将公钥入栈到堆栈上,这需要签名来满足表达式。

(4) 包裹表达式(W):这些表达式从栈顶下方获取输入,当计算结果为真时,将非零值入栈到堆栈顶部。否则,零值入栈到堆栈的顶部。

这些表达式类型之间也可能发生转换。从而可以将 B 转换为 V,将 K 转换为 B,以此类推。迷你脚本语言还提供了 5 种类型的修饰语。

---

① 参见 Wuille, P., Poelstra, A., and Kanjalkar. S. (2019). Analyze a miniscript. *Blockstream*. http://bitcoin.sipa.be/Minis – cript/. Accessed December 7, 2019.

② 标准和共识规则内置于迷你脚本语言中,因此可以确保脚本遵守比特币脚本规则。

③ 设计和实施由从事区块流研究的维耶 P. 等完成。

(1) z 或 "zero – arg",正好消耗 0 个堆栈元素。

(2) o 或 "one – arg",正好消耗 1 个堆栈元素。

(3) n 或 "nonzero",至少消耗 1 个堆栈元素。

(4) d 或 "dissatisfiable",允许构建无条件的不满足。

(5) u 或 "unit",当满足时,将在堆栈中增加一个 "1"。

如果查看之前的示例(RIPEMD160(h)),就会发现这是基础表达式(B),属性是 o、n、d 和 u。迷你脚本语言的开发者还为每个脚本内置了满足和不满足条件。对于 RIPEMD160(h),满足是原像,而不满足是除原像外的任何 32B 的向量。所以,表达式的正确性是基于迷你脚本内部的预定义规则。然而,需要考虑的是可塑性。迷你脚本语言是在考虑隔离见证更新的情况下创建的。这意味着改变交易的某些部分不会破坏未确认的后面交易的有效性[①]。迷你脚本设计成允许不可延展的签名,这样也提升了可创建交易的安全性。该语言中的不可延展满足是通过一个函数来创建的,该函数返回特定表达式或特殊的 DONTUSE 值的最佳满足或不满足,以及可选的 HASSIG 标记,该标记用于显示解决方案是否包含至少一个签名。该函数应该递归地用于创建函数中的所有子表达式。某些表达式(如 RIPEMD160(h))总是可塑的,所以必须使用 DONTUSE 值。每次检查都要确保每个可能的结果都有 HASSIG 标记,否则(子)表达式将在某种程度上是可塑的。当然也有无条件不满足的 d 表达式,即必须有一个非 HASSIG 不满足。这里的规则是,非 HASSIG 解必须优先于 HASSIG 解,当有多个非 HASSIG 解时,一个都不能用。

在使用不同的迷你脚本表达式时,会有不同的要求,以确保是不可延展的。应尽量使脚本不具有可延展性,这样能大大提高所有相关参与者的安全性和信任度。

2.10 比特币地址

本书之前已经简短讨论了区块链地址。但仍有必要继续介绍区块链地址、如何找到地址以及地址的一些派生格式。众所周知,比特币中必须使用

---

① 迷你脚本文档中给出的一个例子是见证可以填充额外的数据,迫使费率下降并最终影响交易被处理和确认的可能性。

公钥和私钥。表 2.17 列出了几种私钥格式。

表 2.17　私钥格式

数据类型	描述或者大小	前缀
Raw	32B	无
Hex	64 位十六进制数字	无
WIF	Base58check 编码	5
WIF – compressed	编码前带 0×01 后缀的 Base58check 编码	K 或 L

另外,公钥要么以压缩格式存在,要么以未压缩格式存在。根据格式的不同,前缀可以是 04(未压缩)或 02/03(压缩)。如前所述,压缩格式是标准版本,但是网络中仍然有一些旧客户端还不支持为了解决这种差异可能导致的问题,当私钥从比特币钱包导出到另一个钱包时,WIF 的实现方式会有所不同,以表明这些密钥已用于生成压缩的公钥,从而生成压缩的比特币地址[①]。其实现方式有支付到公钥哈希(P2PKH)和支付到脚本哈希(P2SH)。从名字中可以清楚地看到,这两个过程使用了哈希。这可能会出现传统方法固有的安全问题,如在最早的比特币网络中,必须向节点的 IP 地址付费。对于 P2PKH,要对公钥进行哈希,该哈希由 SHA – 256 和 RIPEMD160 函数构成。对于 P2SH,也需要使用相似的哈希结构,但收款人提供赎回脚本(Redeem Script)的哈希,而不是公钥。创建比特币地址的下一步是添加版本字节号。对于比特币主网,P2PKH 的前缀值为 0x00,P2SH 的前缀值为 0x06[②]。第三步是创建此地址的副本并结合版本字节号,然后使用 SHA – 256 再次哈希运算两次。根据得到的结果,再将前 4 个字节作为校验和,以确保原始哈希值与校验和正确传输。然后,将该校验和添加到版本和哈希组合中。最后一步是将结果编码成 BASE58check 字符串。这属于 BASE58 编码格式,但多了检查错误的内置代码。实际上,该校验和是添加到末尾的额外 4 个字节。该校验和随后会被软件用来确定编码数据的有效性。在隔离见证中,BASE58 正被 Bech32 取代,因为 Bech32 对用户更友好(只有小写字母和数字)。那么,目前 P2SH 函数都用来做什么呢?最常见的是,可以用于多重签名地址脚本。这

---

① 参见 Antonopoulos, A. (2017). *Mastering Bitcoin: Programming the Open Blockchain.* 2nd ed. California: O'Reilly Media.

② 在比特币测试网中,前缀值将分别为 0x6F 和 0xc4。

些脚本允许创建最多有三个参与者可以签名的地址，需要其中两个签名才能批准交易。另外，还可以引入"虚荣"地址的概念，其包含特定的人类可读信息。这意味着该地址包含某些可以选择的特定单词或数字，这些可以是公司名或人名。这些地址和其他地址一样安全，但要找到上面提到的地址，需要花费大量的搜索精力。不超过 6 个字符的模式需要大约 1h 或更短时间，8 个字符需要长达 4 个月，而 9 个字符需要 800 年（考虑在家里使用的个人计算机而不是一些先进的超级计算机）。

私钥加密

目前已经有几个比特币改进提议，用于提高使用中钱包的安全性。虽然其为用户提供了保护，但这些改进提议也有缺点。BIP-38 引入了对私钥的加密，在该标准中，AES 作为加密算法，使信息本身可以得到保护，但这些加密的密钥总是以"6p"开始。目前的钱包通常能够识别这些加密的密钥，并会要求提供口令。这增加了私钥本身的安全性，但也可能导致其他问题，如假如丢失了口令，就不能再访问私钥了，并且这些私钥也无法恢复。

2.11 比特币钱包

可以使用比特币钱包来完成对比特币网络本身的解释。如果没有像钱包这样的应用，挖矿、签名和验证交易等设计就会无用武之地。这些钱包里储存了用户的比特币（货币写成"bitcoin"，网络上写成"Bitcoin"）。比特币地址和私钥的组合构成了钱包。有一些非确定性钱包，其中每个密钥是由随机数发生器独立生成的。这些钱包是 JBOK（Just a Bunch of Key）钱包。存在的问题是每个地址都必须备份并用于多次交易，这样大大降低了用户的隐私性和安全性。0 型非确定性钱包是由比特币核心实现所引入的，但不应再使用。如果考虑隐私问题，与其他实现相比，在备份和使用方面将要花费太多的工作。简而言之，可以确定两种在实际中使用的钱包，第一种是类型一的确定性钱包，称为单链钱包，这种钱包只能发送和接收一类特定的加密货币，在本例中为比特币。这是较简单的版本，因为其有助于从单个种子创建一系列的密钥。这也意味着，如果种子泄露或被盗，那么所有资金都将处于危险之中。第二种是分层确定性钱包（Hierarchical Deterministic Wallet，HD 钱包）（基于

BIP－32 或 BIP－44），其中钱包软件可以生成不需要备份且不易穷举的公钥和私钥模式，其是由根种子生成，根种子由 128 位、256 位或 512 位的随机数组成。该种子用于 HMAC－SHA512 算法中，生成一个主私钥和一个主链码。从主私钥中生成主公钥，链码用作所有子密钥的熵，这些子密钥随后通过"密钥派生函数"（Child Key Derivation Function，CKD）生成。主密钥和链码连接起来形成 512 位"（私钥或公钥）扩展密钥"[1]。CKD 使用 HMAC－SHA512 哈希算法，将一个索引号、链码和父密钥组合起来产生一个哈希值。该哈希值一分为二，右半部分用作子密钥的链码，左半部分添加到父密钥以生成子密钥。该索引允许创建多达 2^{31} 个子密钥，其中子密钥可以再次成为父密钥，并执行相同的过程。实践中，对 CKD 进行一些更改以提高安全性（如果链码和子私钥被泄露，人们可以猜到主私钥并得到所有正在使用的密钥），其中包含了一个增强的密钥推导过程，利用父私钥而不是父公钥来推导子链码，从而打破这种关系，使得攻击者无法推导出主/兄弟的密钥。

很明显，在 HD 钱包内，可以在树状结构中生成无限数量的密钥，这些密钥可以通过使用助记词来恢复。助记词是生成一个钱包时得到的 12 个单词的集合。当再次登录时，钱包通常会要求提供几个助记词，这样就能够重新生成钥匙，并随之生成资金。所以，存储助记密钥是至关重要的。BIP－44 提议允许钱包引入多个账户和多种货币。可以在表 2.18 中找到 HD 路径和币种的例子。

表 2.18　HD 路径和币种

HD 路径	描述
m/44'/0'	比特币
m/44'/1'	比特币测试网
m/44'/2'	莱特币

这些 HD 钱包通过使用 BIP－39 提议进行改进，以标准化的方式从特定的英文单词序列中创建种子。这样不仅规范了钱包的内部流程，也提升了用户体验。英文单词序列所使用的单词数量，通常是 12~14 个。那么钱包是怎么建立这种联系的？首先生成一个 128~256 位的随机序列，之后通过取其经

---

[1] 以 BASE58Check 格式编码并使用前缀"xprv"或"xpub"。

SHA-256 算法得到的哈希值的第一位来生成校验和。校验和被添加到序列的末尾，接下来整个结果分割成 11 段。这些段映射到一个由 2048 个词组成的字典中。这些词来自要妥善保管的助记词。通过利用这些助记词、随机数和 PBKDF2 函数来生成一个种子。该种子可以是软件中的一个恒定字符串，也可以是一个口令。口令能提供额外的安全性，因为没有口令，原始的助记词就没有用了，并且还创建了一个胁迫钱包，可以分散攻击者对实际钱包的注意力。另一个有助于改善用户体验和钱包可用性的 BIP 是允许多用途钱包的 BIP-43 提议。如果读者需要一个特定的钱包客户端，可以查看 https://bitcoin.org/en/choose-your-wallet，其中有一些符合需求的钱包可以进行创建和使用。对于不同操作系统（移动或桌面端），也提供了支持。

2.12 简易支付验证

简易支付验证（SPV）是一门技术，允许在不考虑其他参与者交易的情况下验证交易，确保交易包含在可以添加到链的块中，并提供添加到链的块的确认。为什么该技术很有趣？目前比特币运行所需的存储空间是多少？截至 2019 年 4 月，其容量高达 210GB！因此，如果希望存储整个比特币数据库，则需要相当大的存储空间。读者如果对比特币网络不感兴趣，只对其作为加密货币的功能感兴趣，那么这将是一个两难选择。当然，这并不是说要随身携带外部硬盘驱动器，才能继续使用支付功能。默克尔根在前面就解释过的那些讨厌的技术之一，在这里可以用作包含证明，以便客户端验证一个交易是否包含在一个块中，而不必知道在某一点发生的每个交易。聪明的读者应该能够意识到一些问题，如果与一个使用 SPV 作为工作方式的客户端合作，这意味着其依赖于一个完整的节点来接收有关块的信息，以便客户端可以使用默克尔根来验证交易。如果 A 有一个完整的节点，而 B 有一个轻客户端，A 可以尝试欺骗 B，而 B 不能确定 A 所呈现的区块是在区块链链上的，这样 B 就无法确定 A 说的是否为真话。解决该问题的唯一方法是与许多其他完整节点相连接，因为只有这样才可以拥有所有区块的信息。所以如果需要大额支付，还是建议使用完整节点。因为支付金额足够多，节点 A 总是有动机去试图欺骗 B。最后讨论 BIP-37 提议带来的变化：布隆过滤器的使用。本节开头简要解释了布隆过滤器，在这里将介绍其用途。布隆过滤器可用于比特币网络内的网络通信。该网络使用了 Murmur3 哈希函数,该函数运算速度非常快,但在密码学上是不安全的[①]。Murmur3 哈希函数适用于轻客户端,因为这些客户端只关注钱包感兴趣的交易,使用 FilterLoad 函数设置布隆过滤器、FilterAdd 函数向过滤器添加数据元素和 FilterAclear 函数删除过滤器。

简易支付验证钱包

目前,有很多 SPV 钱包客户端实现,但集中式 API 服务器的钱包更受欢迎,读者可以轻松使用 BRD 钱包、Electrum 钱包、Bitpay 钱包和其他几种实现的钱包。此外,也有原生比特币 SPV 客户端和修改后的 SPV 钱包客户端。Github 上有几个比特币原生 SPV 钱包可用并且仍在开发中[②]。但是不建议在生产环境中使用,因为这些钱包还在开发中。另外,也有使用其他的技术来修改 SPV 钱包客户端,如 OpenBazaar 去中心化电商平台、闪电网络、BTCD 比特币工具等。

2.13　隔离见证

非隔离见证和隔离见证如图 2.4 所示。

到目前为止,已经在本节中多次提及证人、隔离见证和隔离证人,其是比特币网络中的软分叉。隔离见证软分叉的有趣地方是增加了块大小。正如之前提到的,块的最大容量是 1MB,该容量根本不足以处理每天产生的大量交易[③]。由于签名数据占常规标准块的 65%,所提出的解决方案是将签名数据移动到扩展块,以便释放原始块中的空间。通过使用此技术,将块容量增加到 4MB。同样,不再使用未压缩的 SEC 公钥也有助于节省空间。

引入的另一项功能是支付到见证公钥哈希(P2WPKH)[④]。与 P2PKH 唯一不同的是,ScriptSig 的数据位置位于见证字段中,以防止交易的可延展

---

① 深入了解布隆过滤器后应该知道使用几种哈希算法来减少字段所需的空间确实更有效。比特币使用了相同的哈希算法,只改变了种子,就能达到相同的效率。

② 例如,在 https://github.com/keeshux/bitcoinspv 上。

③ 参见 Asolo, B. (November 1, 2018). What is segregated witness? Myencryptopedia. https://www.mycryptopedia.com/what-is-segregated-witness/. Accessed December 24, 2019。

④ BIP0141 和 BIP0143。

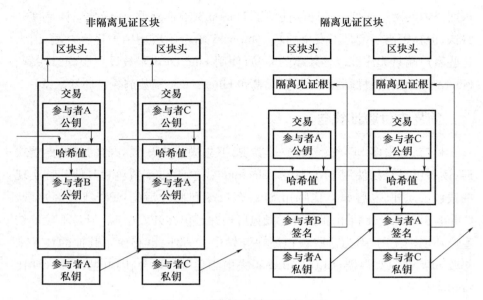

图2.4 非隔离见证和隔离见证

性——这里交易的唯一ID有可能改变,因为ScriptSig中的数字签名可以修改,当人们修改这些信息时,唯一ID也会改变①。这样一来,P2WPKH在创建唯一ID时就可以忽略ScriptSig的数据位置,因此当攻击者开始修改数据时,ID不再更改。见证由数字签名组成,基本上包含解锁UTXO并使其可用于消费所需的任何条件。隔离见证脚本的引入也带来了"脚本版本"编号,这样可以知道正在处理的脚本的类型(类似于交易和区块)。P2WPKH的问题是不能向后兼容旧的钱包技术,这是因为编码格式从BASE58变为Bech32,所以其不能向P2WPKH的ScriptPubKeys支付比特币。P2SH-P2WPKH有希望解决该问题,新的P2WPKH从属于P2SH。格式和正常的P2SH地址一样,但在里面可以找到P2WPKH的ScriptPubKey。虽然P2WPKH能够摆脱交易的可塑性问题,但如果仍然想要包含多重签名技术,还需要其他的方法。为此,提出了P2WSH,与P2SH相同,其只是在见证字段中加入了ScriptSig数据。与P2WPKH的例子类似,当其涉及旧钱包时也有问题,所以发明了P2SH-P2WSH方法来规避该问题。SegWit解决的最后一个问题是二次哈希问题。

---

① 只要交易还没有在区块中被挖掘,ID就是不可变的。

对于每个签名的验证,数据哈希的数量与交易的大小成正比①。因此,会产生一个问题,不断增长的数据将导致验证交易所需的时间更长。当前签名过程中出现的第二个问题是,该算法没有使用输入花费的比特币。如果有一个冷钱包,就产生了一个问题,因为不可能计算花费的确切金额和适用的交易费用。只能通过获取整个交易来解决此问题,但这本身又可能形成问题。如果交易的输入值是签名的一部分,冷钱包就不会再有问题了。因为如果提供的值是错误的并且交易已签名,则签名无效并且交易将不会发生。因此,隔离见证使用了新的算法来阻止这两个问题。其中,新的序列化方式与新的交易摘要算法需要一起使用(请查看 BIP-143 算法了解详细信息)。

2.14 比特币改进提议②

比特币改进提议(Bitcoin Improvement Proposal,BIP)是向支持社区提供信息的设计文件。参考 BIP 的目的和准则(或 BIP0001),可以确定三种类型的 BIP。

(1)标准跟踪 BIP 描述了影响大多数或所有基于比特币的实现的变化。这可以是协议、区块标准、交易有效性规则的变化,或任何其他可能影响使用比特币的应用程序的变化。

(2)信息 BIP 可以对社区成员提供指导,社区成员可以描述设计问题或向社区提供信息。这些 BIP 对社区成员来说是完全自愿的,社区成员可以自由地遵循 BIP 的建议或完全不理会。

(3)流程 BIP 描述了围绕比特币的过程。与标准跟踪 BIP 非常相似,但不同的是,标准跟踪 BIP 侧重于比特币协议本身,而流程 BIP 则侧重于围绕比特币的非代码部分。

如果想了解更多关于已经存在的 BIP 信息或提出建议,请直接访问 Github 页面。

---

① 参见 Stepanov,H. (July 1,2019). bip-0143. Github-Bitcoin. https://github.com/bitcoin/bips/blob/master/bip-0143.mediawiki, Accessed December 28,2019。

② BIPS 可以在 https://github.com/bitcoin/bips 上找到。

2.15　Schnorr 签名算法

有一个 BIP 草案专注于使用 Schnorr 签名来改善比特币网络[①]，该签名算法是由 Claus‐Peter Schnorr 于 1980 年在法兰克福大学工作时发明的。其中，签名在网络上传输的数据中占了很大一部分。隔离见证已经率先推动了一种更具扩展性的工作方式。Schnorr 签名则是该过程中的第二步，因为其可作为安全证明而且是不可延展的。此外，人们可以摆脱使用 DER 编码的签名，甚至可以开始批量验证。目前，交易是由一批来自早期交易输出的输入构建而成的。有了 Schnorr 签名，这将不再是必要的，因为签名可以用于所有输入。但这可能会导致整个比特币网络的容量增加近 25%。使用该技术的另一好处是使用了交互式方案（即 MuSig），参与者可以在共同签署的地方产生签名。与当前使用的 ECDSA 签名算法相比，这些都是明显的优势。目前，正在使用的 P2SH 是一种脚本智能合约，因此效率并不高。使用 Schnorr 签名的密钥聚合将导致更少的痕迹，更低的交易成本，可以改善带宽以及保护参与者更多隐私。密钥聚合还可以让多重签名变得与其他常规交易没有区别。如果真的实施，OP_CHECKSIG 和 OP_CHECKMUL TISIG 操作码将不再使用，而采用一类新的操作码 OP_CHECKDLS。这将导致多重签名的消失，取而代之的是 MuSig 方案，至少对于那些使用 Schnorr 签名实现软分叉的参与者来说是如此。目前，Blockstream 在实现 MuSig 方案方面的工作可以在其的 Github 页面上查看[②]。关于激活 Schnorr 签名的第一个半正式提议已于 2018 年底在比特币邮件列表中提出[③]。然而，在下一个软分叉正式上线之前，可能还需要几个月甚至几年的测试。

---

① 参见 Asolo, B.（February 16, 2019）。Bitcoin Schnorr signatures explained。*Mycryptopedia*. https://www.mycryptopedia.com/bitcoin‐schnorr‐signatures‐explained/. Accessed November 17, 2019。

② 参见 Davies, J.（January, 2019）. secp256k1. *Github – ElementsProject*. https://github.com/ElementsProject/secp256k1‐zkp/tree/secp256k1‐zkp/src/modules/musig?source=post_page. Accessed January 4, 2020。

③ 参见 Towns, A.（December 14, 2018）. Schnorr and taproot（etc）upgrade. *Linux Foundation*. https://lists.linuxfoundation.org/pipermail/bitcoin‐dev/2018‐December/016556.html?source=post_page. Accessed January 8, 2020。

2.16　Taproot、G′root 和 Graftroot 脚本结构

　　Taproot 遵循 Schnorr 签名的想法来增加比特币交易的隐私,但最重要的是 Taproot 允许智能合约更加灵活。其脚本将不再与区块链上的其他交易区分开来。正如已经多次提到的,目前使用的是 P2SH,其允许锁定比特币并仅在特定条件下解锁。这些条件可以根据用户的需要量身定制,并可以创建复杂的方案。P2SH 允许对公众隐藏这些条件,或者至少一开始是这样(脚本作为哈希值包含在内)。当所有者花费比特币时,脚本和解决方案就会显示出来,其中初始哈希值可用于检查这是否是脚本,并且可以检查解锁的要求[①]。但这会产生大量的数据并且不能保护隐私。过去已经为此提出了几种解决方案。默克抽象语言树(Merkelized Abstract Syntax Tree,MAST)是其中一个方法。所有条件的哈希值都在默克尔树中,用于锁定比特币。如果任何数据泄露了,则可以通过使用默克尔根和路径来验证泄露的数据,而不会泄露其他数据。读者可以在网上找到 Gregory Maxwell 提出的 MAST 提案的细节(BIP–114 和 BIP–117)[②]。然而,单独使用 Taproot 仍然会泄露数据,将 Schnorr 签名和 Taproot 的结合使用则会提供更好的安全性。Taproot 看起来像 MAST,但 Taproot 总包含一个条件,所有参与者都可以协商解决。Taproot 实际上利用了顶级阈值签名或任意条件的特殊情况,使用了特殊的委托 CHECKSIG,但这与单方签名没有区别。如果将其与 Schnorr 签名结合使用,则可以使交易看起来像任何其他交易。交易中涉及的所有公钥都可以聚合在一个"阈值公钥"中,所有参与者的签名都可以聚合在一个"阈值签名"中。另一个补充是,所有其他可能的比特币消费方式(除了协商解决的所有其他非合作结果)都将组合在不同的脚本中。该脚本经过调整阈值公钥,进而影响签名结束。因此,只有在合作关闭不可能的情况下,阈值公钥

[①] 参见 Van Wirdum, A.(January 24,2019). Taproot is coming:What it is,and how it will benefit bitcoin. *Bitcoin Magazine*. https://bitcoinmagazine.com/articles/taproot–coming–what–it–and–how–it–will–benefit–bitcoin。

[②] 参见 Maxwell,G.(January 23,2018). Taproot:Privacy preserving switchable scripting. *Linux Foundation*. https://lists.linuxfoundation.org/pipermail/bitcoin–dev/2018–January/015614.html。Accessed October 4,2019。

才会被揭露。

还有一种称为广义 Taproot 或 G′root 的实现。其是通过使用佩德森承诺从而实现递归 Taproot。当有附加条件时，这是一种有效的实现①。如果这样做，并且满足一些额外的条件，或者当两个点被揭示（如前文佩德森承诺所述），便可以在交易签署后直接开始消费。这提高了隐私性，因为如果不需要广义 Taproot 或 G′root，则可以在最初隐藏较低层的脚本，并且不会透露与其他密钥对应的条件，只透露与实际使用的密钥对应的条件②。这也是 Graftroot 的想法。Graftroot 希望关注 Taproot 概念中的一个限制。也就是说，Graftroot 只提供了一种实际上可操作的选择。即使是创建一棵 Taproot 树，其暴露的隐私信息也比 Taproot 树单独一层暴露得少③。Graftroot 试图通过再次让参与者建立一个阈值密钥来解决这个问题，并可选择一个 Taproot 替代方案。然后，用户们可以将自己的签名能力委托给一个脚本，再用 Taproot 密钥签署该脚本，而且只签署该脚本，并与用户想要选择的任何人共享该委托。当用户需要使用比特币，但所有签名者都不空闲时，用户可以使用脚本，赎回方可以满足脚本的要求，并将签名者对脚本的签名相结合。使用此方案，可以提供无限数量的备选方案，所有备选方案都以与单个备选方案相同的效率执行，并且数量是隐藏的，没有开销。目前的想法是先实现 Schnorr 签名、Taproot 和 MAST，然后再实现 Graftroot、交叉输入聚合（Cross - Input Aggregation）和 G′root。这将增加隐私性和效率，同时保持交易足够公开以便于审计。比特币现金已经首次实施了 Schnorr 签名，并且正在努力进一步改进，比特币紧随其后。已经有一些 BIP 提案使这成为可能，新的隔离见证版本输出类型允许基于 Taproot、Schnorr 签名或 MAST 的支出规则，以及批量验证和签名哈希改进④。因此，新的操作码 OP_CHECKSIGADD 被 BIP 提案允许以批量可验证的

---

① 最初的提议是名称"MAST - ended sc′roots"，但作为对 Mimblewimble 人的一个笑话，他们参考了哈利·波特，Anthony Towns 选择 G′root 作为对漫威的一次尝试。

② 参见 Towns, A. (July 13, 2018). Generalised taproot. *Linux Foundation*. https://lists.linuxfoundation.org/pipermail/bitcoin - dev/2018 - July/016249.html. Accessed October 10,2019。

③ 参见 Maxwell,G. (February 5,2018). Graftroo: Private and efficient surrogate scripts under the taproot assumption. *Linux Foundation*. https://lists.linuxfoundation.org/pipermail/bitcoin - dev/2018 - February/015700.html。Accessed October 24,2019。

④ 参见 Wuille,P. (January 16,2020). Bip taproot. *Github - Bitcoin bips*. https://github.com/sipa/bips/blob/bip - schnorr/bip - taproot.mediawiki. Accessed January 20,2020。

方式用于多重签名策略。该操作码可能会与一些新的 OP_SUCCESS 操作码相结合，以使脚本更有效地运行。读者可能想知道，为什么比特币会花这么长的时间来提高其隐私性，而其他加密货币可能已经有一些其他的实现方式，如大零币（使用简洁非交互式零知识证明）或达世币和门罗币（使用环签名）。这些加密货币希望专注于使网络更具可扩展性，并允许对交易进行审计，这是一些商业应用程序和行业的要求，也是为什么开发人员已经在搜索并开发这些技术，以便为外部世界提供一个隐私层，同时仍有可能被立法机构普遍采用和接受。

2.17 比特币挖矿

在比特币网络中已经讨论了很多细节但跳过了一个重要的部分：挖矿硬件。如今，从家用计算机或 GPU 挖比特币已经无利可图了，但情况并非总是如此。这是因为随着网络的发展而引入的挖矿难度。其目标是每 10min 挖一个区块，不能慢也不能快。随着越来越多的矿工加入网络，只有一个办法可以保持该速度，那就是增加挖掘一个区块所需的难度和算力。在 2009 年，人们是用计算机和 CPU 来挖矿。仍然可以找到这一时期的文章，讨论最多的挖矿处理器，当想要构建一个矿机时，其目标是每个 CPU 花费 60 美元①。随着越来越多的人开始加入比特币网络（2011 年），使用 CPU 继续挖矿变得越来越困难，人们开始转向使用 GPU。GPU 可用于复杂的计算，更具体地说，可用于那些对图像计算有很高要求的计算机。GPU 单元比 CPU 强大得多（期待的是算力增加 30 倍）。下一阶段是使用 FPGA 挖矿，算力将再次增加（FPGA 的速度是 GPU 的 3~100 倍）。到了 2013 年，ASIC 矿机加入挖矿游戏，整个竞争环境发生了变化。这是一个专门为挖矿而设计的硬件。由于竞争不断加剧，矿池和矿场应运而生。矿池允许采矿设备与其他矿工一起加入，作为一个整体一起工作。利润根据矿工带入矿池的挖矿算力来分配。矿场是专注于建立整个基础设施的公司，目的是依靠拥有的算力赚取大量的比特币。过去曾有人提出了一些担忧，因为大多数矿场都比较集中。

---

① 参见 Edmonds, R.（March 8, 2018）. Best CPUs for crypto mining. *Windows Central*. https://www.windowscentral.com/best-cpus-crypto-mining. Accessed December 18, 2019。

2.18 比特币中继网络

与挖矿的概念密切相关的是比特币中继网络。同样,这与比特币网络中的时间概念有关。对于矿工来说,当新区块在整个比特币网络中传播时,知道何时开始挖掘下一个区块是非常重要的。比特币中继网络是用来尽量减少网络中的延迟的。最初的比特币中继网络是由马特·科尔(Matt Corallo)在2015年推出的。该网络使用了亚马逊网络服务上的专用节点,并连接了比特币网络中的大多数矿工。该网络在2016年被马特·科尔创建的"快速比特币中继引擎"(Fast Bitcoin Relay Engine,FIBRE)所取代。FIBRE是一个基于UDP的网络,其在整个网络中转发区块,并利用紧凑型区块优化网络。目前,开发人员正在开发Falcon,Falcon是基于康奈尔大学的研究。Falcon使用了"直通路由选择"而不是"存储转发"。通过穿透式路由,实现了一个顺序路由,其中信息被划分为称为"flits"的单元。这些flits非常小,因此其头信息也必须最小化,而这是通过强迫所有这些flits按顺序通过同一路径来实现的。

2.19 比特币:加密电子货币

比比特币网络更著名的当然是其背后的加密货币,也称为比特币。比特币是在挖矿过程创造出来的,从2009年1月开始,每个区块挖出后会产生50个比特币。然而,随着时间的推移,挖矿的奖励正在减少。每4年[①]奖励减半,现在已经到了每个区块产出12.5个比特币的阶段。目前,超过85%的比特币已经被挖出来了,每个区块的奖励是12.5个比特币,到2020年5月17日将减少到6.25个比特币[②]。如果遵循这个公式,最终将无法挖出新的比特币。

在2140年,将有大约2100万个比特币被挖出,在这之后将不会再有新的比特币产生。这是否意味着市场上将有2100万个比特币?不完全是,因为人们不能再访问自己的钱包,而丢失的比特币是永远无法恢复的。这导致了一

---

① 或者更准确地说,每210000个区块。
② 参见 https://www.bitcoinblockhalf.com/。

个著名的说法,即比特币相当于加密货币世界中的黄金(以太坊是石油,后面会有更多关于该内容的讨论)。这种机制导致比特币是一个通货紧缩的货币(或者在理论上应该是)。这意味着比特币的价值将随着时间的推移而增加,因为面对的是不断降低的供应量,而需求量却在不断增加。这确保了价值增加,购买力也会增加。有几种方法可以获得比特币(如果你不是参与采矿过程的矿工)。首先,可以利用比特币交易所,交易所会提供比特币交换其他加密货币或常规货币的服务,如欧元或美元。其次是"比特币 ATM"。比特币 ATM 提供了用现金换取比特币,并将其发送到用户比特币钱包的服务。最后,就是与另一个人通过比特币钱包直接进行交易。

2.20 比特币支付通道

随着时间的推移,人们提议在比特币网络(和其他区块链平台)上创建支付通道。支付通道是一种允许用户执行多个交易而不需要将所有的交易提交到比特币区块链上的技术[①]。多年来,已经提出了几个实施方案来将该功能引入网络。下面将对其中的几个方法做一个简短的概述。这些例子清楚地表明比特币网络是如何随着时间的推移而发展的,以及开发者是如何尝试并成功解决区块链网络经常出现的可扩展性问题。在本章后面,读者还会发现闪电网络的解释和实现,闪电网络可以说是迄今为止最著名的支付通道协议。

2.20.1 中本聪高频交易支付通道

中本聪高频交易支付通道使用了 nLockTime 字段,是由中本聪提出的,在他看来,该支付通道可以用来实现多方支付,每个参与者都可以签署自己的输入。要同意一个新的版本,每个参与者就必须签署一个更高的序列号,同时同意前一个状态的输入和输出。还有一些其他的选项,其只需要同意本用户的输出(SIGHASH_SINGLE),也可以用 nSequenceNumber 和 OP_CHECK-MULTISIG 创建一个预先约定的默认选项,但问题是,这个设计并不安全,因

---

① 参见 Payment channels. *Bitcoin.* https://en.bitcoin.it/wiki/Payment_channels. Accessed October 8,2019。

为矿工和参与者可以一起工作,并提交一个发生交易的非最终版本来从其他参与者那里偷窃比特币。

2.20.2 Spillman – Style 支付通道

斯皮尔曼(Spillman – Style)支付通道由 Jeremy Spillman 在比特币发展邮件清单中提出,并在 BitcoinJ 中实施。该支付通道创造了一个安全存款与第二笔交易相结合的技术,双方可以通过该支付通道释放比特币。这样一来,中本聪高频率交易支付通道可能发生的攻击就无法发生了。这些交易的工作是单向的,因为总是有一个付款人和一个收款人,不可能在相反的方向上把钱退回去。收款人需要在某个时间之前关闭通道①。这里的问题是什么?该通道很容易受到交易可锻造性的影响(下面有更详细的描述)。

2.20.3 CLTV – Style 支付通道

与斯皮尔曼支付通道类似,CLTV – Style 支付通道是单向的支付通道,在特定时间后失效。该支付通道在 BIP – 65 提案和 2015 年底发生的 CLTV 软分叉后成为可能。该支付通道能解决可锻造性问题,但用途仍然有限,因为该支付通道只能以单向的方式工作。如果想真正扩大网络规模,需要能够在两个方向进行支付,如果可能,还需要实现多方支付。

2.20.4 Poon – Dryja 支付通道

本 – 追亚(Poon – Dryja)支付通道利用的是锁定在二对二多重签名的比特币。每一方的承诺交易必须写入和签署,甚至需要在资金交易签署之前。隔离见证在这里具有关键价值,因为该支付通道利用了未签名的交易,所以其需要一种交易格式,将经过哈希函数生成的交易 ID 和签名分开。该支付通道是双向通道,没有过期时间,可以单边或双边关闭。

2.20.5 Decker – Wattenhofer 双向支付通道

德克尔(Christian Decker)和罗格·瓦滕霍夫(Roger Wattenhofer)在论文

---

① 参见 Spilman, J. (April 20, 2019). Anti DoS for tx replacement. *Linux Foundation*. https://lists.linuxfoundation.org/pipermail/bitcoin – dev/2013 – April/002433.html. Accessed October 8, 2019。

中介绍了双向支付通道①。该支付通道使用 nSequence（BIP-68 中引入的 nSequence），由两个具有无限期的单向支付通道组成。在通道的资金交易和最终交易之间，存在"无效树"的概念，无效树包含了双方之间发生的链下交易。第一个版本的交易具有最长的相对锁定时间，而下一个版本的相对锁定时间稍短，以此类推。这个通道可以由任何一方关闭，但最有效的方式是双方合作关闭这个通道，因为这一切可归结为比特币区块链上的一个交易。这个通道可以扩展到多个当事方。

2.20.6　Decker-Russell-Osuntokun Eltoo 支付通道

Christina Decker、Rusty Russell 和 Olauluwa Osuntokun 在 2018 年 4 月 30 日的论文中介绍了 Eltoo 支付通道②。这是 Blockstream 和 Lightning labs 所提出的众多想法之一（将在本章后面介绍）。只要有更新发生，该通道就会使用两个交易：实际的更新交易和花费更新交易的 CSV 担保的结算交易。为了实现这一点，这个通道需要一种新的签名标志，称为 SIGHASH_NOINPUT 和 OP_CHECKLOCKTIMEVERIFY。OP_CHECKLOCKTIMEVERIFY 不是在特定的未来时间强制执行的，该标签是用来强制更新交易的排序，以便每个较晚的更新可以使用较早的更新，但反之则不行。该支付通道不需要像本-追亚那样支付通道中的任何惩罚功能，但是该通道还没有被使用的主要原因是 SIGHASH_NOINPUT 还需要完善。当完善后，该支付通道可能会被闪电网络使用。

2.20.7　哈希时间锁合约

哈希时间锁合约（Hashed Time-Locked Contract, HTLC）是当今闪电网络的一个组成部分。HTLC 使用哈希锁和时间锁，这导致了一种情况，即付款的接收者必须通过生成付款证明来承认收到了付款，或者放弃这些比特币，之后将其返还给付款人。这些哈希时间锁合约可以与本-追亚支付通道相结

---

① 参见 Decker C. and Wattenhofer R. A. Fast and scalable payment network with bitcoin duplex micro-payment channels. *Ethz*. https://tik-old.ee.ethz.ch/file/716b955c130e6c703fac336ea17b1670/duplex-micropayment-channels.pdf. Accessed October 13, 2019.

② 参见 Decker, C. and Russell, R. Eltoo: A simple Layer2 protocol for bitcoin. *Blockstream*. https://blockstream.com/eltoo.pdf. Accessed October 14, 2019.

合,这增加了支付的安全性,而且没有必要在比特币区块链上记录这些交易。

2.20.8 交易延展性

隔离见证的实施是为了防止所有形式的交易延展性攻击。在隔离见证之前(直到今天,对于那些没有按照软分叉要求实施隔离见证的节点来说),人们一直在研究所有形式的交易延展性。BIP-62 是一项正在进行的提案,旨在改变比特币交易以防止比特币的延展性[1]。尽管目前没有一些最新的研究,但仍然值得继续探索。

(1)非 DER 编码的 ECDSA 签名:旧的实现(在比特币核心的 0.8.0 版本之前),非 DER 编码的签名仍然可以在整个网络中继。

(2)ScriptSig 中的非推送操作:ScriptSig 中的一连串操作,导致预定的数据推送,不仅仅包括推送,还包括结果是有效的交易。

(3)ScriptSig 中的非标准大小类型的推送操作:在比特币脚本语言中有几个推送操作码,每个都有不同的可能性。

(4)零填充的数字推送:SciptPubKey 操作码中的数字输入可以被零填充。

(5)固有的 ECDSA 签名延展性:ECDSA 签名是可锻造的。

(6)脚本签名操作:在脚本开始时推动的额外数据不会被相应的 ScriptPubKey 所使用。

(7)脚本忽略的输入:OP_DROP 操作码可以用来忽略 ScriptSig 中最后的数据推送。

(8)基于哈希签名标志的屏蔽:这些标志可以用来忽略一个脚本的某些部分。

(9)发送者的新签名:发送者可以创建新的签名,将相同的输入用于相同的输出。

2.21 Wasabi 比特币钱包和 Zerolink 技术

当开发者谈论比特币网络时,隐私总是一个令人关注的问题。零链接

---

[1] 参见 Dashjr,L.(January 19,2017) Bip-0062. Github-Bitcoin bips https://github.com/bitcoin/bips/blob/master/bip-0062.mediawiki. Accessed October 14,2019。

(Zerolink)是一个专注于比特币的可替换性和执行交易的参与者隐私的实现,不仅将隐私扩展到单一交易,也扩展到了交易链。其主要目标是打破独立的比特币集之间的所有联系[1],是隐私钱包与 Chauman CoinJoin 的结合。2013年,格里高利·麦克斯韦(Gregory Maxwell)首次引入了 CoinJoin,其归结为由多个参与者向单个公共交易添加输入和输出,从而使交易图变得模糊。Chaumain CoinJoin 使用了 Chaum 盲签名,意味着每个参与者都向 Tumbler 提供输入和盲化输出,Tumbler 对盲化输出进行签名并将其返回给参与者。然后,参与者对该输出进行去盲化,并通过不同的匿名网络身份将其以签名形式提供给服务器。Tumbler 最终构建 CoinJoin 交易,并要求参与者签名。这种基于隐私且开放使用的比特币钱包称为"芥末(Wasabi)钱包"。

2.22 彩色币:基于比特币的衍生币平台

随着时间的推移,一些基于比特币协议之上的衍生币平台逐渐出现。最初的实现集中于利用各类技术将元数据添加到现有比特币中,实现方式为通过尚未使用的交易字段来编码交易中的额外信息。OP_RETURN 交易脚本操作码的引入增加了直接在区块链上包含更多信息的可能性,同时也意味着诞生了一种新的币种:彩色币[2]。彩色币用于表示其他加密货币,也可以表示数字资产甚至实物资产。彩色币的初次实现称为"增强的填充顺序着色"(Enhanced Padded-Order-Based Coloring,EPOBC),使用聪作为资产的计量单位。当然,OP_RETURN 操作码允许存储更多数据,而这些数据也可以引用外部数据,外部数据又可以引用特定资产。随着时间的推移,出现了几种最著名的实现方式:OpenAssets(Coinprism 使用)和 Colu 的彩色币。然而,由于引入了 ERC-20 标准和其他更易于使用且更便宜的标准(稍后解释),如今彩色币的使用已消失殆尽。

---

[1] 参见 Nopara73(April 28,2020)ZeroLink:The bitcoin fungibility framework. *Github-ZeroLink*. https://github.com/nopara73/ZeroLink? source = post_page. Accessed October 15,2019。

[2] 这些硬币实际上并没有颜色,而是以某种方式改变属性,如颜色。

2.23 开放资产协议

虽然开放资产协议不再经常使用(或者根本不使用),但该协议其实很有趣,可以帮助用户更好地了解比特币网络的工作原理,以及开发者希望如何与网络互动。资产的元数据关联究竟是如何执行的?这份工作可以分为三个阶段[①]:

(1)区块链关联:资产定义的 URL 被发行者嵌入比特币区块链中。

(2)资产定义文件:在区块链中存储的 URL 处可查看。

(3)身份证明:SSL 必须保证发行人的身份是真实的。

在区块链中,可以通过使用资产定义指针来执行关联,并保障交换资产各方的隐私,该指针本可以具有多种格式,但由于 2015 年实施的限制(标记输出限制为 40B),现在只能使用其中一种格式,如图 2.5 所示。

当资产包含在交易中时,其本身赋予了这些交易两种新属性:资产 ID(160 位的哈希值)和存储的资产数量。资产 ID 和最初发行该资产交易的第一个输入有关,资产 ID 的值是第一次输入所引用的输出脚本的 SHA-256 哈希值再经过 RIPEMD-160 的哈希值。使用该协议的交易必须具有"标记输出"。标记输出始终以 OP_RETURN 开头,并且必须具有包含可解析的标记有效负载的 PUSHDATA 操作码[②]。可解析带标签有效载荷如表 2.19 所列。

```
{
"asset_ids":[
"<base 58 asset id>"
],
"name_short":"<string>",
"name":"<string>",
"contract_url":"<url>",
"issuer":"<string>",
"description":"<string>",
"description_mime":"<mime type>",
"type":"<string>",
"divisibility":<integer>,
"link_to_website":<boolean>,
"icon_url":"<url>",
"image_url":"<url>",
"version":"<string>"
}
```

图 2.5 资产定义

---

① 参见 Charlon, F. (May 13, 2015) Open assets protocol. *Open Assets*. https://github.com/OpenAssets/open-assets-protocol/blob/master/asset-definition-protocol.mediawiki. Accessed October 17, 2019.

② 如果有多个有效载荷,则只使用第一个,其余的忽略。

表 2.19 可解析带标签有效载荷

信息栏	描述	大小
OAP Marker	一直是"0x4f41"	2B
Version	版本号	2B
Asset quantity count	资产清单中资产的数量	1~9B
Asset quantity list	0 或者 LEB128 编码的无符号数字	可变长
Metadata length	元数据的长度	1~9B
Metadata	空或者任意和交易相关的数据	可变长

该有效载荷有两个子模块,前者侧重于将交易解释为彩色币,后者侧重于构建交易本身。如果读者想测试,请查看 Github 页面,并确保将其部署在启用 RPC 且参数 -txindex=1 的比特币核心实例上。

2.24 比特币2.0

下面介绍一些比特币网络的侧链,以及新的层或协议改进项目。这些都为原始比特币网络带来了改进和创新,并试图为现有问题提供解决方案。读者会发现其中一些项目比其他项目更有趣。一个主要的社区在支持比特币网络,并寻找改进网络的方法,以使网络和底层技术得到更广泛的采用。比特币网络并未消亡,反而在蓬勃发展,并一直在寻找新的方式来确保其持续发展。

2.25 比特币 Hivemind 协议

Hivemind 是一种 P2P 预言机协议,旨在为比特币用户提供来自区块链环境之外的准确数据(请参阅以太坊章节中关于预言机的一般化描述),从而使参与预测市场(事件衍生物)成为可能。Hivemind 是从 Truthcoin 衍生出来的实现之一(其他实现的还有 Amoveo、Augur 和 Gnosis)。Hivemind 聚焦于信息聚合问题。问题在于人们永远无法得知记者、政客等群体何时会道出真相。与 Rootstock 项目类似,Hivemind 协议利用合并挖矿来确保比特币矿工也会帮助保护 Hivemind 的安全,矿工也会获得比特币。还可通过接收比特币 Hivemind 的股息收入作为额外激励。Hivemind 中有现金币(CashCoin,CSH)和投票币(VoteCoin,VTC)[①]两种类型币。有 CashCoin 的参与者实际上可以创建所谓的"预测市场",其中的股票可以买卖或转让,并且与比特币的价值挂钩:1CSH =1BTC。VTC 代表公司的股权,这些公司也称为分支机构,这些分支机构都有自己的投票币,用于防止女巫攻击,提供网络内的信誉证明,并可用于惩罚未在整个网络内作出必要贡献的参与者。用户在分支机构中拥有的 VTC 越多,投票权就越大,从分支机构收入中获得的份额就越大。从与大多数用户投票不一致或拒绝投票的那一刻起,当前用户就将失去在分支机构中的 VTC。

类似地,如果用户参与投票并和大多数用户保持一致,则可以获得更多的 VTC。VTC 的发行是基于信誉的再分配方案,包括针对异常行为采取的措施、反对寡头政治存在的运动以及避免过于动荡的网络环境。该系统也以这样的方式创建,即少数人投票获得的回报最少(低于 50% 的赞成票),当赞成票到 51% 时能得到最大化的奖励(防止投票池)。这些预测市场可以由任何用户创建,然后其成为"作者"。该作者应该有一种信念,即其所创建的市场将具有足够的交易流动性,与此相关的是,这些作者只有一个动机来编写"决策"(Decision),到某一天,这些交易将是一个锁定的事实。投票币所有者或"选民"有维持其分支机构长期交易量的动机,且拥有对所有决定进行投票的强烈动机,并根据其认为的其他选民将投出的票进行投票。选民可以视为网络中的"雇员"。有几个概念需要理解:"投票"(Vote)、"决策"和"计票"(Ballot)。决策是大家正在投票的内容。这可以是非常简单的事情,如"A 将当选总统";也可以是选民需要投票决定的一些更复杂的声明。根据决策,投票人将进行投票(0 表示反对,1 表示赞成,NA 表示弃权,还存在一些介于三者之间的可能性,如涉及定价调用时)。计票由成熟的决策和对这些决策的投票组成。此时,票数揭晓,共识算法决定了投票结果。如果投票结果不明确,将进行"审计"。选民也有权利在等待期后投票,如果这种类型的投票超过 50% 的区块,就必须重新进行投票。

[①] 参见 Sztorc, P. (December 14, 2015). *Truthcoin*. http://bitcoinhivemind.com/papers/truthcoin-whitepaper.pdf. Accessed November 18, 2019.

CSH 的用户是"客户",其无须与 VTC 互动。客户可以根据自己的想法在任何预测市场上交易,这取决于其认为什么可能会升值。只要投票正在进行,自动做市商就会推动交易。在几轮投票之间,有一个时间段称为"Tau"或投票间隔期。从决策完成的那一刻起,交易结束,进入"赎回"(Redeeming)状态。这是一个极具拓展性的项目,用户可以不断创建更多专业的分支。然而,无限的分支是不可取的,因为增加了计算与经济成本,同时可能会产生那种没有足够的激励使得选民去投票的分支,此时选民确实想要投票,但市场完全是空的。这就是为什么有一个"智能"拆分系统,选民必须决定是否同意新的分支。这也是为什么要从一个"主"分支开始,可以专门从这个分支开始拆分。参考图 2.6,像"足球"这样的市场完全可以成为单独的分支,留下一个没有足球的体育分支。如果连续三个投票间隔期间分支中没有任何活动,则将其从链中删除。由于计算成本的原因,每个分支机构的参与者人数将限制在 100000 人左右。这意味着当数量增加时,具有最低价值的人将从分支中删除。这些参与者可能没有得到过任何分红,也没有参与过这一进程,将其删除从而为新的活跃成员留下加入空间。这一限制只适用于分支机构的选民,而不是所有者。比特币网络当前的交易速度对于竞争性交易环境而言太低了(尽管低交易速度确实有助于防止有序交易列表中的双花),这就是为什么比特币 Hivemind 正在研究 GHOST 协议(或类似协议)以提供更高的吞吐速度。

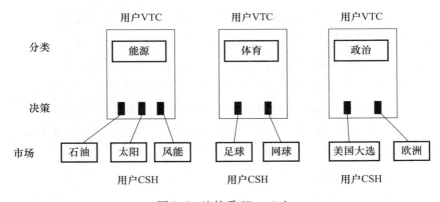

图 2.6 比特币 Hivemind

区块链平台——分布式系统特点分析

2.26 比特币 Mimblewimble 协议

对于那些喜欢《哈利·波特》的人来说，肯定十分熟悉"Mimblewimble"[①]，这也是 2016 年 7 月 19 日一位自称 Tom Elvis Jedusor 的作者在一篇论文中介绍的协议的名称[②]。作者想为一些与比特币网络相关的隐私问题提供解决方案。问题在于，所有交易都必须存储在区块链中，而事实上交易只与一小部分 UTXO 相关。不能删除其他交易，因为只有整个区块链有效时，最终状态才和 UTXO 有效。交易也是加密且具有原子性的，这意味着交易图可以用来识别用户。本章引用了 Greg Maxwell 博士、Nicolas van Saberhagen 博士和 Shen Noether 博士为改善区块链内的隐私而提出的几种解决方案，但作者指出，这些方法导致了需要使用更多的数据（用于机密交易的 KB）、必须永久存储签名以及对交互性的需求。交互性的需求是指麦克斯韦博士提出的"CoinJoin"解决方案，在该解决方案中，用户可以交互式地对交易进行合并。CoinJoin 是一种无信任的方法，将多个消费者的交易合并在一笔交易中，从而使外人更难确定谁支付了费用。多年来，实际使用该方案的交易数量不断增加[③]。无须更改比特币协议，芥末钱包使其易于实现。Yuan Horas Mouton 博士解决了这种数据存储需求和交互性需求矛盾的问题，让交易可以自由合并，但要付出一定的时间代价。因为 Yuan Horas Mouton 使用了配对函数的密码学技术，所以过程变得很慢。这种解决方案称为 OWAS 或"单向聚合签名"。之后的提议是删除比特币脚本，因为其不支持交易与通用脚本的合并。

接下来，Yuan Horas Mouton 采纳了麦克斯韦博士的"机密交易"理念，允许授权支出产出和无交互交易组合（OWAS）。这意味着比特币的结构和工作方式完全改变了。不是对每个输入和输出单独签名，而是对所有输入和输出进行多重签名。这一切都要归功于佩德森承诺方案的使用，该方案无须地

[①] 这是阻止人们在《哈利·波特》（Harry Potter）世界中说话的诅咒。

[②] 参见 Jedusor, T. E.（July 19, 2016）. MimbleWimble. *Scaling Bitcoin*. https://scalingbitcoin.org/papers/mimblewim-ble.txt. Accessed November 26, 2019.

[③] 参见 Manning, L.（May 1, 2019）. Percentage of CoinJoin bitcoin transactions triples over past year. *Bitcoin Magazine*. https://bitcoinmagazine.com/articles/percentage-coinjoin-bitcoin-transactions-triples-over-past-year. Accessed November 6, 2019.

址,而是使用参与者共享的"盲因子"。输入和输出以及公共和私有地址都经过加密,因此只有参与方知道自己参与了交易。那么,佩德森承诺方案实际上是如何工作的呢？首先,全节点检查输入和输出总数是否是一个平衡的等式,确保不会凭空产生新的比特币。输入和输出总数乘以由私钥和公钥组成的"盲因子"。这样一来,等式仍然成立,但没有人知道涉及的金额,同时相关方可以证明自己是所有者,最终,相关各方要求签署多重签名标头以批准交易,但该方案也为数据存储提供了解决方法。

事实上,有一种"直通"(cut through)功能,允许在区块链中存储更少的信息。在比特币中,UTXO 的每个阶段都需要存储,作为发生的整个交易中所有权转移的证明。在 Mimblewible 中,只需要存储第一个输入 UTXO 和最终输出 UTXO,这样就消除了所有中间步骤,并释放了大量空间。2019 年 1 月,在"Ignotus Peverell"发起的 Github 项目上进行了多年的开发后,随着 Grin 主网的推出,Mimblewimble 协议投入使用①。还有另一种称为"波束"(Beam)的实现方案,这两种实现都有自己的特点,尽管二者使用了相同的协议。Grin 对可挖掘的币数量没有做限制(每个区块 60 枚),而 Beam 则限制在 2.63 亿枚。此外,工作量证明共识协议有所不同：Grin 使用布谷鸟环(CuckARoo 占 90%,CuckAToo 占 10%,同时随着时间的推移慢慢转向 CuckAToo)和 equihash 算法。然而,出块时间保持不变：二者都是 1min。这两种实现方案与其他注重隐私的币的主要区别是什么？读者可能听说过门罗币、达世币和大零币等币种,这些币在保护用户免受窥探时都提出了自己的想法。当单独讨论这些币时,本书会做更详细的描述,但读者应该知道,大零币比 Grin 或波束慢得多,多达 64% 的门罗币输入没有所需的"mixins"字段,导致交易可以被追踪,达世币是一个集中的解决方案。这些衍生币可以尝试在其解决方案中加入 Mimblewible 协议,从而进一步增加隐私。

2.27 Elements 侧链项目

Elements 项目是 Blockstream 创建的另一个侧链项目(也可以作为独立项目运行),希望解决区块链网络参与者遇到的几个问题,如缺乏隐私保护、交

---

① 参见 https://github.com/mimblewimble/grin/blob/master/doc/intro.md。

易延迟和可替代性风险①。所有这些问题都由 Elements 项目背后的开发人员通过使用联合块签名和机密交易来解决。不再依赖工作量证明机制,而是由"区块签名者"来创建区块,后者是可以创建新区块的公证人联盟。在 Elements 作为侧链运行的情况下,一些公证人将扮演"看守者"(Watchman)的角色,以确保两个链之间存在受控且安全的转移。与 Mimblewimble 类似,Elements 项目在这里利用了机密交易和盲因子。当使用 Elements 作为侧链时——通常是在比特币区块链中——始终存在双向锚定,允许两个链之间的币种交换,确保了 Elements 可与其他区块链平台的互操作性。看守者的作用是确保"主"链的代币一直冻结,仅当交易验证时,Elements 区块链上等量的代币才会释放。反向交易(从 Elements 到主区块链)比较复杂。首先,"peg out"交易由看守者检查,然后在交易上签字,并在主链上留下一个多重签名钱包。只有当足够多的联盟成员签名时,交易才有效。在这种情况下,Elements 链上的代币将销毁。由于这种工作方式交易和创建区块的速度都得到了提高,而无须第三方。当使用 Elements 区块链时,可以随心所欲地创造新资产,这些资产对所有网络节点均开放(只要用户拥有可以再次发行的代币便可调用创造权,进而重新发行代币)。类似地,也可以销毁代币(如果在个人钱包中拥有这些代币)。此外,Elements 正在为比特币网络中已经存在的操作码(如 DEFINISTICRANDOM 和 CHECKSIGFROMSTACK)创建并实施新的操作码,以实现更多的脚本编写可能性,并类似地研究 Schnorr 签名的可能性,以进一步提高网络的效率。

2.28 云储币

云储币是一个雄心勃勃的项目,专注于去中心化的云存储,是一种没有单点故障的文件存储方式。由于分布式的工作方式,没有办法保证有足够的节点保持活跃并连接到网络来支持参与者下载文件。云储币中使用了里德-所罗门码的解决方案。里德-所罗门码的工作流程如下:当上传文件到云储币平台上时,文件将会被分成 30 段并分布到世界各地节点中,这种最大限

---

① 参见 How elements works and the roles of network participants. *Blockstream*. https://elementsproject.org/how-it-works. Accessed July 13, 2019.

度的分布能够确保这些节点中至少有几个会保持在线。里德－所罗门码为一种编码方案。1960年，欧文·里德（Irving S. Reed）和古斯塔夫·所罗门（Gustave Solomon）提出了里德－所罗门码，即一种基于目标消息的可变多项式的编码方案，其中编码器和解码器都只知道一组固定的评估点。解码器根据接收到的消息的编码消息长度值中的未编码消息长度值的子集生成潜在多项式。里德－所罗门码可以用来检测传输过程中可能发生的错误。云储币也使用了这种技术。如果能找到一个文件的30个分段中的10个，整个文件就可以供用户下载。而且每个文件段在通过使用twofish算法分发到各节点之前都要进行加密，这样能够保护用户免受可能的恶意节点的影响。上传和下载是通过智能合约来实现的，因此不需要任何第三方的干预，没有任何节点可以试图攻击文件，这些文件以安全的方式锁定。除此之外，节点必须为每个文件合约支付抵押金来确保参与，并从上传文件的参与者那里获得"租金"，这种租金是通过小额支付渠道支付的。而提供存储服务的主机必须证明自己提供了存储空间才能获得报酬，否则将受到惩罚。为了提高网络的使用率，云储币还集成了其他几个技术方案，如NextCloud（类似于Dropbox提供数据存储功能）、Duplicati（提供完整的计算机备份功能）和Minio（分布式对象存储服务器）。可以使用与区块链解决方案相结合的云储币平台来支付使用这些服务的费用。

2.29 合约方协议

合约方协议是比特币网络上一个希望尽可能扩大其使用范围的实现。合约方协议用来编写特定的数字协议，甚至是使用内置脚本的智能合约[①]。合约方协议还允许创建任何类型的资产数字化的代币和加密货币。为了进一步提高速度，合约方协议利用闪电网络来加速合约币和比特币之间的交换。合约方协议一个更有趣的用例是"资产交换"，其中托管代理人和票据交换所的角色都由协议本身完成。合约一旦存在于网络中，各个参与方的资金立即从各自的地址上扣除。只有当合约的条件得到满足时，才能开始分配资金。最后，合约方协议开发者还在研究一种由自己实施的合约方协议和合约

---

① 参见 https://counterparty.io/platform/。

币交易保证的替代投票方式,能够确保参与者身份的真实性和投票结果的安全。

2.30 Drop Zone 项目

米拉克莱·马克思(Miracle Max)在 2015 年发表了 Drop Zone 的原始论文,其中创建一个去中心化的 P2P 市场的想法仍然受到关注[1]。Drop Zone 是另一个工作在比特币协议上的项目[2],这个项目的核心思想(与其他 P2P 市场一样)是防止审查和自由买卖产品,不同之处在于 Drop Zone 中区块链用作一种解决方案。Drop Zone 项目还没有完成,但是有运行规则:卖家需要上传商品的简要描述、有效期和哈希标签;而买方则只能在给定的地点附近搜索商品。一旦买方找到了其想要的商品,双方可以在比特币测试网络上打开一个沟通渠道来商量价格。达成协议之后,买方在比特币主网络上向卖方付款,随后得知卖方的地理位置(GPS 坐标)。然而,白皮书也提出了许多需要解决的问题,如存在女巫攻击和出售信誉的漏洞,但是也有不可篡改的交易,以及 API 资源的滥用,悬而未决的销售,不择手段的销售,以及中心化的 URL 标识符等事实。Drop Zone 仍然有许多工作要做,一旦完善,可能会在这个丝绸之路(曾经全球最大的黑市交易网站)已经消失的时代对 P2P 市场造成重大影响。

2.31 Omni 协议

万事达币是第一个尝试利用比特币网络的力量并在上面建立一个新平台的实施方案。术语"Master"一词来源于"*Metadata Archival by Standard Transaction Embedding Records*"。万事达币的目标是成为一个可以轻松在上面进行开发的用户友好平台,并且立即推出了新的加密货币"Mastercoin"(MSC)。万事达币的开发者提出的想法是,协议层可以看作 TCP/IP 协议栈

---

[1] 参见(March 26,2015). Drop Zone:P2P E-commerce paper. https://www.metzdowd.com/pipermail/cryptogra-phy/2015-March/025212.html. Accessed August 4,2019。

[2] 参见 ScroogeMcDuckButWithBitcoin (2016). Drop Zone. https://github.com/17Q4MX2hmktmpuUKH-FuoRmS5MfB5XPbhod/dropzone_ruby. Accessed August 3,2019。

之上的 HTTP 协议,其中比特币网络是底层协议栈,而万事达币协议是顶层协议①。希望通过这种方式向更广泛的参与者群体开放比特币网络的开发,不再需要成为"专家"就能参与并解决一些类似不稳定和不安全的常见问题。这是为了阻止社区开发者走向山寨币开发的一个尝试。通过将开发者推到比特币网络之上,可以在这个协议层上创建新加密货币,整个社区都会受益,因为所有的开发者都会推动比特币网络的更广泛的应用,这反过来又会给予每个参与者回报。万事达币的第一个版本主要是为了支持自己的成长,以便开发人员可以在新的协议层上工作来获得报酬。开发者们声称有一个"出埃及记地址",类似于比特币区块链上的"创世区块",这是生成万事达币的第一个比特币地址②。万事达币协议后来重新命名为"Omni 协议"(以及随之而来的 OMNI 代币)③,现在瞄准的是更广泛的开发者,包括基于区块链的众筹,参与者可以将比特币或其他代币直接发送给发行者,之后会收到替代代币作为回报。Omni 协议的目标仍然是创建一个用户友好的开发环境,开发者可以在其中轻松开发和发布加密货币。开始时,万事达币使用假比特币地址,然后使用多重签名方案将数据嵌入比特币区块链。目前,它在很大程度上利用了比特币网络的 OP_RETURN 操作码来锁定区块链中的数据。Tether 可能是最著名(臭名昭著)的加密货币示例,Tether 利用 Omni 协议来利用比特币网络的力量。在关于稳定币的章节中,本书将介绍更多关于这种加密货币的信息。

2.32 闪电网络④

"我们非常非常需要这样一个系统,但据我了解你提出的方法,它似乎无法扩展到所需的规模。"

——詹姆斯·唐纳德(James A. Donald),2008 年 11 月 2 日⑤

---

① 参见 https://en.bitcoinwiki.org/wiki/Mastercoin。
② 出埃及记地址:1EXoDusjGwvnjZUyKkxZ4UHEf77z6A5S4P。
③ 参见 https://www.omnilayer.org/。
④ 参见 Poon,J and Dryja,T. (January 14,2016). The Bitcoin lightening network: Scalable off chain instant payments. http://lightning.network/lightning-network-paper.pdf. Accessed October 21,2019。
⑤ 参见 Donald,J. A. (November 2,2008). Bitcoin P2P e-cash paper. https://www.metzdowd.com/pipermail/cryptog-raphy/2008-November/014814.html. Accessed August 9,2019。

上面这句话对其他人来说可能毫无意义，但这是对中本聪提出的比特币白皮书的第一个公开评论。许多年过去了，扩容确实是比特币现在正在处理的主要问题之一。比特币系统大约每秒只能处理 7 笔交易，这就是导致交易速度缓慢以及交易费用高昂的直接原因①。多年来，比特币社区一直在与网络的局限性作斗争，并提出了一些建议，闪电网络就是其中之一。一般的想法是并非每笔交易都需要记录在区块链上。闪电网络在比特币区块链的基础上增加了一个额外的层，这样任何参与者都可以与另一个参与者建立一个通道，几乎可以即时发送和接收交易，而且交易费用很低甚至根本没有。当考虑这种支付渠道时，一些问题便显而易见。约瑟夫·本（Joseph Poon）和塔迪乌斯·德里亚（Taddeus Dryvja）撰写的论文关注到了这些问题。首先是勒索问题，如果一个参与者打开一个支付渠道并且做了支付，其他参与者可以简单地说："我永远不会签名，除非把大部分交易给我。"为防止这种情况发生，正如下面介绍的那样，在打开支付渠道时实际上并没有发送钱，这是因为交易直到最后才签署。所以两个参与者都知道会发生什么，但只有当参与者都签名时才会发生。

其次是旧承诺交易问题②。在闪电网络上第一笔交易是所谓的"保证金交易"（为支付渠道提供资金），而参与者之间发生的所有其他交易都称为"承诺交易"。如果支付通道开放了很长时间，而参与者最终想要关闭这个通道，可以选择对自己更有利的早期交易来关闭通道。这听起来让人很困惑，假设 A 和 B 都为通道提供 1 个比特币的资金，一个月前 B 向 A 支付 0.8 个比特币，二者的余额分别为 1.8 个比特币和 0.2 个比特币，两周后 A 不得向 B 支付 1.2 个比特币，双方余额分别为 0.6 个比特币和 1.4 个比特币。A 为什么不选择提交对 A 有利的前一个交易来关闭交易通道呢？这样 A 的余额就是 1.8 个比特币了。闪电网络有两个内置的保护措施。首先有一个操作码 OP_CHECK – SEQUENCEVERIFY，这个操作码使用序列字段来冻结输出，直到有足够多的矿工确认输出被实际使用，但这依然不能防止交易方作弊和使用旧交易，但是最重要的是这种方式提供了一段时间。如果交易某一方作弊并关闭了自己那部分交易通道，另一方仍然可以选择拿走全部 2 个比特币的交易

---

① Visa 平均每秒处理 24000 笔交易，峰值处理能力超过每秒 50000 笔。
② 参见 Bergmann, C. (April 29, 2017). The lightning network explained. Part I: how to build a payment channel. *Btc – manager*. https://btcmanager.com/lightning – network – primer – pt – i – building – payment – channels/? q =/lightning – network – primer – pt – i – building – payment – channels/. Accessed July 25, 2019。

资金,只要有两个参与者在观察通道并等待交易接受。除此之外,交易另一方还有一个全新的选择:就是默许对方作弊。

再次,介绍一些关于闪电网络的技术。闪电网络的工作原理是利用一个多重签名的钱包,每个参与者都可以使用自己的私钥来访问这个钱包,存入一些加密货币并进行交易。只有当这个钱包及其通道关闭时,所有交易的最终结果才会广播到网络上,并记录为一个单一的交易。钱包使用了一种哈希时间锁合约,由旨在消除交易合约方风险的智能合约组成,并实施限时的交易。钱包中有两个参与者 A 与 B,A 将自己的私钥进行哈希处理之后发送给 B。同时,A 还生成一个预映像,用于最后验证交易(预映像是传递到哈希函数中的数据字符串,有时也称为"秘密")。B 对自己的私钥进行哈希处理并将其发回给 A。同样,B 也通过与 A 产生一个空交易生成一个预映像。A 现在可以使用预映像中可用的原始密钥签署交易,B 现在也可以这么做。尽管如此,但仍有局限性,闪电网络并没有解决网络上的高额交易费用的问题。除此之外,存储比特币的最安全方式是利用"冷钱包"。这是不可能的,因为使用闪电网络的节点需要一直保持在线。

最后,闪电网络仍然在很大程度上取决于参与者使用情况,只要没有广泛使用,就不能发挥其全部潜力。有一些组织在闪电网络上开发了具体的应用。其中之一是 Blockstream 的 Lightning Charge,可以在图 2.7 中找到更多类似的项目。

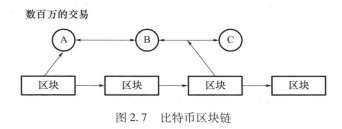

图 2.7　比特币区块链

2.33　液体网络[①]

液体网络是 Blockstream 公司创建的一个侧链,而 Blockstream 公司是由比

---

① 参见 https://blockstream.com/liquid/。

特币背后的一群开源编码者于2014年创建的。液体网络于2018年9月27日正式上线,有一系列让人印象深刻的参与者:Altonomy 公司、Atlantic Financial 公司、Bitbank 公司、Bitfinex 交易平台、Bitmax 交易平台、BitMEX 交易平台、Bitso 交易所、BTCBOX 公司、BTSE 交易所、Buull Exchange 交易所、DGroup 公司、Coinone 交易平台、Crypto Garage 公司、GOPAX 交易所、Korbit 公司、L2B Global 公司、OKCoin 公司、The Rock Trading 交易所、SIX Digital Exchange 交易所、Unocoin 公司、Xapo 公司、XBTO 公司和 Zaif 公司。液体网络背后的想法始于2015年的白皮书,题为《通过锚定侧链实现区块链创新》(*Enabling blockchain innovations with pegged sidechains*)。液体网络是一个联合侧链,建立在比特币网络上,以促进企业和个人之间更快的比特币交易,主要集中在交易所、金融机构和大型贸易商。小型玩家也可以通过使用钱包或会员交易来使用网络。在液体网络中,找不到传统矿工,取而代之的是一群所谓的"区块签名者",液体网络将交易收集到区块中,对其进行签名并在网络上进行广播[①]。在液体网络中,出块时间已减少到1min,而比特币网络是10min。并且比特币网络的所有功能在液体网络中仍然存在,所以依然可以创建钱包、使用块浏览器和密钥。如前所述,液体网络是一个侧链,这意味着其有自己的原生加密货币,称为"液体比特币"(Liquid Bitcoin, LBTC)[②],其背后与比特币双向挂钩,这两种货币在任何时候都是可以互换的。然而,液体网络也留下了通过网络发行与现实世界相关的其他资产的可能性。所有这些信息都经过安全加密,因此公众无法读取,同时资产的哈希值仍然可以通过网络交易进行跟踪。这样交易仍然可以审计,信息可以与审计师和其他利益相关方共享。

2.34 RootStock 链

RootStock 是第一个旨在比特币网络之上构建智能合约平台的实施方案(稍后更详细地解释),它的目标是成为世界上最安全的去中心化网络(比特币网络拥有迄今为止网络中最强大的计算能力)。RootStock 也想让自己的链和智能合约与以太坊网络兼容,在涉及一些项目实现时,了解并接受以太坊

---

① 这些区块签名者通常是交易所、造市商和其他大玩家。
② RootStock 上的加密货币,原来称为"智能比特币"(Smart Bitcoin, SBTC)。——译者

在这方面的权力和市场地位,并防止支持不同网络的开发社区人员进一步分裂。RootStock 也有自己的加密货币,称为 RBTC,原来称为"智能比特币"(Smart Bitcoin,SBTC),与普通比特币(BTC)1:1 挂钩。RBTC 和 BTC 之间存在双向挂钩,因此二者始终可以互换。比特币网络中的矿工也因 RSK 称为"合并挖矿"的功能而获得奖励,这意味着网络中的矿工将有效地挖掘 RSK 链和比特币链,能够提高两条链的安全性。矿工的奖励是交易费用的 80%,17.5% 给 RSK 实验室,1% 给 RSK 联盟,1% 给 RSK 全节点,0.5% 给比特币全节点。RSK 联盟由一组需要签署下述交易的半可信公证人组成。RootStock 也可以提供预言机服务(将在以太坊章节中解释)和其他模块(请查看相关文档以获取更多信息)。为了在 RSK 链和比特币主网络之间建立良好的工作关系,RSK 使用了一种特殊的混合关系模型。为了在网络的比特币端锁定代币,RSK 使用经典的驱动链,其中比特币网络的矿工需要投票和挖掘区块,这可以有效地锁定比特币并解锁 SBTC。要进行相反的操作,过程会复杂一些。可以结合使用多重签名方法和驱动链方法来解锁比特币(并锁定 SBTC)。这意味着在交易实际发生之前,两条链都必须给予批准。RootStock 锚定系统如图 2.8 所示。

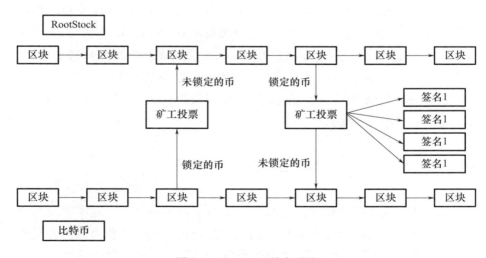

图 2.8 RootStock 锚定系统

RSK 最终的目标是,当有足够的参与者参与到两条链之间的关系时,下述工作方式将会结束。开始时,只有公证员可以投票;然后将进行关系组合,目的是完全摆脱公证员的签名机制,并删除这些签名,只保留驱动链关系。唯一的问题是是否有足够的参与者支撑实现这一目标。智能合约在比特币上的实施对市场空间的其他竞争者如以太坊产生了一些影响。RSK 是另一个带来智能合约功能的平台,而当涉及智能合约和去中心化项目开发时,以太坊无疑是最古老和最知名的品牌。RSK 希望更多地采用比特币网络,也允许行业开始在比特币网络的基础上开发应用程序,同时仍然接受监管。RSK 目标是创建(就像以太坊一样的)一个具有无限的代码大小和内存,以及持久的状态和执行时间的图灵完备的链。在 RSK 中现有的共识协议是 GHOST 和 DECOR 的组合,PBFT 作为后备机制,这也导致出块时间达到 10s。本书将在关于以太坊的章节中进行更详细的介绍,现在只需要知道 RSK 网络上有可能出现智能合约(以及去中心化项目)。RSK 也从比特币中使用的 UTXO 方案转向使用账户的方案,且使用椭圆曲线数字签名算法生成网络中使用的公钥和私钥。RSK 中的智能合约可以接收和发送与存款或付款相结合的消息,而且合约有自己的持久内存和金库来存储一定数量的 SBTC。RSK 想要实现的下一件事是成为比闪电网络更具可扩展性的比特币解决方案。虽然闪电网络有助于提高交易速度,但仍然需要连接到比特币网络并通过网络本身传播交易。所以,RSK 的目标是构建一个在 RSK 网络之上的"Lumino 交易压缩协议"即 LTCP。这将导致一个转变,从比特币每秒只能进行 3~5 次交易,到通过 RSK 每秒进行 100 次交易,最后通过 LTCP 层能够进行 2000 次链上交易。在 LTCP 层之上,应该是能够承载多达 20000 次链下交易的"Lumino"网络。有了这个网络,RSK 将大大克服闪电网络的局限性,并能够覆盖数十亿人(如果每个人每月结算一次)。

2.35 大零币

大零币是建立在比特币代码基础之上的加密货币之一。大零币的主要目标是再次提高比特币协议中未提供的隐私性保护能力,并提高网络的交易速度和可扩展性[1]。另外,开发人员也承诺,交易可以审计,但必须经过用户许可。在大零币中,因为存在着私有地址(z – addresses)和公用地址(t – ad-

---

[1] 参见 https://z.cash/technology/。

dresses)两种地址,所以就有多种交易类型。显而易见,z-addresses 交易以 z 开头,t-addresses 交易以 t 开头。当交易在两个私有地址之间发生时,交易的地址、金额、备注字段都会加密以确保信息的隐私性。当交易发生在两个公用地址之间时,交易信息是完全可见的。棘手的是发生在私有地址和公用地址之间的交易。大零币把发生在从私有地址到公用地址之间的交易称为"解除屏蔽"交易。在这类交易中发送地址和输入仍然是加密的,但是接收地址和金额是完全公开的。反之,则称为"屏蔽"交易。大零币开发人员还解释了安全水平提高带来的好处。假如发送方发送一笔交易,需要提供两个接收地址:接收方的地址和发送方用来接收账户余额的地址,因为在比特币网络中,发起一笔转账意味着发送发送方所有余额。如果只使用发送地址,这很好但却不是真正的隐私信息,因为可以根据发送地址创建一个身份描述文件。一个可能的办法是改变剩余金额使用的接收地址,以混淆试图揭开发送者身份的人。但是这个方法其实没有帮助,因为所有的交易都是连在一起的,所有的这些新地址也会一个一个地连在一起。但是私有(屏蔽)地址使得可以重新使用原来的发送地址,因为这个地址在区块链上是加密的①。大零币是如何提高安全性的? 通过零知识证明。让-雅克·奎斯夸特(Jean-Jacques QuisQuater)等提出的《阿里巴巴和四十大盗》寓言可以很好地解释零知识证明。这个故事是这样的:有两个人 A 和 B 站在一个环形山洞里,山洞的尽头有一扇门锁着。B 声称知道打开门的密码,但不愿意与 A 分享。二者一起决定,A 可以选择 B 应该走的路,只有 B 从另一边出来,才能证明 B 真的知道这个秘密,如图 2.9 所示。

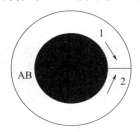 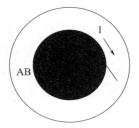

图 2.9　阿里巴巴洞穴

---

① 参见 Peterson, P. (November 23, 2016). Anatomy of a zcash transaction. *Electric Coin*. https://electriccoin.co/blog/anatomy-of-zcash/. Accessed October 4, 2019。

2.35.1 简洁非交互式零知识证明

大零币使用了简洁非交互式零知识证明（zero - Knowledge Succint Non - Interactive Argument of Knowledge，zk - SNARK）。这是一种密码学的形式，证明者可以提供知识证明，而不实际透露该知识，也不需要证明者和验证器之间的互动。这意味着从证明者到验证器只需要发送一条信息。目前，实现这一目标最有效的方法是使用初始化设置，其中在证明者和验证器之间共享使用秘密随机数创建的公共参考字符串。如果有人能够获得生成这些参数的秘密随机数，那么这个人就可以攻击整个区块链网络并生成假币。大零币竭尽全力防止这种情况发生。在大零币中有一个多方参与的仪式，能够让知识得到很好的传播。首先，有几个参与者在多方仪式中创建一个公 - 私钥集。这样做的背后原因是与公钥相连的私钥需要销毁，否则参与者将有机会造假[1]。由于大零币使用多方过程，所有参与者的秘密随机数都串联起来，所以除非所有参与者都采取恶意行动，否则私钥将会销毁。完成该过程的最后一个部分是可以在不泄露秘密信息的情况下实际确定交易是否真正有效的函数，因此大零币网络的一些规则编码到简洁非交互式零知识证明中。简洁非交互式零知识证明中的"Succint"意味着证明的信息量很少但可以很快验证，而"Argument"意味着一个恶意节点只有很小的概率能够欺骗系统，因为其算力有限，当然，随着量子计算的兴起，这在未来可能成为一个问题。最后是"Knowledge"，这代表着如果不知道秘密，证明者就无法创建证明信息。该算法是如何工作的？交易有效性验证函数必须分解到可以在其中找到 AND、OR 和 NOT 的单个步骤的算术电路的最底层，如图 2.10 所示。

基于电路中这些步骤的结果，可以得到所谓的"1 阶约束系统"（Rank 1 Constraint System，RICS）。这种表述确保所有参数都沿着正确的路径到达结果。验证器有一个繁重的计算任务来检查每条路径的结果。使用二次算术程序（Quadratic Arithmetic Program，QAP）[2]之后，减少为一次多项式的计算。

---

[1] 参见 Gabizon，A.（September 25，2016）. Zcash parameters and how they will be generated. *Electric Coin*. https：//electriccoin. co/blog/generating - zcash - parameters. Accessed November 11，2019。

[2] 参见 Gennaro，R. ，Gentry，C. ，Parno，B. ，and Raykova，M.（2012）. Quadratic span programs and succinct NIZKs without PCPs）. *IBM T. J. W atson Research Center*. https：//eprint. iacr. org/2012/215. pdf. Accessed November 11，2019。

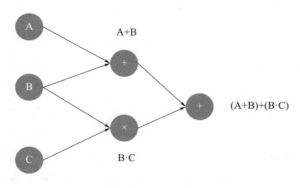

图 2.10　算术电路

这本身是一项很大的计算任务,但是验证本身并不困难。如果攻击者要生成一个假的多项式,但不知道正确的身份,那么多项式几乎每个点都会失败,这样只需要检查一个点就可以大概率地验证证明。下面本书将简要描述该过程的实际运作方式,以及当谈论简洁非交互式零知识证明时可以发现的内容。在本质上,这归结为"同态隐藏"(Homomorphic Hiding,HH)函数[①],类似于计算隐藏承诺,不同之处在于隐藏函数是输入的确定性函数,而承诺使用额外的随机性。同态隐藏函数具有以下属性:

⇨ $E(x)$ 已知,很难得到 x;

⇨ 对于任意的 $x \neq y => E(x) \neq E(y)$;

⇨ 如果 $E(x)$,$E(y)$ 已知,可以进行 $E(x+y)$ 的运算。

这些表达式用于具有以下性质的有限群 Z_p^*:

⇨ 有一个生成器 g,所有的 Z_p^* 中的元素都可以表示为 g^a,a 是 $\{0,1,\cdots,p-2\}$(循环群)中的某个元素;

⇨ 在 p 很大的情况下,很难找到整数 a,使得 $g^a = h \pmod p$(离散对数问题);

⇨ 对于任意来自 $\{0,1,\cdots,p-2\}$ 的 a,b,有 $g^a \cdot g^b = g^{a+b(\bmod p-1)}$。

从以上属性可以得到 $E(x+y) = g^{x+y(\bmod p-1)} = g^x \cdot g^y = E(x) \cdot E(y)$,同样地

---

① 参见 Gabizon, A. (February 28, 2017). Explaining SNARKs. Electric Coin. https://electriccoin.co/blog/snark-ex-plain7. Accessed December 3, 2019。

$$E(ax+by) = (g^x)^a \cdot (g^y)^b = E(x)^a \cdot E(y)^b \qquad (2-1)$$

接下来有一个有限域 F_p 上的 d 次多项式 P，其形式为 $P(x) = a_0 + a_1 \cdot x + a_x \cdot x^2 + \cdots + a_d x^d$，其中 $a_0, a_1, \cdots, a_d \in F_p$。这个多项式可以对一个点 $s \in F_p$ 进行评估，其中 x 被 s 取代。

现在把同态隐藏和多项式的原理结合起来，这样就可以进行盲评了[①]。对于两个参与者 A 和 B，A 知道多项式 P，而 B 想要知道某个点 s 的 $E(P(s))$。然而，A 不希望共享 P 或 s。这可以通过参与者 A 发送 $E(1), \cdots, E(s^d)$ 给参与者 B 来解决，参与者 B 回复 $E(P(s))$。这样就没有人能从其他参与者那里了解到真正的值。该过程中的下一个合乎逻辑的步骤是迫使参与者 B 根据多项式计算实际回答真实的答案。在这个过程中利用了系数（Knowledge Coefficient, KC）测试的知识。之前本书所定义的生成器 g 是阶数为 $|G| = p$[①] 的群 G 的生成器。本书还定义了 $\alpha \in F_p^*$，其中 α 是来自 G 中的一对 $(a, b), a, b \neq 0$ 且 $b = \alpha \cdot a$。

KC 测试：

⇨ A 随机选择 $a \in G$ 并计算 $b = \alpha \cdot a$；

⇨ A 发送 $B(a, b)$；

⇨ B 以 (a', b') 回应，这也是一个 α 对；

⇨ A 检查并在结果为真时接受。

B 的回应只能通过以下方式计算：选择 $\alpha \gamma \in F_p^*$，有 $(a', b') = (\gamma \cdot a, \gamma \cdot b), b' = \gamma \cdot b = \gamma \alpha \cdot a = \alpha(\gamma \cdot \alpha) = \alpha \cdot a'$，这也是一个 α 对。系数假设知识（Knowledge of Coefficient Assumption, KCA）指出，KC 最后一个声明永远为真。这对一个 α 对来说很好，然而却有多个 α 对发送出去，这就需要接收者将这些 α 对一起使用，按照这些特性创造一个新的 α 对：

$$c_1, c_2, \cdots, c_d \in F_p, (a', b') \in \left(\sum_{i=1}^{d} c_i a_i, \sum_{i=1}^{d} c_i b_i \right) \Rightarrow a' = \sum_{i=1}^{d} c_i a_i \qquad (2-2)$$

由此，可以在 G 中创建 d-KCA[①]，参与者 A 选择一组具有结构为多项式

[①] 参见 Groth, J. (October 26, 2010). Short pairing-based non-interactive zero-knowledge srguments. *University Col-lege London.* http://www0.cs.ucl.ac.uk/staff/J.Groth/ShortNIZK.pdf. Accessed October 1, 2019。

结构的 α 对:$\alpha \in F_p^*, s \in F_p$,并向参与者 B 发送 α 对,$(g, \alpha \cdot g), (s \cdot g, \alpha s \cdot g), \cdots, (s^d \cdot g, \alpha s^d \cdot g)$,参与者 B 知道 $c_0, c_1, \cdots, c_d \in F_p$(很高的概率),然后回应 $a' = \sum_{i=0}^{d} c_i \cdot s^i \cdot g$。

为了减少必须在算术电路上进行的计算,本书使用 QAP(如前所述)。下面是简化解释(在 electriccoin. co 上找到阿里尔 - 加比松(Ariel Gabizon)的精彩解释),如图 2 - 11 所示。

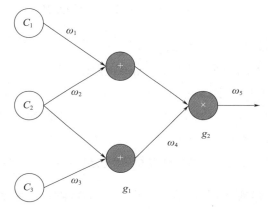

图 2.11 算术电路

参与者 B 想证明自己知道输入 $C_1, C_2, C_3 \in F_p$,并且这些输入在组合后会得到一个确定的结果。本书利用算术电路来证明结果。在图 2.11 中,第一组线是"输入线",最后一组线是"输出线"。此外,如果想转换为 QAP,则必须具有以下属性:

▷如果输出线到一个以上的门,则仍然将其视为一条线(ω_2);
▷乘法门正好有两条输入线(左和右);
▷加法门和从加法门到乘法门的线都没有命名。

乘法门和来自 F_p 的目标点相关联的元素 g^x 相关联,本书还定义一组左线多项式($L_1, L_2, \cdots, L_d$),右线多项式($R_1, R_2, \cdots, R_d$)和出线多项式($O_1, O_2, \cdots, O_d$)。这些多项式在目标点上通常为 0,除了那些涉及目标点对应乘法门的多项式[①]。

---

① 参见 Gabizon, A. (February 28, 2017). Explaining SNARKs. Electric Coin. https://electriccoin.co/blog/snark - ex - plain7. Accessed December 3, 2019。

当从固定值开始，$c_1, c_2, \cdots, c_a \Rightarrow L: = \sum_{i=1}^{a} c_i \cdot L_i, R: = \sum_{i=1}^{a} c_i \cdot R_i, O: = \sum_{i=1}^{a} c_i \cdot O_i$，由此可以定义多项式 $P: = L \cdot R - O$。

可以说仅当 P 在所有目标点上消失时，$c_1, c_2, \cdots, c_a$ 是合法的分配。为此，必须有一个除以 P 的目标多项式 T。这就是 QAP 的作用，一个次数为 d、大小为 m 的 QAP 由多项式 $L_1, L_2, \cdots, L_d, R_1, R_2, \cdots, R_d, O_1, O_2, \cdots, O_d$ 和一个次数为 d 的目标多项式 T 组成。只有在以下情况 QAP 多项式才能成立，$L = \sum_{i=1}^{a} c_i \cdot L_i, R = \sum_{i=1}^{a} c_i \cdot R_i, O = \sum_{i=1}^{a} c_i \cdot O_i, P = L \cdot R - O$ 和 T 能除以 P。这一切都在匹诺曹协议中得到了体现。之前的步骤只让 B 提供多项式正确次数的证明，但不强制 B 使用正确的值 $c_1, c_2, \cdots, c_a$。对每一个 $i \in \{1, 2, \cdots, a\}$ 都创建多项式 $F_i = L_i + X^{d+l} \cdot R_i + X^{2(d+l)} \cdot O_i$，其中需要使用 X^{d+1} 和 $X^{2(d+1)}$，因为不能将系数 L、R 或 O 混合在 F 中。因此，系数 $1, X, \cdots, X^d$ 是 L 的系数，接着的 $d+1$ 个系数 $X^{d+1}, \cdots, X^{2d+1}$ 是 R 的系数，最后 $d+1$ 个系数是 O 的系数。

通过 QAP 可以了解到，如果 F 是产生的 $F'_i s$ 的线性组合，那么 $F = \sum_{i=1}^{a} c_i \cdot F_i$，$L = \sum_{i=1}^{a} c_i \cdot L_i, R = \sum_{i=1}^{a} c_i \cdot R_i, O = \sum_{i=1}^{a} c_i \cdot O_i$ 有相同的系数 $c_1, \cdots, c_a$。当想知道简洁非交互式零知识证明如何发挥作用时，必须应用同态隐藏函数。参与者 A 将一组隐藏信息 $E(\beta \cdot F_1(s)), E(\beta \cdot F_2(s)), \cdots, E(\beta \cdot F_d(s))$ 发送给参与者 B，并要求参与者 B 产生隐藏的结果 $E(\beta \cdot F(s))$。参与者 A 将一组隐藏信息 $E(\beta \cdot F_1(s)), E(\beta \cdot F_2(s)), \cdots, E(\beta \cdot F_d(s))$ 发送给参与者 B，并要求参与者 B 产生隐藏的结果 $E(\beta \cdot F(s))$。问题是，参与者 A 可以尝试通过应用一组系数 $(c_1, c_2, \cdots, c_d)$ 来推断隐藏的 L, R, O 和 T 的信息，推断产生的隐藏系数 L, R, O, T 是否匹配，但结果为不匹配时，A 就知道这不是参与者 B 的系数集。为了防止这种情况，参与者 B 对每个多项式都有一个随机的 T 型转换[1]。现在还需要两个步骤来完成整个协议：需要一个支持加法和乘法的同态隐藏函数，还需要从交互系统转向非交互系统。为了实现这一点，需

---

[1] 参见 Gabizon, A. (February 28, 2017). Explaining SNARKs. Electric Coin. https://electriccoin.co/blog/snark-ex-plain7. Accessed December 3, 2019。

要应用椭圆曲线。可以在第 1 章中找到椭圆曲线密码的解释。这与"最优 Ate 配对"结合在一起。通过结合这两种技术,得出一种情况,即实际上可以基于其他两个元素的正确隐藏来计算乘法隐藏(这里不进行深入解释)。为了允许非交互部分,本书使用了公共参考字符串(Common Reference String, CRS)。首先,在双方进行任何沟通之前,发布基于随机数据的 CRS:

$$(E_1(1), E_1(s), \cdots, E_1(s^d)), (E1(1), E1(s), \cdots, E1(sd)),$$
$$E_2(\alpha), E_2(\alpha s), \cdots, E_2(\alpha s_d))(E2(\alpha), E2(\alpha s), \cdots, E(\alpha sd)) \quad (2-3)$$

这些元素用于帮助计算基于随机选择 $s \in F_p, nda \in F_p^*$ 和 $\alpha \in F_p^*$[①]。另一个参与者将进行验证:

$E(\alpha x) = \text{Tate}(E_1(x), E_2(\alpha)), E(\alpha x) = \text{Tate}(E_1(x), E_2(\alpha))$ 和 $E(y) = \text{Tate}(E_1(1), E_2(y))$,其中 $x, y \in F_r$,因此,$a = E_1(x)$ 以及 $b = E_2(y)$。

2.35.2 可扩展的透明零知识证明

希望保护隐私的加密货币的未来实现可能会使用名为"zk – STARKS"的新实现,即"可扩展的透明零知识证明",并且可以作为简洁非交互式零知识证明的更快、更经济的替代方案。可扩展的透明零知识证明消除了初始可信设置的需要,也消除了计算困难(以及相关的理论上的量子计算机攻击)。最后,计算简洁非交互式零知识证明结果所需的时间应得到改进,以进一步提高网络的可扩展性[①]。StarkWare 公司是第一个尝试开发满足行业要求的这种新工作方式的公司。广义而言,可扩展的透明零知识证明使用了算术化的方法。这是将验证计算的问题简化为检查某个多项式的问题,该多项式可以在验证器一侧有效地评估,这是简洁、低次(多项式的次数)的部分。可扩展的透明零知识证明中使用的算法由生成执行轨迹和多项式约束两个步骤组成,然后将其转换为一个低阶多项式。证明者和验证器事先就多项式约束是什么达成一致,这样,当证明者生成执行轨迹时,证明者可以说服验证器约束已经得到满足,而实际上没有显示执行轨迹。可扩展的透明零知识证明利用考拉兹猜想来创建一个导致多项式约束的考拉兹序列执行树。StarkWare 公

---

① 参见 Ben – Sasson, E., Bentov, I., Hresh, Y., and Riabzev, M. (March 6, 2018). Scalable, transparent, and post – quan – tum secure computational integrity. *Israel Institute of Technology*. https://eprint.iacr.org/2018/046.pdf. Accessed November 23, 2019。

司与 0x 公司一起推出了 StarkDEX 项目,这允许在以太坊区块链之上创建去中心化交易所,与其他当前解决方案相比,交易吞吐量更高,并改善了 Gas 的使用。

2.36 大零币和 HAWK 框架

HAWK 框架通过基于区块链的智能合约系统,将加密交易存储在区块链本身,继续推进隐私和个人信息保护的理念。康奈尔大学和马里兰大学的学生和教职员工正在推广这一计划。HAWK 框架的目标是允许非技术人员创建隐私保护系统,而无须了解密码学的细节[①]。该计划分为私有和公共两部分。HAWK 的私有部分实际上负责数据的加密,而公共部分不与实际数据接触。

2.37 硬分叉

下面只是对已经发生或计划中的硬分叉的有限概述。过去也有很多人未能达到目标,或者根本没有获得任何支持。多年来,已有超过 105 个分叉项目[②]。在加密货币狂热的高峰时期,有一整套尝试分叉比特币的项目,包括超级比特币、比特白金、比特铀币、比特现金增强版币(Bitcoin Cash Plus)、比特白银、比特钻石(Bitcoin Diamond)等。一些加密币已经是基于分叉的分叉(如比特现金的一个硬分叉是 Bitcoin Stash)。本书在这里列出过去发生的一些更重要的变化,而软硬分叉仍然相当重要。未来的其他项目可能仍然相当可观,并可能对网络和社区产生重大影响。如果想详细了解所有比特币分叉,可以阅读以下内容。随着时间的推移,每个分叉都希望实现一些特定的东西,改变一些比特币协议固有的内容。其中一些分叉关注隐私,一些关注交易速度,还有一些关注区块大小或交易成本。开发者喜欢关注的另一个著名的问题是比特币的有限供应。无论哪种方式,其中一些分叉取得了成功,这

---

① 参见 Kosba, A., Miller, A., Shi, E., Wen. Z., and Papamanthou, C. (2015). Hawk: the blockchain model of cryptography and privacy – preserving smart contracts. *University of Maryland*. https://eprint.iacr.org/2015/675.pdf. Accessed November 23, 2019。

② 参见 https://forkdrop.io/how – many – bitcoin – forks – are – there。

些项目甚至比最初发行的比特币更成功(取决于每个人的看法),其他的分叉则几乎从一开始就注定失败。

2.38 比特拓展

比特币网络的首批(软件)硬分叉之一是比特拓展(Bitcoin XT)[1]。比特拓展的软件在 2014 年由迈克·赫恩(Mike Hearn)创建,得益于此可以包含几个新特性。比特拓展将交易数量从 7 个/s 增加到 24 个/s,并将块大小显著增加到 8Mb。起初比特拓展认为是对原始比特币网络的变更提案,因为其第一个提案作为 BIP 64 发布。BIP 64 需要一个小的 P2P 协议扩展,在给定一组输出点的情况下执行未使用的交易输出(UTXO)查找。比特拓展的第一个版本(0.10 版)就包含了这个变化。在第一个版本之后,协议中又添加了一些其他更改。加文·安德烈森(Gavin Andresen)发布了 BIP 101,呼吁增加比特币区块的大小。该更改于 2015 年 8 月 6 日在比特拓展中实现,但最终恢复并为比特经典协议支持的 2MB 区块预留了位置。虽然比特拓展取得了初步的成功,但到 2015 年年底,比特拓展基本上就被放弃了。自 2017 年 8 月以来,比特拓展的版本 G 被默认为一个比特现金客户端[2]。对于后续比特现金的每次升级,比特拓展都有后续的升级以继续支持网络(分别称为版本 H 和版本 I)。

2.39 比特经典

在比特拓展失败后,有社区仍然支持这个硬分叉背后的一些想法。比特经典(Bitcoin Classic)建议将块大小增加到仅 2MB,而不是任何更大的块大小[3]。与比特拓展非常相似,这是个软件硬分叉,构建在比特核心(Bitcoin Core)参考客户端之上。该分叉不如比特拓展激进,因此能够获得一定程度的支持并持续一段时间。一段时间后,区块大小的控制权就交到了矿工和节点

---

[1] 参见 Reiff, N. (June 25, 2019). A history of Bitcoin hard forks. *Investopedia*. https://www.investopedia.com/tech/history-bitcoin-hard-forks/。

[2] 参见 https://github.com/bitcoinxt/bitcoinxt/releases。

[3] 参见 https://bitcoinclassic.com/devel/Blocksize.html。

手中①。最终,在 2017 年 11 月 10 日,比特经典在纽约协议失败后停止运营,该协议的目的和比特经典提出的改进方案一样,也是增加"传统比特币链"的区块大小②。在结束语中,读者可以清楚地看到开发人员将比特现金称为比特币可扩展性的"最后希望",并将该想法的所有支持者都指引向这个方向。

2.40 比特无限

比特无限(Bitcoin Unlimited)这个硬分叉的不同之处在于比特无限允许节点和矿工自己决定块的大小,而无须重新启动节点或编译新的可执行文件③。比特无限也是第一个允许 Xthin(Xtreme Thin Blocks)的实现,在这里,接收同一交易两次或更多次的低效率问题得到解决。最重要的是,客户端允许并行验证,以便节点可以验证多个块。比特无限并不是"硬分叉",而是一种新形式的共识机制,允许基于民主投票系统在整个比特币网络中进行更改。引入了新出现的共识,这种潜在的激励机制可能有助于巩固管理人、用户、公司、钱包和持有人之间对区块大小的共识。节点还可以设置过大的块大小(Excessive Block Size, EB)和接受深度(Acceptance Depth, AD),以便能够延迟接受来自矿工的超大块。方法是将超大块孤立起来,直到节点在区块链中达到一定深度。人们对该方案的实现产生了一些兴趣,但最终社区失去了对这个硬分叉的兴趣。然而,从 1.1.0.0 版本开始,比特无限客户端与比特现金客户端兼容。这个硬分叉仍然得到支持,比特无限有稳定的社区,时间会证明这种货币是否经得起时间的考验。

2.41 比特现金

比特现金是迄今为止比特币网络中最成功的硬分叉④。这是对隔离见证更新的回应,因为社区的一部分人拒绝使用隔离见证的更新。这些拒绝更新

---

① 参见 Zander, T. (November 30, 2016). Classic is back. https://web.archive.org/web/20170202055402/https://zander.github.io/posts/Classic%20is%20Back/。
② 参见 https://bitcoinclassic.com/news/closing.html。
③ 参见 https://www.bitcoinunlimited.info/。
④ 参见 https://www.bitcoincash.org/。

的人认为BIP91引入的某些变化将有利于那些将比特币视为投资机制而非支付手段的人。时至今日,这些差异可以在比特币网络的设置(倾向于较小的区块并将其主要视为价值存储)和支持比特现金的社区中看到,后者支持比特现金作为一种支付方式(而非投资机制)。比特币网络大约在该时期(2017年中)也在处理交易成本上升的问题,这进一步给比特币社区带来压力。最终,有小组提出了一个硬分叉方案,试图解决所有这些痛点。该协议允许8MB的块,具有费用低和交易快速的特点。该协议还承诺确认可靠,使得这种币在使用上更具可扩展性。更多功能仍在开发中,因为更快的区块传播、未花费的交易输出(UTXO)承诺、施诺尔签名等方面正受到人们的关注。操作码OP_CHECKDATASIG已经可用,网络中的预言机和高级脚本可以使用该操作码。比特现金与原始比特币网络仍然存在一定的竞争,二者通过更快地实现其中一些功能来证明自己才是比特币长远的"真正"未来。比特现金的这一硬分叉创建于2017年8月,并获得了巨大的市值。

2.42 比特愿景

在比特现金阵营之中,两个主要阵营之间存在着进一步的分歧。由罗格·维尔(Roger Ver)和约翰·吴(Johan Wu)支持的第一阵营推广了一款名为比特币可调区块大小上限(Bitcoin Adjustable Blocksize Cap,Bitcoin ABC)的软件,旨在将区块大小保持在32MB。由克雷格·史蒂文·赖特(Craig Steven Wright)和卡尔文·艾尔(Calvin Ayre)领导的第二阵营则开发了一个称为比特愿景(Bitcoin Satoshis Vision,Bitcoin SV)的软件,将区块大小增加到128MB[①]。该阵营对中本聪的愿景有着清晰的认识,并旨在恢复该愿景的某些方面,如操作码OP_RETURN。所有这些都是为了创建一个具有大区块大小的可扩展解决方案。同样地,只有时间才能证明这两个阵营谁会成功。

2.43 比特黄金

比特黄金(Bitcoin Gold,BTG),是在隔离见证更新后(也就是比特现金之

---

① 参见 https://bitcoinsv.io/。

后)发布的硬分叉,发布于2017年10月。创建者的主要目标是恢复使用GPU进行挖矿,以对抗当前过于专业化的硬件开发。开发人员创建的一个有趣功能是所谓的"后挖矿",即100000个币放置在捐赠基金中,以资助该分叉的进一步开发。比特黄金与比特币的另一个区别是使用工作量证明算法[①]。该货币在网站上推出之后,就遭受了多次攻击,主要是DDOS攻击,后来(2018年5月)也有51%的哈希攻击,其中338000BTG被盗,当时价值约1800万美元[②]。尽管过去遭遇了许多挫折,比特黄金仍然在市场上获得了成功。

2.44 比特钻石

比特钻石于2017年11月推出,承诺以每秒处理2~7笔交易的速度缩短交易时间。最重要的是,比特钻石提供较低的交易费用,并希望通过降低其加密货币的价格来鼓励新用户[③]。与比特币的大多数其他分叉不同,比特钻石可以挖掘的加密货币总量上限更高,可以挖掘的总量从比特币的2100万增加到2.1亿。比特钻石还具有8MB的块大小,并提供与闪电网络的连接。在撰写本书时,比特钻石的估值相当低,但随着时间的推移,这可能会改变,具体取决于未来比特钻石引入的变化以及该货币本身的受欢迎程度。

2.45 比特利息

2018年1月,出现了一个新的有趣的分叉比特利息(Bitcoin Interest,BCI),根据挖矿和持有代币一定时间来奖励参与者。挖掘一个区块时,奖励分为矿工(13.5BCI)和利息池(3.24BCI)两部分。投资者可以选择参加每周或每月的利息轮次,并(根据投入)获得平均份额所产生的利息。比特利息是为数不多的暂时保持"稳定"价格的项目之一[④]。在撰写本书时,比特利息的估值非常低,而且在不久的将来似乎不会很快改变。这无疑表明,比特币背

---

① 参见 https://bitcoingold.org/。

② 参见 Cimpanu, C. (September 4, 2018). Bitcoin gold delisted from major cryptocurrency exchange after refusing to pay hack damages. Zdnet. https://www.zdnet.com/article/bitcoin-gold-delisted-from-major-cryptocurren-cy-exchange-after-refusing-to-pay-hack-damages/. Accessed December 19, 2019。

③ 参见 https://www.bitcoindiamond.org/。

④ 参见 https://www.bitcoininterest.io/。

后的不同理念(价值储存和支付手段)之间的冲突,可以产生新的和创新的方式来解释加密货币。这也意味着比特利息作为一种稳定比特币网络的方式,能尽可能地控制市场波动,为每个人创造一个稳定和值得信赖的环境。

2.46 比特隐私

2018年3月,比特币另一个有趣的分叉称为"比特隐私"(Bitcoin Private),其基于比特币和归零币(也是大零币的一个分支)。比特隐私引入了替代的私有交易方式(零知识证明),同时使用了抗GPU的工作证明算法[①]。通过结合这些技术,比特隐私的目标是向希望参与的社区开放挖矿,同时帮助保护所有参与者的隐私。比特隐私提供了一些有趣且用户友好的工具来快速测试网络和挖矿的可能性,但目前该分叉的市值和估值不是很高。

2.47 比特币分叉机制

本书之前一直介绍过去在比特币网络上所发生的分叉,现在本书将会在更高的层面上讨论一个人如何能够分叉网络。这只是个描述分叉过程的教程,在实际操作中应该考虑可能对新网络的攻击、故障、审查等。哈希算力对于分叉至关重要,就像分叉者对现在所做的事情有信心一样。有多种方法可以解决这个问题,本书聚焦于使用Bitcoin Core的客户端软件。使用Bitcoin Core软件的原因是该软件是在MIT许可下发布的(费用上免费),有数百名开发人员在为其工作,这种内置功能和安全措施的软件可以一路帮助新分叉走下去[②]。基于 乔丹·巴丘克(Jordan Baczuk)提供的解释,本书做出如下说明。首先,确保已在准备好的环境中安装了所有依赖。其次,为了能够开始分叉,需要从原始代码开始,源代码可以在 https://github.com/bitcoin/bitcoin 中克隆。巴丘克建议从远程服务器来拉取更新,这虽然不是本书的重点,但对于在活动环境中运行的货币来说,是值得思考的问题。本书将在最新版本的基

[①] 参见 https://btcprivate.org/。
[②] 参见 Baczuk,J. (May 24,2019). How to fork bitcoin – Part1. Medium. https://medium.com/@ jordan.baczuk/how – to – fork – bitcoin – part – 1 – 397598ef7e66. Accessed September 19,2019。

础上，对最新发行的版本（此处为 dummy 1.0）进行分支。最后，要确保可以构建项目并已经提前安装所有依赖项。

⇒ Sudo apt-get update
⇒ Sudo apt-get install software-properties-common libssl-dev libevent-dev libboost-system-dev libboost-filesystem-dev libboost-chrono-dev libboost-test-dev libboost-thread-dev –y
⇒ Sudo add-apt-repository ppa:bitcoin/bitcoin –y
⇒ Sudo apt-get update
⇒ Sudo apt-get install libdb4.8-dev libdb4.8++–dev -y
⇒ Git clone https://github.com/bitcoin/bitcoin && cd bitcoin
⇒ Git remote add upstream https://github.com/bitcoin/bitcoin
⇒ Git checkout v0.18.1
⇒ Git checkout –b 1.0
⇒ ./autogen.sh
⇒ ./configure
⇒ Sudo make

现在，可以开始对实际的代码做出更改，如重命名项目、更改地址前缀、处理消息前缀字节、RPC 和 P2P 端口、种子、最大供应量、分布、块大小等。不要认为这是一个轻松的练习，或者这不需要付出太多精力。一个例子是需要将项目重命名为新选择的名称，因为在代码中有数千个对"比特币"这个词各种形式的引用，这些引用必须用"新币"的等价物替换。下面可以找到想要使用的新名称为 $ NAME $ 的建议脚本。请注意，下面的代码还改了所有比特币 URL，断开了与比特币核心的链接，因此，如果想使开发文档准确，必须再次更改这些 URL。

⇒ Sudo apt-get install rename-y
⇒ Git clean –xdf
⇒ sudo find -type f -not -path "./.git/*" -exec sed -i 's/bitcoin/$name$/g' {} +
⇒ sudo find -type f -not -path "./.git/*" -exec sed -i 's/Bitcoin/$Name$/g' {} +
⇒ sudofind -type f -not -path "./.git/*" -exec sed -i 's/BITCOIN/$NAME$/g' {} +
⇒ sudo find . -iname "bitcoin*" -exec rename 's/bitcoin/$name$/' '{}' \;
⇒ sudo find . -iname "*bitcoin*" -exec rename 's/bitcoin/$name$/' '{}' \
⇒ ./autogen.sh
⇒ ./configure
⇒ Sudo make
⇒ sudo find -type f -not -path "./.git/*" -exec sed -i 's/$Name$* Core developers/Bitcoin Core developers/g' {} +1[1]

---

[1] 使用此命令，可以修复许可和版权，但必须恢复更多链接。

到目前为止已经完成了基于比特币核心源代码创建开发者自己的虚拟货币的第一步。接下来，还可以将地址前缀更改为更适合新货币的内容。完整的前缀列表可以在线查阅[1]。在源文件src/chainparams.cpp中可以调整这些值。

base58PrefixesPUBKEY_ADDRESS =std::vector<unsigned char>(1,111);
base58PrefixesSCRIPT_ADDRESS =std::vector<unsigned char>(1,196);
base58PrefixesSECRET_KEY =std::vector<unsigned char>(1,239);
base58PrefixesEXT_PUBLIC_KEY ={0x04,0x35,0x87,0xCF};
base58PrefixesEXT_SECRET_KEY ={0x04,0x35, 0x83,0x94};

bech32_hrp=bcrt;

可以通过调整这些值反映货币创建者希望从前缀表中获得的值。在同一个文件中，可以调整网络参数，以便在新货币上线时新网络不会与旧有的比特币网络发生冲突。

pchMessageStart0 = 0xf9;

pchMessageStart1 = 0xbe;

pchMessageStart2 = 0xb4;

pchMessageStart3 = 0xd9;

nDefaultPort = 8333;

nPruneAfterHeight = 100000;

m_assumed_blockchain_size = 280;

m_assumed_chain_state_size = 4;

新分叉创建者应该始终注意其他网络已经使用的值，或者不太可能出现在正常数据中的值。读者可以通过使用多个源来确保选择有效，并且不会产生任何冲突[2][3]。在实施这些更改后，应该始终确保再次运行：

⇨ sudo make

要调整 RPC 和 P2P 端口，应该查看 src/chainparamsbase.cpp 和 src/chainparams.cpp 文件。第一个例子如下：

---

[1] 参见 https://en.bitcoin.it/wiki/List_of_address_prefixes。

[2] 参见 https://www.utf8-chartable.de/unicode-utf8-table.pl。

[3] 参见 http://www.asciitable.com/。

区块链平台——分布式系统特点分析

```
{
    if (chain== CBaseChainParams::MAIN)
        return MakeUnique<CBaseChainParams>(8332);
    else if (chain==CBaseChainParams::TESTNET)
        return MakeUnique<CBaseChainParams>(testnet318332);
    else if (chain== CBaseChainParams::REGTEST)
        return MakeUnique<CBaseChainParams>(regtest18443);
    else
        throw std::runtime_error(strprintf(%s: Unknownchain %s._func_,chain));
}
```

第二个例子如下：

pchMessageStart2 = 0xb4;

pchMessageStart3 = 0xd9;

nDefaultPort = 8333;

nPruneAfterHeight = 100000;

此外，这些值可以根据用户的需要而改变，具体的值取决于用户希望网络如何运行（前提是不干扰常用端口等）。Chainparams 文件中的种子是新节点在与网络同步时首先连接到的节点。当开始一个新网络时，最好将这些注释掉（假设没有种子节点）。

vSeeds.emplace_back(seed.bitcoin.sipa.be);// Pieter Wuille, only supports x1, x5, x9,and xd

vSeeds.emplace_back(dnsseed.bluematt.me);// Matt Corallo, only supports x9

vSeeds.emplace_back(dnsseed.bitcoin.dashjr.org);// Luke Dashjr

vSeeds.emplace_back(seed.bitcoinstats.com);// Christian Decker, supports x1 -xf

vSeeds.emplace_back(seed.bitcoin.jonasschnelli.ch);// Jonas Schnelli, only supports x1, x5, x9,and xd

vSeeds.emplace_back(seed.btc.petertodd.org);// Peter Todd, only supports x1, x5, x9,and xd

vSeeds.emplace_back(seed.bitcoin.sprovoost.nl);// Sjors Provoost

vSeeds.emplace_back(dnsseed.emzy.de);// Stephan Oeste

在代币分配方面，必须注意初始区块补贴（比特币为50BTC）和区块减半间隔（比特币为21万个区块），因为没有可以调整的简单"最大供应"参数。在 validation.cpp 中可以找到需要调整的信息。对于初始供应：

```cpp
CAmount GetBlockSubsidy(int nHeight, const Consensus::Params& consensusParams)
{
    int halvings=nHeight/consensusParams.nSubsidyHalvingInterval;
    //Force block reward to zero when right shift is undefined.
    if (halvings >= 64)
        return 0;
    CAmount nSubsidy = 50* COIN;
    // Subsidy is cut in half every 210,000 blocks which will occur approximately every 4 years.
    nSubsidy >>= halvings;
    return nSubsidy;
}
```

也可以在现在众所周知的 chainparams.cpp 中调整减半间隔：

```cpp
class CMainParams: public CChainParams{
public :
    CMainParams() {
        strNetworkID=main;
        consensus.nSubsidyHalvingInterval= 210000;
        consensus.BIP16Exception = uint256S(0x00000000000002dc756eebf4f49723ed8d30cc28a5f108eb94b1ba88ac4f9c22);
        consensus.BIP34Height = 227931;
        consensus.BIP34Hash = uint256S(0x000000000000024b89b42a942fe0d9fea3bb44ab7bd1b19115dd6a759c0808b8);
        consensus.BIP65Height = 388381;// 000000000000000004c2b624ed5d7756c508d90fd0da2c7c679febfa6c4735f0
        consensus.BIP66Height = 363725; // 00000000000000000379eaa19dce8c9b722d46ae6a57c2f1a988119488b50931
        consensus.CSVHeight = 419328; // 000000000000000004a1b34462cb8aeebd5799177f7a29cf28f2d1961716b5b5
        consensus.SegwitHeight = 481824; // 0000000000000000001c8018d9cb3b742ef25114f27563e3fc4a1902167f9893
        consensus.MinBIP9WarningHeight = consensus.SegwitHeight+consensus.nMinerConfirmationWindow;
        consensus.powLimit=uint256S(00000000ffffffffffffffffffffffffffffffffffffffffffffffffffffffff);
        consensus.nPowTargetTimespan = 14*24*60*60; // two weeks
        consensus.nPowTargetSpacing = 10*60;
        consensus.fPowAllowMinDifficultyBlocks = false;
        consensus.fPowNoRetargeting = false;
        consensus.nRuleChangeActivationThreshold = 1916; // 95% of 2016
        consensus.nMinerConfirmationWindow=2016;// nPowTargetTimespan / nPowTargetSpacing
        consensus.vDeploymentsConsensus::DEPLOYMENT_TESTDUMMY.bit=28;
        consensus.vDeploymentsConsensus::DEPLOYMENT_TESTDUMMY.nStartTime =1199145601;// January 1, 2008
        consensus.vDeploymentsConsensus::DEPLOYMENT_TESTDUMMY.nTimeout=1230767999; // December 31,2008
```

在上面的同一个区块中，用户可以调整出块时间（PowTargetSpacing）、目标难度（nPowTargetTimespan）。考虑这些是主网的参数，而测试网也有类似的区块。区块大小甚至更为棘手。到目前为止，读者对之前发生的分叉以及由于这些分歧而形成的"派系"有了一些了解。随着比特币网络中隔离见证的引入，分叉必须考虑 scriptSig 数据。目前，交易权重的计算公式如下：

（1）交易权重 = 基础交易 ×3 + 总交易规模；

（2）基本交易大小 = 交易序列化和剥离见证数据的大小；

（3）总交易大小 = 根据 BIP144 中的描述序列化的以字节为单位的交易大小（包括基础数据和见证数据）。

当查看 consensus.h 文件时，可以看到当前权重设置为 4000000，因此在没有见证数据的情况下最大块大小为 1MB。

```
/** The maximum allowed size for a serialized block, in bytes (only for buffer size limits)*/
static const unsigned int MAX_BLOCK_SERIALIZED_SIZE=4000000;
/** The maximum allowed weight for a block, see BIP 141 (network rule)*/
static const unsigned int MAX_BLOCK_WEIGHT=4000000;
/** The maximum allowed number of signature check operations in a block (network rule)*/
static const int64_t MAX_BLOCK_SIGOPS_COST=80000;
/** Coinbase transaction outputs can only be spent after this number of new blocks (network rule)*/
static const int COINBASE_MATURITY=100;
```

根据用户希望包含在"新"加密货币中的内容，可以激活某些 BIP。其中，一些需要网络中矿工的批准才能激活。由于无法再次执行这些激活，可以直接在 chainparams.cpp 文件中执行。下面有一个简短的示例，用户应该在其中相应地调整值（删除或变为 0）。

```
consensus.BIP16Exception =
uint256S("0x00000000000002dc756eebf4f49723ed8d30cc28a5f108eb94b1ba88ac4f9c22");
consensus.BIP34Height = 227931;
consensus.BIP34Hash =
uint2565("0x000000000000024b89b42a942fe0d9fea3bb44ab7bd1b19115dd6a759c0808b8");
consensus.BIP65Height = 388381; //000000000000000004c2b624ed5d7756c508d90fd0da2c7c679febfa6c4735f0
consensus.BIP66Height = 363725; // 00000000000000000379eaa19dce8c9b722d46ae6a57c2f1a988119488b50931
```

这里很重要的一点是移除应用中硬编码的检查点数据。本书讨论链中应包含的最小工作量（nMinimumChainWork），默认情况下假设该区块的祖先的签名都是有效的[①]。在之前工作量基础上，现在分叉比特币的工作量到达了大多数人想要开始的地方：创世区块。分叉创建者可以个性化地嵌入新货币中想要的消息，使其成为分叉创建者相信或希望通过新实施支持的信息。

---

① chainTxData 用于估计同步进度。

分叉如果是认真的,就一定会持续下去,并且其携带的消息将经受时间的考验。

```
static CBlock CreateGenesisBlock(uint32_ tnTime,uint32_ tnNonce, uint32_ tnBits,int32_ tnVersion,const CAmount& genesisReward)
{
    const char*pszTimestamp=*The Tines03/Jan/2009 Chancellor on brink of second bailout for banks";
    const CScript genesisoutputScript·CScript()<<ParseHex(*04678afdbefe5548271967f1a67130b7105cd6a828e03909a67962e0ea1f61deb649f6bc3f4c
    return CreateGenesisBlock(pszTimestamp,genesisoutputScript,nTime,nNionce,nBits,nVersion,genesisReward);
}
```

最重要的是,还应该生成货币的 Coinbase 交易、应该接收交易的公钥、时间戳和 nBits 信息。要挖掘块,可以使用 cpp_miner 程序启动该过程。为了简化创世区块的挖掘,可以在 validation.cpp 和 pow.cpp 文件中添加一个例外,这样就可以降低第一个块的难度。如果希望能够花费第一笔交易,用户将不得不稍微调整一下代码,因为这在最初的比特币核心设置中是不可能的。用户必须在 validation.cpp 文件中进行此更改。通过这些更改可以进一步调整,使其反映发行者对加密货币的看法。当然,这个比特币的例子也适用于所有其他最初基于比特币的加密货币。用户可能还需要关注其他方面,但正如现在应该了解的那样,可以根据需要调整代码。调整代码的重点是想要实现的目标和参与者的安全。

2.48 基于比特币的山寨币

到目前为止,许多加密货币都以某种形式使用比特币网络曾经提供的代码库。该代码库中的代码是开源的,因此开发者社区可以对其进行审查和调整,开发者们在货币应该是什么或货币对开发者们来说重要的功能是什么,这两个问题的答案中体现着自己对虚拟货币的想法。所有这些"山寨币"都成功了吗?当然不是。很多币在没有任何支撑的情况下勉强度日。社区是山寨币赖以生存的关键。本书中不会列出所有基于比特币的加密货币,但会在下面列举几个迄今为止最成功的例子。以前,本书对比特币的硬分叉进行了介绍,这些硬分叉仍然大量提到比特币以及为什么这些分叉认为自己的分叉更好或更有必要。下面的例子中可以看到现如今山寨币已经失去了对比特币的大部分参考,这些山寨币真正希望独立存在,有自己的愿景和关注或试图解决的具体问题。需要注意的是,就像硬分叉列表一样,本书介绍的山寨币列表只是一个示例和一张记录于某一时刻的快照。这意味着当读者在阅读本书时,可能已经有一些新的和流行的加密货币没有在本书中提及(就像已经有一些流行的加密货币本书没有包括在内)。本书只是具体描述了几种山寨币,而非试图涵盖山寨币的所有内容,那将是一项永无止境甚至无法完成的工作。

2.49 莱特币

下面介绍的基于比特币的加密货币称为莱特币(Litecoin),如果将比特币称为黄金,那么莱特币可以称为白银。莱特币承诺交易几乎是即时的,且交易成本接近于零[1]。和比特币网络一样,莱特币网络中可以挖掘的货币数量也有限,但相比比特币总数已增至 8400 万枚。两个网络之间的一个重要区别是出块时间:莱特币的出块时间已减少到 2.5min。现有的挖矿算法称为"Scrypt"(与比特币或门罗币的现有挖矿算法相比需要的资源更少),并且与门罗币的情况一样,旨在提高 ASIC 抗性,因此 CPU 和 GPU 是首选挖掘莱特币的方法。随着时间的推移,Scrypt ASIC 矿工已经进入市场,但网络中的主流挖矿参与者仍然是 CPU/GPU 矿工。Scrypt 算法是一种工作量证明算法,使用加盐值的哈希对输入值进行处理。与比特币一样,莱特币试图提供一种加密货币,得益于其提供了更高的交易率,现在莱特币已经在交易中广泛使用。

2.50 达世币

在本书简要介绍的山寨币列表中的下一个是称为达世币(Dash)的虚拟货币,其创建于 2014 年 1 月 18 日,最初名为 Darkcoin。与门罗币和大零币类似,这种货币旨在保护网络参与者的隐私和匿名性[2]。达世币分叉了比特币代码,并在注重隐私之外引入了快速交易和对主节点的使用。

达世币网络中可以挖取的虚拟货币总量最多将达到 1800 万个硬币,按

---

[1] 参见 https://litecoin.org/。
[2] 参见 https://www.dash.org。

照现在的速度最后一枚达世币将在 2300 年左右被挖到,距离所有达世币被挖出还很漫长。挖掘达世币使用的算法是由埃文·达菲尔德(Even Duffield)开发的 X11 算法①。这是另一种想要建立 ASIC 抗性的算法。"X11"这个名称的字面意思是指 11 种不同的哈希函数已被纳入该算法,即 BLAKE、BLUE MIDNIGHT WISH、Grøstl、JH、Keccak、Skein、Luffa、CubeHash、SHAvite-3、SIMD 和 ECHO。简单来说,原始数值提供给第一个哈希函数,该函数的输出提供给下一个哈希函数作为输入,如此运算直至得到最终的结果。可以清楚地看到,所有这些哈希函数的组合使达世币比以前的比特币更安全,但如此算法便不再满足具有 ASIC 抗性的目标。本书之前已经提到过主节点,配置主节点是为了简化在比特币和其他网络中使用的系统。主节点是具有抵押债券的完整节点(基本上是 1000 达世币网络中的股份),"允许用户为服务付费并获得投资回报"。达世币与其他流行网络的另一个区别是区块奖励的划分。每个挖矿奖励分为三部分:45% 给矿工,45% 给主节点,10% 给金库。金库用于资助网络的进一步发展和未来的达世币项目。主节点的投票决定达世币的项目和未来发展。达世币的主要目标之一是成为能日常使用的货币,无论是在美国,还是在国外那些陷入财务困境的国家,让人们依靠使用达世币来维持一种可用的支付方式。达世币正在对这些国家进行投资,同时也在研究可以推动整个区块链未来的方案②。

2.51 域名币

当用户访问域名币(Namecoin)的网站时,会了解到域名币是"一种实验性开源技术,提高了 DNS 和身份识别等互联网基础设施某些组件的去中心化、安全性、抗审查性、隐私和速度"③。一位名叫"万斯德"(Vinced)的开发人员在讨论了比特币及其发展的可能性之后,域名币诞生了,诞生日为 2011 年 4 月 18 日。为了保证矿工不会只是单纯地因为经济激励选择域名币,并因为

---

① 参见 Asolo,B.(October 30,2018). X11 algorithm explained. *Mycryptopedia*. https://www.mycryptopedia.com/x11-algorithm-explained/. Accessed November 27,2019。

② 参见 Sharma,R.(June 25,2019). What is dash cryptocurrency? *Investopedia*. https://www.investopedia.com/tech/what-dash-cryptocurrency/. Accessed November 27,2019。

③ 参见 https://www.namecoin.org/。

经济激励转向提供最大利润的虚拟货币,域名币引入了合并挖矿机制。通过合并挖矿,矿工可以同时挖掘比特币和域名币。根据该网站的介绍,域名币有许多可能的用途,因为其可以加强对言论自由的保护(加强审查阻力),将身份信息(GPG、OTR 密钥等)附加到使用者选择的身份上、对人类有意义的.onion 域(暗网),去中心化 TLS 证书验证、.bit 顶级域的网站,并推广文件签名、投票、信任网络、公证服务等其他技术。域名币与比特币有一些明显的相似之处,如使用的工作量证明算法和 2100 万枚货币的最高上限。域名币的平均挖矿速度约为 10min,但区块大小略低于比特币。据称,大约 1/3 的比特币矿工合并挖掘域名币。这为网络提供了远高于大多数其他山寨币的哈希率安全性。另外,可以发现域名币与比特币明显的区别在于域名币在区块链交易数据库中存储数据的能力①。域名币的市值不是那么大,对于作为最早增加和增强比特币提供的可能性的代币之一来说,域名币的发展并不算好。然而,这是个值得一提和做研究的虚拟货币和网络,因为域名币的想法至今仍然具有创新性,并有对未来发展的规划。域名币拥有忠实的支持者基础,这些支持者理解并推动去中心化的 DNS 系统,这可能是互联网隐私和审查抵制的基础。该代币还明确提到了阿龙·斯沃茨(Aaron Swartz),一位著名的互联网活动家②。阿龙·斯沃茨发表过一篇文章,其中提出了所谓的"Nakana-mes",这是后来在域名币中实施的概念之一③。

2.52 狗狗币

域名币之后在本书介绍名单上的山寨币是狗狗币(Dogecoin)。狗狗币的名字来源于互联网上的一个广为人知的梗④,最初是由比利·马库斯(Billy Markus)在 2013 年开的一个玩笑,但很快就找到了用户群,现在的市值约为 5

---

① 参见 Frankenfield, J. (March 5, 2018). Namecoin. *Investopedia*. https://www.investopedia.com/terms/n/namecoin.asp. Accessed November 28, 2019。

② 域名币的最小单位称为 Swartz。

③ 参见 Schwartz, A. (January 6, 2011). Squaring the triangle: secure, decentralized, human – readable names. https://web.archive.org/web/20170424134548/http://www.aaronsw.com/weblog/squarezooko. Accessed November 28, 2019。

④ 参见 https://knowyourmeme.com/memes/doge。

亿美元。杰克逊－帕尔默(Jackson Palmer)鼓励实现这个想法,并与比利·马库斯一起最终使狗狗币获得成功①。狗狗币是在幸运币(Luckycoin)的基础上衍生出来的,而幸运币又是在莱特币的基础上衍生出来的。与其他山寨币类似,狗狗币利用 Scrypt 作为其工作证明算法,使其具有 ASIC 抗性。然而,狗狗币的出块时间只有 1min,而且对可产生的硬币数量没有限制。在狗狗币的历史上发生过一件标志性的事件,那就是 2013 年 12 月 25 日狗狗钱包(Dogewallet)平台的黑客攻击,导致数百万枚狗狗币被盗②。为了帮助那些因黑客攻击而失去资金的人,社区自发发起了名为"SaveDogemas"的倡议,向那些货币被盗的人捐赠狗狗币③。2014 年 1 月,有足够的货币捐赠出来,以退还所有受攻击的参与者④。后来,狗狗币背后的社区并没有停止筹款,社区资助牙买加雪橇队参加索契冬奥会,帮助肯尼亚塔纳河流域建造水井,以及资助纳斯卡车手乔什·怀斯(Josh Wise)。

2.53 渡鸦币

在比特币代码的基础上,渡鸦币(Ravencoin,RVN)在开发过程中做了一些重要的改变。币的最大数量增加到 210 亿,区块奖励时间减少到 1min,并增加了消息传递功能。有人可能会好奇渡鸦币名字的来源。《权力的游戏》的粉丝会知道,在虚构的维斯特洛世界中,渡鸦被用作携带真相声明(信息)的信使,以类似的方式,渡鸦币希望发送关于谁拥有资产的真相⑤。像比特币网络的缺点是,用户无法知道一项资产是否被嵌入比特币中,因此可能会意外地损坏资产。另外,使用比特币嵌入资产也是有成本的。以太坊提供了一

---

① 参见 https://dogecoin.com/。
② 该平台的文件系统遭到黑客攻击,发送/接收页面被修改,所有交易都发送到特定的静态地址。
③ 参见 Couts, A. (December 27,2013). Such generosity! After Dogewallet heist, Dogecoin community aims to reimburse victims. https://www.digitaltrends.com/cool－tech/dogecoin－dogewallet－hack－save－doge－mas/. Accessed November 29,2019。
④ 参见 Feinberg, A. (December 26,2013). Millions of meme－based Dogecoins stolen on Christmas day. *Bitcoin Exchange Guide*. Gizmodo. https://gizmodo.com/millions－of－meme－based－dogecoins－stolen－on－christmas－da－1489819762. Accessed November 30,2019。
⑤ 参见 Tolu. (April 8,2019). Important facts about the Game of Thrones－Inspired Ravencoin (RVN) *Bitcoin Ex－change Guide. Bitcoin Exchange Guide*. https://bitcoinexchangeguide.com/important－facts－about－the－game－of－thrones－inspired－ravencoin－rvn/. Accessed July 3,2020。

个解决方案,但几个 ERC20 代币可以携带相同的名字,这反过来又可能导致错误的资产被转移甚至销毁。渡鸦币提供了一个解决方案:创建了一个具有资产意识的网络,在这里可以利用信息和投票。为了使渡鸦币挖矿具有抗 ASIC 性,该网络利用了 ×16r 算法,即实际上 16 种挖矿算法是按顺序不断变化的。

2.54 点点币

点点币(Peercoin)称自己为"股权证明的先驱",其基于斯科特·纳达尔(Scot Nadal)和桑尼·金(Sunny King)(也是点点币的创建者)在 2012 年 8 月发布的一篇论文。正如读者可能已经猜到的那样,点点币是一个基于股权证明的网络,根据个人的持有量生成新币。该网络仍然包含工作证明组件,使其成为混合系统,而不是纯粹的"股权证明"网络。点点币的想法是,工作证明算法变得越来越难,所以参与者通过股权证明系统得到越来越多的奖励,最终逐步淘汰网络的工作证明方面。点点币还清楚地认为加密货币更多的是一种价值储存的方式,因此,奖励机会随着钱包中实际持有货币的时间增加。这个网络创建时的主要目标,是减少比特币网络正在使用的高能耗的工作证明算法,但也希望提供更高的安全性和能源效率[1]。股权证明算法保证了每年 1% 的铸币通货膨胀率,因此对可以挖取的币的总量没有限制。另外,点点币的出块时间在开始时为 7min 左右(相对于比特币网络的 10min),而且点点币网络内的交易费用是由协议本身驱动的。

2.55 格雷德币

格雷德币(Gridcoin)在区块链技术方面有其自己独特的方法,因为该山寨币专注于科学界的众包计算[2]。格雷德币于 2013 年 10 月 16 日由罗布·哈尔福德(Rob Halförd)发布,其构建方式是应用的研究工作证明。该网络的参

---

[1] 参见 Frankenfield, J. (July 5,2018). Peercoin. *Investopedia*. https://www.investopedia.com/terms/p/peercoin.asp. Ac-cessed November 30,2019。

[2] 参见 https://en.bitcoinwiki.org/wiki/GridCoin。

与者根据在伯克利开放式网络计算平台（Berkely Open Infrastructure for Network Computing, BONIC）上对科学计算的贡献获得奖励。与点点币类似，格雷德币也利用了股权证明的验证方案，这样其生态可能会比比特币网络更加友好。参与者会根据拥有的货币数量获得 1.5% 的格雷德币奖励，同时，参与者也可以根据用户参与白名单上伯克利开放式网络计算平台项目的情况赚取收益。在网站上大量被证实的指南和例子展示了用户如何贡献并获得奖励或单独行动，作为池子的一部分，或者只是投资这个代币[①]。

2.56 质数币

本书要介绍的最后一个山寨币称为质数币（Primecoin）[②]，这是由桑尼·金在 2013 年 7 月 7 日推出的。质数币每分钟产生一个区块，每个区块的难度都会改变，区块的奖励也会根据区块的难度进行调整。这个网络的独特之处在于所采用的工作证明算法。质数币的基础是基于坎宁安链和孪生质数链的质数计算。计算的结果存储在区块链上，并与科学界分享，以便进一步研究。该网络的符号是希腊字母 Psi，指的是黎曼和黎曼的 Zeta 函数。读者可以通过使用"getblock"输出，并结合"primeorigin"字段来实际检查每个区块中的质数。

---

① 参见 https://gridcoin.us/。
② 参见 http://primecoin.io/。

/ 第 3 章 /

以太坊

CHAPTER 03

区块链平台——分布式系统特点分析

> 如果加密货币取得了成功，并不是因为其赋予了人更好的权力。而是因为其赋予了机构更好的权力。
>
> ——维塔利克·布特林

以太坊（Ethereum），其支持社区经常称为"世界计算机"，是一种确定的但实际上不受限制的状态机，由全局单态和能够改变该状态的虚拟机组成[①]。在接下来的章节中，本书将剖析上述定义的每一部分；并解释是什么让其与比特币如此不同；以及为什么同时也是新型区块链的第一个支持者；并介绍其相关概念，包括区块链 2.0 这一重要内容。以太坊的出现是为了处理当前比特币网络无法立即解决的问题。以太坊的发明者维塔利克·布特林是比特币的狂热爱好者，其对区块链的发展潜力持笃定的态度。但在以太坊平台开发时，遇到了一个相当困难的问题。正如之前所描述的，在比特币平台上进行开发是困难且能做的操作是有限的。比特币为了提高网络的稳定性和安全性，移除了某些脚本模块，这使得其开发的潜力越来越受限，这一事实导致在比特币网络上创建应用程序变得非常困难。当然，可以在网络上创建"层"，但这在一定程度上消除了区块链技术本身带来的潜力和机会。维塔利克·布特林知道这可以通过不同的方式完成，并在 2013 年发表了关于以太坊的白皮书[②]，在书中阐述了自己的想法，即通过创建通用状态机可以释放区块链技术的全部潜力，很快得到了许多其他愿意研究这一新解决方案人员的支持。

以太坊网络还为未来加入该网络的参与者和开发人员制定了一些明确的目标。首先，以太坊使用了称为"三明治复杂模型"（the Sandwich Complexity Model）的东西，其目标是网络的底层架构应尽可能简单。这意味着以太坊平台希望尽可能地对用户友好，所有关于网络协议、机器级语言、序列化等方面都不应该成为开发人员的主要关注点。只要有可能，上述提及的内容将被推到其他层，以便开发人员可以完全专注于智能合约和高级语言去中心化应用的开发。其次，以太坊专注于网络的自由和泛化。以太坊平台背后的开发

---

① 参见 Antonopoulos, A. and Wood, G.（2018）. *Mastering Ethereum*. 1st ed. California：O'Reilly Media.

② 参见 http://blockchainlab.com/pdf/Ethereum_white_paper-a_next_generation_smart_contract_and_decentralized_application_platform-vitalik-buterin.pdf.

人员笃信"网络中立性"的价值观,并且不想判断哪些应用程序和智能合约是在网络之上开发的。此外,还旨在为那些希望在平台上开发的人提供尽可能广泛的可能性,并为其定义了一些操作码。尽管目前来看,这些操作码似乎没有明确的用途,但在未来,这种情况一定会发生变化。由于以太坊网络的开发人员拒绝构建非常常见的功能,这类泛化还有很长的路要走。其原因是开发人员想保持协议和网络对每个人开放,如果想使用某个特定的功能,完全可以自行在智能合约中定义,责任自行承担。最后,以太坊没有风险规避,这意味着网络会选择更快的出块时间和广义状态转换等。这在一定程度上也考虑了用户和开发人员,以便在保持一些通用原则的同时让他们获得最佳体验。

3.1 以太坊虚拟机

以太坊中有一个重要的概念:"以太坊虚拟机"(Ethereum Virtual Machine,EVM)。EVM 最初由加文·伍德(Gavin Wood)在其关于以太坊网络改进的黄皮书中定义[1]。简而言之,EVM 是 256 位的寄存器堆栈,旨在运行由智能合约提供的代码,并在执行代码和执行器之间创建一个抽象级别,允许应用程序及其主机之间的分离。该功能是智能合约的期望关键特性之一,稍后将在"智能合约"一节中阐述。智能合约是由 Solidity 编程语言编写的(尽管 Vyper 或 Bamboo 也是可行的选项)[2]。之所以产生这些独立的语言,是因为在 EVM 中必须使用独立的语言对应用程序进行编码。EVM 应该视为通用的、安全的、无属主的虚拟机[3]。该虚拟机接受运行在其上的程序,称为智能合约。给定特定的输入,智能合约将始终产生相同的结果(即智能合约是"具有确定性的"),这意味着潜在的状态变化也将是相同的。由计算机执行的一切可能任务都可以通过某种方式由 EVM 执行,这使其成为图灵完备系统。然而,存在一限制:EVM 受到 Gas 使用的限制,其必须为正在进行的计算支付费用。智能合约不能由 EVM 直接执行,而是需要在一组低级机器指令中编译。

---

[1] 见加文·伍德黄皮书:《以太坊:一个安全的去中心化通用交易分类账》(*Ethereum: A Secure Decentralized Generalized Transaction Ledger*)(2018)。

[2] Serpent 和 Mutan 语言已经被弃用。

[3] 参见 Dannen, C. (2017). *Introducing Ethereum and Solidity*. 1st ed. New York: Apress。

指令或"操作码"允许 EVM 是图灵完备的,基于堆栈的工作方式揭示了比特币脚本是如何运行的,这在一定程度上无疑是正确的,只有以太坊的潜力越大,其发展空间才能越大。操作码都是 1B,因此只能有 256 个操作码(目前已经有 140 个唯一的操作码),这些操作码可以划分为一组特定的类别[①]:

(1)堆栈操作码。

(2)内存操作码。

(3)存储操作码。

(4)环境操作码。

(5)程序计数器相关操作码。

(6)停止操作码。

(7)算术/比较/按位操作码。

表 3.1 所示为这些操作码的示例。

表 3.1 操作码示例

操作码	名称	描述	Gas
0x00	STOP	停止执行	0
0x01	ADD	加法运算	3
0x02	MUL	乘法运算	5
0x03	SUB	减法运算	3
0x04	DIV	整数除法运算	5
0x05	SDIV	有符号整数除法运算(截断)	5
0x06	MOD	取余运算	5

因为以太坊网络的目标是高效工作,所以这些操作码存储在所谓的字节码中。在代码执行期间,字节码分割成字节,每个字节都代表操作码。然而,EVM 的使用也有一些限制,因为其使用 256 位寄存器堆栈,一次只能从中操作最近的 16 个项目。此外,堆栈只能容纳 1024 个项目。这就是操作码使用合约内存来检索数据的原因。要无限期地存储这些数据,就必须使用存储。然而,写入存储非常昂贵!EVM 与任何其他计算机一样:始终追踪其状态的变化。每当遇到任何类型的指令时,EVM 都会翻译并运行自己的代码。机器在其状态下所做的每次更改都将基于先前的状态,从而确保这些更改相互关

---

① 相关操作码请参考:https://ethervm.io。

联,且内存中的更改是有原因的。EVM通过不间断的循环来检查要执行的新指令。以太坊与其他计算机的区别在于,以太坊网络不断检查正在发生的交易,EVM的状态是当前存在的余额。当然,这也带来了一系列问题。

"存在的无效状态变化远多于有效状态变化。例如,无效状态变化可能是诸如减少账户余额而其他地方没有相等或相反地增加之类的事情。有效的转换是通过交易产生的。"

——加文·伍德,《黄皮书》

EVM的最终目标是创建具有代表性且值得信赖的历史记录,以反映其状态中的每个合法变化。

3.2 以太坊网络通信

以太坊网络使用的是 RLPx 传输协议——一种基于 TCP 的传输协议,并以序列化格式命名,允许网络中的节点之间进行通信[①]。该协议使用的是"椭圆曲线集成加密方案"(Elliptic Curve Integrated Eneryption Scheme,ECIES),属于非对称加密方法。RLPx 中的 ECIES 由以下部分组成:

(1) 带生成器 G 的 Secp256k1 椭圆曲线。

(2) NIST SP 800 – 56 串联密钥推导函数。

(3) 使用 SHA – 256 函数的 HMAC(基于散列的消息认证码)。

(4) AES128 加密功能——CTR 模式。

所有的加密操作都基于 Secp256k1,节点需要保存一个静态的 Secp256k1 密钥。但是,在进行任何通信之前,还需要执行另一个步骤。初始连接通过使用节点之间的握手创建。首先由希望建立连接的发起者发送"Auth"消息。接收方解密消息并验证消息是否已正确签名(Signature = keccak256(ephemeral – pubk))。接收者从消息中得出密文。只有在这种情况下,接收者才会向发起者响应"Auth – ack"消息以及包含"Hello"消息的第一个加密帧。发起者从 Auth – ack 中获取密文,并以包含"Hello"消息的第一帧进行同类回复。通信

[①] 参见 https://github.com/ethereum/devp2p/blob/master/rlpx.md。

双方都将验证第一帧，如果第一个加密帧的 MAC 在双方都有效，则握手完成。

"Hello"消息看起来类似于：（示例取自 https://github.com/ethereum/devp2p/blob/master/rlpx.md）：

[protocolVersion: P, clientId: B, capabilities, listenPort: P, nodeKey: B_64, …]

身份验证完成后，节点之间就可以开始通信了。重要的是构造身份验证后的所有消息，这允许在单个连接上多路复用多种功能。并且为每个消息身份验证代码创建相应的边界，使得加密通信更加容易。多路复用允许具有不同功能的消息通过同一连接传输。此外，RLPx 中的消息身份验证使用 2 个 Keccak256 状态：Egress - mac（已发送）和 Ingress mac（已接收）。

3.3 区块和链

<table>
<tr><td>⑦Block Height:</td><td>0 < ></td></tr>
<tr><td>⑦Timestamp:</td><td>1435 days 18 hrs ago (Jul-30-2015 03:26:13 PM +UTC)</td></tr>
<tr><td>⑦Transactions:</td><td>8893 transaclions and 0 contract inlernal transaction in this block</td></tr>
<tr><td>⑦Mined by:</td><td>0×0000000000000000000000000000000000000000 in 15 secs</td></tr>
<tr><td>⑦Block Reward:</td><td>5 Ether</td></tr>
<tr><td>⑦Uncles Reward:</td><td>0</td></tr>
<tr><td>⑦Difficulty:</td><td>17, 179,869,184</td></tr>
<tr><td>⑦Total Difficulty:</td><td>17, 179,869,184</td></tr>
<tr><td>⑦Size:</td><td>540 bytes</td></tr>
<tr><td>⑦Gas Used:</td><td>0 (0.00%)</td></tr>
<tr><td>⑦Gas Limit:</td><td>5,000</td></tr>
<tr><td>⑦Extra Data;</td><td>���N4{N��|�p��3���i��z8�� ��
(Hex: 0x11bbe8db4e347b4e8c937c1c8370e4b5ed33adb3db69cbdb7 a38e1e50b1b82fa)</td></tr>
<tr><td>⑦Hash:</td><td>0xd4e56740f876aef8c010b86a40d5f56745a118d0906a34e69aec8c0db1cb8fa3</td></tr>
<tr><td>⑦Parent Hash:</td><td>0×0000000000000000000000000000000000000000000000000000000000000000</td></tr>
<tr><td>⑦Sha3Uncles:</td><td>0x1dcc4de8dec75d7aab85b567b6ccd41ad312451 b948a7413f0a142fd40d49347</td></tr>
<tr><td>⑦Nonce:</td><td>0×000000000000042</td></tr>
</table>

前面已经介绍了很多关于以太坊网络的信息,以及该网络是如何随着时间发展的。与前文一样,下面将从顶部开始,依次向下介绍以太坊区块链(当前)的工作原理。本节将介绍组成区块链中区块的几个参数,首先从创世区块开始介绍。

创世区块的区块高度显然为 0,因为该区块是第一个块,时间戳为 2015 年 7 月 30 日。其中包含很多交易,这些交易是从创世块获得第一个奖励的第一个地址。可以在下面看到这些交易的简短示例。

Txn Hash	Block	Age	From	To	Value
GENESIS_756f45e3...	0	1435 days 18 hrs ago	GENESIS →	0x756f45e3fa69347...	200 Ethe
GENESIS_f42f9052...	0	1435 days 18 hrs ago	GENESIS →	0xf42f905231c770f0...	197 Ethe
GENESIS_2489ac1...	0	1435 days 18 hrs ago	GENESIS →	0x2489ac126934d4...	1,000 Ethe
GENESIS_ddf5810a...	0	1435 days 18 hrs ago	GENESIS →	0xddf5810a0eb2fb2...	17,900 Ethe
GENESIS_c951900...	0	1435 days 18 hrs ago	GENESIS →	0xc951900c341abb...	327.6 Ethe
GENESIS_6806408...	0	1435 days 18 hrs ago	GENESIS →	0x680640838bd07a...	1,730 Ethe
GENESIS_9d0f347e...	0	1435 days 18 hrs ago	GENESIS →	0x9d0f347e826b7dc...	4,000 Ethe
GENESIS_9328d55...	0	1435 days 18 hrs ago	GENESIS →	0x9328d55ccb3fce5...	4,000 Ethe
GENESIS_7e7f18a0...	0	1435 days 18 hrs ago	GENESIS →	0x7e7f18a02eccaa5...	66.85 Ethe

此外,还包含关于谁是矿工、挖掘该区块的奖励和叔块奖励的信息。最后,还有挖矿的难度(因为以太坊是从工作量证明共识机制协议开始的)、区块的大小、区块中使用的 Gas 和限制、矿工可以添加的额外数据、来自前一个块的块头哈希、父哈希、SHA3uncles 和 Nonce。显然,将以太坊区块与比特币区块进行比较时,以太坊区块中包含更多的信息。图 3.1 所示为区块头的初始概念(见以太坊黄皮书)[①]。

在以太坊区块链的创世区块中已经讨论过其中的几个参数。此信息是基于加文·伍德在其黄皮书中提供的信息。区块头中有交易根、状态根和收

[①] 参见 Wood,G.(2019). Ehtereum:A secure decentralized generalized transaction ledger byzantium version. https:// ethereum. github. io/yellowpaper/paper. pdf。

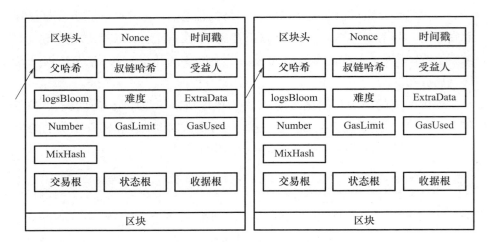

图 3.1　区块头

据根三个默克尔帕特里夏树根。交易根是默克尔帕特里夏树的根,将区块中的交易连接在一起。状态树表示区块被处理后的整个状态。收据树有点难以理解,其代表交易的"收据",并由 Medstate、Gas_used、Logs 和 Logbloom 4 个独立的部分组成。简而言之[①]:

(1) Medstate 是交易处理后的状态根。

(2) Gas_used 是处理交易后使用的 Gas。

(3) Logs(日志)是列表,同样由一些其他元素组成:记录器的账户地址、一定数量的 Topics(主题)和在交易执行期间由 LOG0…LOG4 操作码生成的数据。

(4) Logbloom 是由交易中所有日志的地址和 Topics 组成的布隆过滤器(Bloom Filter)。

以太坊区块头如图 3.2 所示。

存储在以太坊区块头中的其他信息如下:

(1) Parent Hash(父哈希)是父区块头的哈希(使用 Keccak256)。

(2) Nonce 是 64 位哈希,当与 MixHash 结合使用时,其证明有足够的计算用于实际挖掘区块。

(3) Beneficiary(受益人)是成功挖掘该区块的矿工,将从挖掘中获得奖励。

---

① 参见 https:∥github.com/ethereum/wiki/wiki/Design-Rationale。

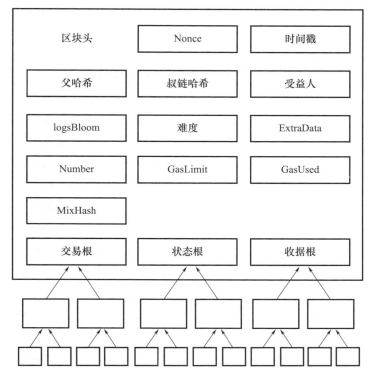

图 3.2 以太坊区块头

(4) Timestamp(时间戳)是区块的 Unix 时间戳。

(5) LogsBloom 是日志上的布隆过滤器。

(6) Difficulty(难度)表示该块是在哪个难度级别挖掘得到的。

(7) ExtraData 表示额外数据。

(8) Number 是区块的区块编号,从 0 开始为创世区块。

(9) GasLimit 表示每个区块的 Gas(稍后解释)限额。

(10) GasUsed 是区块中交易使用的总 Gas 之和。

下面将介绍 OmmersHash(叔链哈希),这是 Ommers 块的哈希值。简而言之,由于出块时间过长而在网络中出现的陈旧块称为 Ommers 或 Uncles(叔块),并且 Ommers 块与正在挖掘的当前区块具有相同的祖父母。根据 GHOST 协议,挖掘到这些区块的矿工也获得奖励,相较于能够挖掘完整区块的矿工获得的奖励要少,但仍能够提供足够的激励使其跟随主链。以太坊区块链的区块除了区块头还有一组交易，以及当前区块叔块的其他区块头。

3.4 GHOST 协议

由于网络的阻塞时间较长，以太坊网络也使用幽灵协议（GHOST）。以太坊快速的处理能力导致产生了很多陈旧的块或"叔块"，目前，在网络计算中使用 GHOST 协议来防止过多的分叉。该协议是以太坊正在使用的 GHOST 协议的有限版本，以防止高计算成本。叔块只能包括到"第 7 代"（在以太坊中，7 代以内的叔块都能够被接受并得到奖励）。最重要的是，无限制的 GHOST 允许矿工挖掘任何区块并仍然获得奖励，从而将这些矿工推离主链。其背后的设计原理是什么？网络的目标是实现 12s 的出块时间。然而，由于网络延迟，实际上出块时间要更长一些。除了叔块的第 7 代限制之外，还限制了父块的后代数目为 1。这是出于安全性和简单化的考量。

有趣的是，当涉及叔块的验证时，只检查其区块头。这样做的目的是使过程更轻量、更容易，但也包含一定的风险。

3.5 记账模式

在关于比特币的部分中，本书深入地讨论了 UTXO 以及为什么其在比特币网络（以及许多其他使用相同机制的网络）中如此重要。以太坊选择放弃这种方式，并希望采取利用账户的方法。这些账户由余额组成，在某些情况下由代码和内部存储组成。如果用户想进行交易，只需检查用户的账户；如果账户上有足够的余额，则会从该账户中扣除用户预期支付的款项，同时将收款人的账户记入其账户。如果有代码，该代码可以根据交易的结果执行，甚至内部存储也可以作为交易的结果进行适配。处理交易的最佳策略涉及多个方面，但其要点是：①当涉及正在进行的交易时，UTXO 提供更好的隐私性；②当考虑某些可扩展性范例时，UTXO 具备一定的优势（当用户希望使用智能合约和去中心化应用时，两者都是有争议的，即便如此，此前已经证明了比特币网络的频繁用户的身份可以被识别出来，无论用户喜欢与否）。账户的优势在于简单，因为其更容易理解，还有更高的可替代性，因为代币的来源不再是区块链级别的概念,轻量级客户端更容易访问与账户相关的所有数据,只需要简单地在状态树中查找账户即可。最后,与 UTXO 相比,账户的主要优势是在存储信息方面节省了空间(与 UTXO 相比,账户模式只需要将交易合并起来即可正常工作),而且交易字节数很小,仅包含输入、输出和签名。

在以太坊世界中,有外部账户和合约账户两种类型。前者由拥有私钥的所有者拥有,每个用户都一样。当使用正确的私钥签署交易时,可以自由地将交易发送到其他外部拥有的账户或合约账户。合约账户有关联的代码,由合约代码控制。这意味着智能合约只有在实际收到交易时才能激活。构成"账户状态"有 4 个必不可少的组件:Nonce、余额(Balance)、存储根(StorageRoot)和哈希代码(CodeHash)。Nonce 是从永久拥有的账户实际发送的交易数量,或者合约账户创建的合约数量。余额为该地址拥有的 Wei 数量(稍后详述)。存储根是存储内容中的默克尔帕特里夏树根。哈希代码是账户的 EVM 代码的哈希值。

3.6 交易

与比特币区块链一样,以太坊也处理在整个网络中发送的交易和消息。可以大致定义为消息调用和合约创建两种类型,但两者具有相同的基本结构。

(1) Nonce 是发送方发送的交易数量。

(2) GasPrice 是发送方愿意为执行交易支付的价格。

(3) GasLimit 是发送方愿意支付的最大 Gas 量。

(4) To 是收件人地址。

(5) Value 是要转移的 Ether/Wei 的数量。

(6) "v" "r" 和 "s" 用于生成发送方的签名。

(7) 只有当合约创建交易时才会包含 Init-field,该交易为用户提供了用于启动新合约账户的 EVM 片段。

(8) Data Field 包含交易的输入数据,并且仅用在信息调用中。

合约账户只有在收到来自外部账户的交易时才能启动。这并不完全正确,因为在某些情况下,合约代码一旦启动,就可以通过使用内部交易来调用其他合约①。开发人员需要明确的一点是,这些后续交易没有 Gaslimit,这意味着初始交易应该包含足够的 Gas 来为第一笔交易和随后的所有后续交易提供算力。当谈论以太坊网络环境中的交易执行时,还有一些其他规则需要考虑。在交易中必须持有效的签名和有效的 Nonce。继续执行之前,还会对内在和前期 Gas 成本(在本章后面定义)进行有效性检查。在执行过程中,总会有所谓的"子状态",跟踪交易执行时状态的变化。此子状态跟踪的内容有:

(1)"Efund Balance",其中包含要退还给发送方的金额。

(2)"Log Series",这是一些涉及 EVM 执行的日志。

(3)"Elf-destruct Set"是一组在操作完成后将被删除的账户,指的是可用于删除合约并将剩余 Gas 发送到发送方账户的自毁操作码。

3.7 序列化

之前已了解到,交易必须遵循称为递归长度前缀(Recursive Length Prefix,RLP)的特定格式,这是以太坊中使用的序列化格式。RLP 函数接受单个项目或一组项目,并遵循特定的编码程序②。

(1)如果输入是 0x00~0x7F 范围内的单个字节,便知道该字节是其自身的 RLP 编码。

(2)如果输入是特殊字节,则编码从 0x81 开始。

(3)如果输入是 2~55B 的字符串,则编码方案包括 0x80+字符串的字节长度,后跟字符串的十六进制值。

(4)如果输入是超过 55B 的字符串,则编码方案由 3 个不同的部分组成:以最右边字符串的十六进制值结束,中间是字符串的十六进制长度,左边是 0xb7 + 中间值的长度。

(5)如果输入是 non-value,则 RLP 编码为 0x80。

(6)如果输入为空数组,则编码为 0xc0。

(7)如果输入在 0x80~0xFF 范围内,则 RLP 编码将 0x81 连接到输入。

---

① 参见 Kasireddy, P. (September 27, 2017). How does Ethereum work, anyway? Medium. https://medium.com/@preethikasireddy/how-does-ethereum-work-anyway-22d1df506369. Accessed December 13, 2019。

② 参见 Chinchilla, C. (August 2, 2019). RLP. Ethereum Wiki. https:/github.com/ethereum/wiki/wiki/RLP. Accessed December 13, 2019。

（8）如果输入是总有效载荷在 0~55B 的列表，则 RLP 编码以 0xc0 + 有效载荷长度 + 项目的十六进制值开始。

（9）如果输入是有效载荷超过 55B 的列表，则编码方案由 3 个不同的部分组成：以最右边项目的十六进制值结束，中间是十六进制有效载荷的长度，左边是 0xb7 + 中间值的长度。

（10）RLP 编码交易的解码将始终从第一个字节开始，因为这会立即明确正在处理的数据类型。解码会反转之前设置的规则，并明确需要发生什么以及正在传输什么信息。

3.8 签名

为了签署交易，可以从以太坊客户端调用"Eth_sign"方法，该方法使用了 Keccak256 哈希算法，形如：调用 eth_sign（keccak256（"\\x19Ethereum Signed Message：\\n" + len（message） + message））函数。如前所述，一旦发送交易，就会在交易中包含一个 Nonce 值，以防止能够捕获用户消息的攻击者进行重放攻击。所使用的椭圆曲线数字签名算法使用交易中称为 r、s 和 v 的参数来创建实际签名。r 和 s 都是 32B，连接在一起形成签名的第一部分，v 是签名本身的第 65 个字节。为了能够验证签名，必须将其分开，这样才能恢复发送方的地址。如果交易被篡改，发送方的地址将不再被正确识别。最重要的是，还需要对消息进行验证，因为签名正确但消息已被更改这种情况是完全有可能的。通过使用相同的参数重新创建一个消息，然后验证其结果是否与实际发送的内容相似。

3.9 以太币、费用、Gas 和 Fuel

与以太坊相关的加密货币称为"以太币"（Ether，ETH）的代币。与比特币网络不同，该网络的主要目标不是创造加密货币，而是将以太币作为网络上智能合约和去中心化应用开发的推动者，并为应用程序提供动力以及防止某些形式的滥用，同时确保矿工和参与者获得报酬。另一个主要区别是以太币的总量没有硬性上限，这使得其更容易受到通货膨胀的影响。随着时间的推移，目前可以看到其明显的演变，2015 年和 2016 年的通货膨胀率约为 14%，

2018 年下降到稳定的 7.4%[1]。而比特币的年通货膨胀率约为 4.25%。然而，当 Casper 协议实施时，通胀率可能会降至 0.1%。曾经使用过以太坊平台或阅读过相关内容的读者肯定会看到"Gas"或"Fuel"等词。但 Gas 是什么？正如在上面简短描述的那样，Gas 的发明是为了解决图灵完备机可能遇到的几个问题。其中之一是停机问题，这可能会导致无限循环，但 DoS 攻击和其他攻击也会因使用 Gas 而有所缓解。如果谈论的是"简单的"交易，Gas 可以看作交易发生必须支付的转账费用（Fees）。这也是矿工将交易打包成区块而获得的奖励。那么在执行智能合约时，Gas 衡量的是什么？Gas 是执行智能合约中包含的所有操作所需的计算量[2]。EVM 的使用需要花费许多计算量，因此其只能用于执行简单的任务，费用有助于鼓励所有参与者将其计算量保持在最低限度。Gas 的面额可以在表 3.2 中找到。

表 3.2　Gas 面额

单位	Wei 值	Weis
Wei	1 Wei	1
Babbage	1e3 Wei	1000
Lovelace	1e6 Wei	1000000
Shannon	1e9 Wei	1000000000
Szabo	1e12 Wei	1000000000000
Finney	1e15 Wei	1000000000000000
Ether	1e18 Wei	1000000000000000000

实际交易费用可根据一个简单的公式进行计算：gas limit × gas price = max transaction fee。Gas limit 由发送方设置，表示愿意为待执行的交易支付的最高金额。如果在发送方的账户上有足够的 Wei，交易将被执行，否则交易无效。这笔费用最终将作为对挖掘到该区块矿工的奖励。创建交易时也会检查此 Gas limit。Gas limit 应大于或等于交易使用的固有 Gas。对于等于 0 的每个数据字节，该固有 Gas 由 21000 gas + 4 gas 组成；对于不等于 0 的每个数

---

[1] 参见 Conner, E. (July 27, 2018). A case for Ethereum block reward reduction to 2 ETH in Constantinople (EIP – 1234). *Medium*. https://medium.com/@ eric．conner/a – case – for – ethereum – block – reward – reduction – in – constantinople – eip – 1234 – 25732431fc77. Accessed December 11, 2019。

[2] 参见 Rosic, A. (2018). What is Ethereum gas? *Bockgeeks*. https://blockgeeks.com/guides/ethereum – gas/. AccessedDecember 11, 2019。

据字节,则 Gas 为 68gas。除此之外,当处理合约创建交易时,可能会产生 32000 gas 的额外成本。通过将最高交易费用和交易价值相加,对发送方的账户进行最终检查。这称为预付 Gas 价格,发送方的账户应包含足够多的余额来支付这些费用。如果满足条件,交易可以进入下一步的执行。同样,可以将数据存储在以太坊区块链上,但也必须为这些服务付费。这里的费用根据使用的 32B 的最小倍数来计算。如果执行以释放空间为目的的操作,则无须为此交易支付费用,甚至会为释放的空间获得退款。

3.10 以太坊里程碑

以太坊平台的开发遵循几个原型,每个原型都有自己的代号。可以在表 3.3 中找到迄今为止已经创建的多个里程碑版本的概述。以太坊网络的第一个真正稳定的版本是家园(Homestead),该版本为网络带来了多项改进[①]。宁静(Serenity)是实施 Casper 2.0 网络的最终版本。

表 3.3 以太坊平台版本

版本	代号	发布日期
0	奥林匹克(Olympic)	2015 年 5 月
1	前沿(Frontier)	2015 年 7 月 30 日
2	家园(Homestead)	2016 年 3 月 14 日
3	大都会拜占庭[①](Metropolis vByzantium)	2017 年 10 月 16 日
3.5	大都会君士坦丁堡[②](Metropolis vConstantinople)	2019 年 2 月 28 日
4	宁静(Serenity)	待发布

①此为软分叉,其降低了 EVM 的复杂性,并增加了对 zk-SNARKS 的支持。
②这次更新为硬分叉。

与比特币网络一样,以太坊也随着时间的推移会有协议更新和随之而来的硬分叉(后续详尽描述)。以太坊网络与比特币网络有几个不同之处。差异之一是账户和余额的使用(称为状态转换)。与比特币不同,以太坊不必依赖 UTXO。另一主要区别是出块时间仅为 15s(相比之下,比特币为 10min)。此外,挖掘区块的以太币回报是一致的,所以人们有时将以太币称为加密货

---

① 交易处理、Gas 定价和安全等方面的改进。

币的石油。协议的工作方式也在发生重大变化,因为以太坊正在从工作量证明协议转变为权益证明协议,并在多个实现中执行此操作,以确保网络中的更改不会太大。以太坊还使用了名为"Gas"的概念,以 Gwei 来衡量,为根据计算复杂性、使用的带宽和存储需求而必须支付的交易费用。

3.11　以太坊的发展阶段阐述

与比特币以及其他区块链平台的发展一样,以太坊的发展也经历了几个阶段。与比特币平台不同的是,以太坊的发展从一开始就有明确的阶段性。尽管其中一些步骤事先并没有进行规划,但其主要的发展时间表始终是明确的。需要指出的是,下面描述的事物并非全部都是十分清晰明了的,本书会在接下来的内容中对各阶段进行解释。所以当阅读到一些难以理解的概念时请不要过于纠结,只要继续读下去,一切都将变得清晰。届时请回顾时间表上的这一部分,已经出现的与即将出现的概念都将一目了然。

3.12　前沿阶段

前沿阶段(Frontier)是以太坊平台的第一个阶段,从 2015 年 7 月 30 日持续到 2016 年 3 月。需要说明的是,在 Frontier 发布之前,还存在一个称为"Olympic"的版本。这是最后的预发布版本,该版本向全世界开放,以便有意愿的参与者可以对该网络的局限性进行测试[①]。该版本的重点在于交易活动、虚拟机使用、采矿能力和常规处罚。该版本在以太坊的 Frontier 1.0 版本推出之前持续运行了大约 14 天。随着 Frontier 的发布,"Olympic"测试网络被"Morden"取代,这是一个与 Frontier 等效的测试网络。一旦硬件安装完毕并且生成创世区块,第一版以太坊的挖矿活动就可以开始了。由于这是以太坊网络的第一个版本,会出现一些初始化错误,所以可以通过网络传播进行更新以修复问题。社区还实施了所谓的"金丝雀合约",只在该版本的平台上使用。这是为了跟进 Frontier 客户端和可能存在的共识问题而进行的一次集中

---

① 参见 Buterin, V. (May 9, 2015). Olympic:Frontier pre-release. Etherum Blog. https://blog.ethereum.org/2015/05/09/olympic-frontier-pre-release/. Accessed December 17, 2019.

检测。以太坊开发者控制着 4 个开关,这些开关的状态可以是 1 或 0。一旦其中两个开关打开,所有挖矿活动就会停止,参与者必须更新客户端,以此来保证以太坊的升级得以顺利进行。此阶段使用的共识算法是名为 ETHhash 的工作量证明算法,尽管开发者早已有在未来使用权益证明协议的计划。

3.13 冰河世纪阶段

冰河世纪阶段(Ice Age)从第 200000 个区块(2015 年 9 月 7 日)开始,并引入了难度炸弹,这增加了网络使用工作量证明协议的难度。"冰河世纪"指的是区块链的"冻结"。因为难度增加,矿工无法保持进度,这直接导致出块时间的增加。引入该机制主要是为了在准备实施权益证明协议时能够带动参与者转入该协议。这意味着,在网络准备实施新的权益证明"Casper"协议(Serenity 的更新)时,将与其余的工作量证明网络发生硬分叉,这将迫使每个矿工转移到新的网络。为什么能够达成这样的目的?留在旧网络上会使参与者处于一个 PoW 网络中,而该网络的难度最终会变得很高,导致参与者无法再进行挖矿活动。陶·史蒂芬(Stephen Tau)说,炸弹在第 200000 个区块爆炸,在一年后才会观测到[1]。在这之后,挖矿的难度会显著增加,从而导致更长的出块时间。预期的目标是 Serenity 的更新此时能够准备就绪。从现在来看,该目标显然没有达到,难度炸弹的爆炸已经延后了数次,以便为 Serenity 的更新做好准备。计时炸弹的算法为

$$\mathrm{block}_{\mathrm{diff}} = \mathrm{parent}_{\mathrm{diff}} + \frac{\mathrm{parent}_{\mathrm{diff}}}{2048} * \max\left(1 - \frac{(\mathrm{block}_{\mathrm{timestamp}} - \mathrm{parent}_{\mathrm{timestamp}})}{10}, -99\right) + \mathrm{int}(2 ** \left(\frac{\mathrm{block.\ number}}{100000} - 2\right) \tag{3-1}$$

其中,除法均为整除运算[2]。

---

[1] 参见 Tual, S. (August 4, 2015) Ethereum protocol update 1. *Etherum Blog*. https://blog.ethereum.org/2015/08/04/ethereum-protocol-update-1/. Accessed December 17, 2019。

[2] 参见 Rosic, A. (2017). What is Ethereum Metropolis: The ultimate guide. *Blockgeeks*. https://blockgeeks.com/guides/ethereum-metropolis/. Accessed December 18, 2019。

3.14 家园阶段

下一阶段从第1150000个区块(2016年3月14日,也称为圆周率日)开始,是以太坊网络的第二次实施。这是一个硬分叉,因为其带来了不向后兼容的协议更改。与比特币网络类似,在以太坊世界中也有"以太坊改进提案"(Ethereum Impro Vement Proposal,EIP)。其中,一些是通过家园阶段(Homestead)实现的,如EIP2,将创建合约的成本从21000Gas增加到53000Gas[①]。如果没有足够的Gas来创建合约,就会出现失败的情况(而不是留下空合约)。此外,现在还会对交易签名进行核查。还有EIP 7和EIP 8。前者引入了一个新的操作码,名为DELEGATECALL,可用于创建不会重复附加信息的合约。后者更改了RLPx发现协议和RLPx TCP传输协议,以便客户端可以处理未来的网络升级(之前客户端会简单地停止通信)。

3.15 去中心化自治组织

当去中心化自治组织(Decentralized Autonomous Organization,DAO)遭受黑客攻击后,以太坊大约第1192000个区块处发生了一次硬分叉,本章的后续内容将对此进行更详细的解释。随后社区开展了广泛的讨论,社区的大部分人投票同意向受害者退款。也有社区的部分人决定留在旧的链上,因此创造了"以太经典"。

3.16 DAO攻击

2016年发生的一件大事,不仅影响了人们对以太坊平台的看法,也影响了"去中心化自治组织"的概念。当时有一个筹款项目应用了去中心化的自治组织,称为"DAO"。DAO是由克里斯托弗·詹奇(Christoph Jentsch)和他的兄弟西蒙(Simon)一起创建的,其目标是通过DAO为使用以太坊的项目提供资金。该组织非常受欢迎,在当时(2016年5月)吸引了已发行的所有以太

---

① 参见 https://ethereum-homestead.readthedocs.io/en/latest/introduction/the-homestead-release.html。

币的近14%。该组织的核心思想在于成员可以投票决定哪些项目可以获得投资,同时该去中心化自治组织建立了一些安全功能,以防止投票权的滥用。

然而,暗夜将至。不久后,支持该组织的代码中出现了一个关键的安全漏洞。一些人发现并指出了该漏洞,并且在6月已经提出了一些方案用来修复递归调用存在的问题,但为时已晚。2016年6月17日,攻击者利用几个漏洞将360万以太币从DAO转移到一个有28天持有期的账户上。在这一事件发生后,社区在是否应该发生硬分叉以便追回损失的资金这一问题上产生了矛盾。之后,在社区没有达成共识的情况下就发生了硬分叉,以太坊在新分叉上继续运行,而原来的链仍被现在的以太经典所使用。作为其代码的一部分,以太经典必须对定时炸弹进行处理,因此,以太经典链不得不进行硬分叉以摆脱定时炸弹功能。最终,与DAO相关的代币在2016年底前退市。

3.17 橘哨硬分叉

橘哨硬分叉(Tangerine Whistle)的实施是为了解决I/O密集型操作中的Gas计算与拒绝服务攻击,实施之后便解决了先前的攻击直接导致的网络健康问题。实际上,读取状态树的操作码收益很低,将这些操作码添加到智能合约中很简单,但客户端很难处理操作码,因此会导致网络的延迟。基于EIP 150此次变化发生在第2463000个区块上[1]。

3.18 伪龙硬分叉

从第2675000个区块开始实施了一些其他的防御机制,以解决其他拒绝服务攻击和重放攻击,因此,在2016年11月22日再次发生了硬分叉。这次更新实现了EIP155(重放攻击保护)、EIP160(增加EXP操作码成本)、EIP162(清理状态树以进一步防止拒绝服务攻击)和EIP170(合约码大小限制提高到了24576B)[2]。

---

[1] 参见 http://eips.ethereum.org/EIPS/eip-608。

[2] 参见 Jameson, H. (November 18, 2016). Hard Fork No. 4: Spurious Dragon. *Ethereum Blog*. https://blog.ethereum.org/2016/11/18/hard-fork-no-4-spurious-dragon/. Accessed December 18, 2019.

3.19 大都会拜占庭阶段

以太坊发展的下一个阶段称为以太坊大都市拜占庭（VByzantium），发生在第 4370000 个区块。这次更新以太坊引入了简洁非交互式零知识证明，以改善区块链上的隐私保护。定时炸弹也随之延后了 18 个月，以便给开发者提供更多时间来研究以太坊网络下一个版本的实现。最终，智能合约的实现也变得更加灵活且稳健，具体来说，如果合约在执行过程中因为缺乏 Gas 而无法进入下一个"状态"，该合约就会回退到之前的状态，而不会消耗任何 Gas。在此基础上增加了 RETURNDATA 操作码，以便可以返回可变长度的值。最后，网络升级的目标是实现账户的抽象化，使网络对用户更加友好，使得用户无须技术知识便可使用该平台。

3.20 大都会君士坦丁堡阶段

以太坊时间线的下一阶段是大都会君士坦丁堡（VConstantinople）。按照计划该阶段其实应该在 2019 年年初进行，但最终被提前了。对于这种提前的推进，可能存在几个原因，其中一个事实是，一个审计团队发现，先前的更新中存在一个与 EIP 1283 有关的漏洞，该漏洞将带来更廉价的存储成本，进而导致重入攻击。简单来讲，这会导致外部合约可能与智能合约进行通信，如果该外部合约存在恶意，其可能会试图控制智能合约的代码，并做出无法预料的更改。特别地，其可以尝试重新进入代码中的某个特定位置，从智能合约中提取以太币（此处滥用了 withdrawBalance（）函数）。虽然只会有一小部分智能合约受影响，但现在开发者仍然在努力解决该问题，以确保不会引入漏洞。2016 年，在 DAO 上使用的也是这种类型的攻击（见前文）。在这次硬分叉中实施了以下 EIP：EIP 145、1052、1283、1014 和 1234。EIP 145 引入了按位移位，使代码（和底层操作）得到更充分的优化，从而提高了代码的处理速度并降低了处理成本。EIP 1052 引入了一个新的操作码 EXTCODEHASH，该操作码返回合约码的 Keccak256 哈希值。有趣的是这可能作用于那些必须检查其他合约的字节码但实际上并不使用这些字节码的合约，这也可以带来高效率与低成本。EIP 1283 涉及 SSTORE 操作码，该操作码可用于 Gas 计量，引入该项的目的同样是降低开发者的成本①。EIP 1014 引入了状态通道(后文进行详细解释),这与在比特币世界中发现的闪电网络相似。最后,随着 Casper FFG(后文进行详细解释)的引入,提出了向权益证明共识协议过渡的计划。然而,该计划于 2018 年底取消了,开发人员最终决定放弃 Casper FFG,并立即全面实施。

3.21 宁静阶段

宁静阶段(Serenity)是以太坊网络发展的最后阶段,也称为以太坊 2.0。这次最终更新的主要目标之一是创建一个具有更高可扩展性和效率的平台,能够每秒处理成千上万次交易。几个实施方案将按照预期分阶段进行,如没有分片的信标链(阶段 0)、没有 EVM 的分片链(阶段 1)、新执行引擎的实施(阶段 2)、阶段 3 有轻量客户端状态协议、阶段 4 将带来跨分片交易、阶段 5 与主链安全地紧密耦合,最后阶段 6 引入了上二次方分片②。这些阶段最终将带来"以太坊 3.0",届时将会出现一些新的实施方案。

3.21.1 阶段 0

阶段 0 引入了没有分片的信标链,验证器通过 RANDAO 在区块提案中创建一个随机数生成器,基于随机数生成器的输出完成提案者和证明委员会的组织,并为存根分片创建交叉链接。信标链将成为基于权益以太坊证明的区块链版本。到目前为止,以太坊网络一直在使用工作量证明,但随着信标链的推出,引入了 Casper 协议,情况应该会有所改变。在 Serenity 的后期阶段,信标链也将用于分片。验证器必须投入 32 以太币的赌注才能加入该过程。这些验证器将组成委员会,以便其能够对提议的区块进行投票。这些委员会和委员会中的验证器将使用"证明"来对这些提议的区块(信标区块和分片区块)进行投票。所有这些操作都将由信标链完成。在信标链上还会有一个新的以太坊,称为"ETH2",这是一份由验证器使用的新资产,在该阶段参与者

---

① 参见 Mitra, R. (2019). Understanding Ethereum Constantinople: A hard fork. *Blockgeeks*. https://blockgeeks.com/guides/ethereum-constantinople-hard-fork/. Accessed December 20, 2019.

② 参见 Ray, J. (March 4, 2019). Sharding roadmap. *Ethereum Wiki*. https://github.com/ethereum/wiki/wiki/Sharding-roadmap. Accessed December 20, 2019.

区块链平台——分布式系统特点分析

尚无法提取这种新代币。最后,当涉及将验证人组织为提案者和委员会时,RANDAO 会在系统中引入足够的随机性[①]。

在该阶段,以太坊区块链环境一直使用的工作量证明区块链将与信标链共存,所有交易和智能合约计算仍将在该"旧"链上进行。

3.21.2 阶段1

阶段1从分片开始(没有链式状态执行或账户余额),在不进行交易的同时将二进制大对象(Binary Large Object,BLOB)存放在分片中。另外,见证人也将在该阶段诞生。分片是以太坊提出的解决方案,用于处理目前阻碍公共区块链实施的可扩展性问题。该问题源于一个事实,即公共区块链不能同时具备去中心化、安全性和可扩展性,需要在三者之间做出选择。比特币网络试图通过闪电网络或与主链稀疏互动的侧链等方案来解决该问题。分片提供了一个全新的解决方法。在分片实施之前,每个节点都必须处理网络上的每一笔交易,这也导致整个网络的速度只相当于单个节点的速度[②]。因此,分片允许将网络的整个状态划分为所谓的"分片",这些分片代表各自的状态。每个分片都将通过默克尔树(组合数据根)与信标链建立起连接,这也称为"交叉链接"。一旦这种带有"组合数据根"的区块在信标链上被接受,其他分片可以通过其进行跨片交易。每个分片都会存储每笔交易的收据,以便其仍然可以与其他分片进行通信,并且相互进行交易。存在的一个问题是,当网络使用权益证明而非工作量证明时分片更容易实现[③]。因此,以太坊的开发者正在将分片作为 Casper 协议实现(后文进行解释)的一部分进行研究。简而言之,分片基本上意味着主链被切分为更小的链,其中节点作为某个分片的完整节点,同时作为其他分片的轻量客户端。与阶段0类似,工作量证明链和与分片的信标链在该阶段也将友好共存。这意味着在实际操作中,验证器和矿工都将暂时获得奖励,这会导致必要的通货膨胀。但也正是在这一时

---

① 参见 https://docs.ethhub.io/ethereum-roadmap/ethereum-2.0/eth-2.0-phases/。

② 参见 Jordan, R. (January 10, 2018). How to scale Ethereum: Sharding explained. *Medium*. https://medium.com/prysmatic-labs/how-to-scale-ethereum-sharding-explained-ba2e283b7fce. Accessed December 21, 2019。

③ 参见 https://education.district0x.io/general-topics/understanding-ethereum/ethereum-sharding-explained/。

期,应该做到使工作量证明链失去吸引力,从而使得参与者转入信标链。

3.21.3　阶段2

阶段2将在应用了智能合约的分片中引入结构化的链状态。同时,也将引入账户、合约、状态和已经在以太坊网络上使用的其他所有基本概念。也许最需要了解的是eWASM或以太坊风格的WebAssembly的引入。WebAssembly(缩写为Wasm)是一种新的、可移植的、大小适宜且加载过程高效的格式。WebAssembly的目标是利用各种平台上常见硬件的能力,以原生速度运行。目前,WebAssembly正在被W3C社区的一个小组设计为一个开放标准[①]。这意味着WebAssembly是计算机内置的一个虚拟机,可以对命令和操作的执行进行优化。因为对支持其运行的硬件有一定的了解,所以可以通过选择对命令立即执行或进行转换来达成优化的目的。引入eWASM是对可扩展性问题的另一个解决方法,主要针对的是EVM。从目前来讲,当EVM编译代码时,每个节点都要对自身进行编译。这不仅导致了高成本,而且还导致以太坊的速度受限于以太坊虚拟机的速度。在此改进方案的具体实现中,WebAssembly被专门设计为与以太坊中存在的智能合约共同工作,eWASM的目标是取代EVM,同时优化代码在以太坊网络中的运行方式,并极大地提高网络中的交易吞吐量。此外,由于是标准化的,eWASM将具有更高的安全性,同时也提供对更多编程语言的支持,这也使得其拥有更加广泛的开发者基础。最后,还将实施状态租金,这样一来,开发者就必须为eWASM的存储不断地支付费用,以确保及时删除未使用的数据。

3.21.4　阶段3

阶段3(和其他阶段)仍然具有非常大的不确定性。本书在这里介绍一些信息,但由于先前的步骤和阶段已经发生了很大的变化,这些步骤就更具有不确定性了。该阶段紧接着引入了状态最小化的执行,这是轻量客户端的关键所在,因为之前的阶段都在关注全节点。如何实施仍在讨论中。

---

① 参见 https://github.com/ewasm/design。

3.21.5　阶段4、阶段5与阶段6

阶段4可以进行跨片交易。阶段5主要引入无分叉分片技术。最后正如之前提到的,阶段6将会带来超级二次方分片。所有这些实现的目的是提高网络的可扩展性,同时巩固网络的安全性——正如所见一般。

3.21.6　以太坊3.0

什么是以太坊3.0? 首先不得不谈到对于透明零知识证明(zk – STARK)的整合与异质分片。

3.22　可扩展性与Casper协议

到目前为止,讨论话题一直在关注网络是如何运作的,以及在未来将会出现何种变化,但这里仍有一些概念需要解释。状态通道和Plasma是两个项目,二者专注于网络的可扩展性,旨在为参与者改善网络。本书还在后文加入部分关于Casper协议的解释。

3.22.1　状态通道

状态通道是为处理以太坊所面临的可扩展性问题而提出的几种解决方案之一。状态通道与比特币平台正在使用的闪电网络非常相似,允许发生链外交易,这些交易可以在通道关闭后继续传播。以太坊世界中的状态通道还支持状态更新(状态通道也因此而得名)。相较于闪电网络,状态通道会将一定数量的以太币发送到一个多重签名的智能合约,该合约既可以接受也可以支付该代币,从而完成对一定数量的以太币的锁定。一旦以太币进入合约,参与者就可以签署交易(每方都有一份副本),每份交易都有 Nonce,用来记录并追踪交易的时间顺序。最终,通道可以通过向以太坊主链发出一次交易来完成通道的关闭①。

---

① 参见 https://education.district0x.io/general – topics/understanding – ethereum/basics – state – channels/。

3.22.2　Plasma 框架[①]

Plasma 框架是为处理以太坊网络的可扩展性问题而提出的又一个解决方案,其允许创建子链且该子链使用主链(或主链的一个分片)作为信任和仲裁层[②]。Plasma 框架还允许创建一些目前在现有主链上不可行的用于特定实现的链。在查看区块容量、共识算法、出块时间等方面时,便可以对这些链进行调整。当然,还存在一定的局限性,因为仍然需要一个共识算法来执行中本聪共识激励,以及一个 Bitmap-UTXO 承诺结构来执行状态的转换。如此便可以根据参与者的需求,创建符合任何目的的去中心化应用,并极大地增强以太坊网络的可扩展性。那么这些是如何联系在一起的?通过利用连接到根链的"Plasma 合约",便可以允许资产在主链和子链之间进行转移。通常的转移规则是,资产必须首先在主链上创建,然后才能转移到子链上,这是为了防止子链上的恶意活动传播到主链上。一个可能存在的问题是子链上的集中化,这可能会导致挖出的区块并不代表真实的交易。Plasma 对此的解决方案是:让每个参与者都存在出示防伪证明的可能性(利用 MapReduce 计算框架)。Plasma 存在的主要问题是提取资产耗时非常久(7~14 天)。

3.23　Casper 协议[③]

Casper 共识协议是工作量证明与权益证明协议相结合的一种协议,虽然人们认为工作量证明协议缺乏民主性,而且在硬件和能源方面耗费较高。不过,权益证明协议是高效且更加安全的,但有一个"无利害关系"问题需要处理。Casper 与其他权益证明协议不同,其会对网络中的恶意行为者进行惩罚。这里依然与验证器合作,验证器必须用一部分以太币作为赌注才能进行。验证器开始对区块进行验证,当发现一个其认为有效的候选区块进入链中时,验证器须对该区块下注。如果该区块被接受,验证器将获得在该区块上下注

[①] 参见 http://plasma.io/。

[②] 参见 https://education.district0x.io/general-topics/understanding-ethereum/understanding-plasma/。

[③] 参见 Rosic, A. (2017). What is Ethereum Casper Protocol? Crash course. *Blockgeeks*. https://blockgeeks.com/guides/ethereum-casper/ Accessed December 22, 2019。

的奖励；如果该区块被拒绝，验证器将失去所有。实际上，以太坊开发团队进行了两个项目的研究，分别是 FFG（Casper the Friendly Finality Gadget）和 CBC（Casper the Friendly Ghost）。FFG 版本①最早是为了帮助从工作量证明到权益证明的过渡而提出的。在该版本中，工作量证明协议仍然是有效的，但每 50 个区块都有一个权益证明检查点，并对最终性进行评估②。相较于标准工作量证明协议，该版本提供了额外的最终性，因为有经济最终性的总计。网络中大约 2/3 的矿工在验证一个区块时投入了全部赌注，所以当这些矿工试图进行恶意行为时就会损失惨重。此外，还存在出现双重最终性的可能性，这种情况在 Casper 协议中出现时，参与者都必须选择一条链，获得多数投票的链将成为主链（这会导致一次硬分叉）。该协议曾多次提出，但最终被实施时间表完全舍弃了。

CBC③ 版本将对该协议的使用带来更多变化④。

表 3.4　CBC 协议设计

正常的协议设计	CBC 协议设计
正式指定协议	正式但部分指定协议
定义必须满足的协议属性	定义协议指定的属性
证明其满足性质	派生协议，使其满足声明指定的所有属性

如果想获得完整的协议，就必须实现一个"理想的对手"，该对手会引起异常并列出未来可能发生的任何故障。

安全预言机

在 Casper V2 的实施中，对于其所呈现的效果存在许多困惑，同时这也是由于以太坊网络背后的开发者团队已经多次改变路线图以及实现此新协议的方法。在最新的更新中（在写这篇文章时）提出以下建议。以太坊网络将分割成几个独立的链，分别为一个以太坊工作量证明链、一个信标链，以及一

---

①　亦称为 Vitalik's Casper。
②　最终性意味着当交易（或任何操作）一旦完成，就被锁定在区块链中，无法恢复。实际上，这永远不可能完全实现。
③　亦称为 Vlad's Casper。
④　在此处查看弗拉德·扎姆菲尔（Vlad Zamfir）的相关内容：https://www.youtube.com/channel/UCNOfzGXD_C9Y MYmnefmPH0g/videos。

些分片链。第一个链是目前还在使用的链,并且仍然使用工作量证明协议。如果矿工想继续挖矿,就必须向信标链存入 32 个以太币,之后将获得"验证器"的身份。该信标链将成为以太坊网络内的权益证明主链,同时也将成为分片链的基础层。其将连接这些独立的链,并明确这些分片中的哪些区块可以添加到主链上。该主链就是信标链。那么,这些分片链又是什么呢?为了防止每个节点为每笔交易都进行工作,将对独立的分片链进行划分,在这些分片链中的节点将为整个网络中特定的交易子集工作。简单来讲,验证与最终性将由信标链提供,而交易和账户数据将由分片链储存。

3.24 智能合约

现在已对以太坊网络的工作方式和区块链呈现出的状态进行了非常深入的讨论,并且经常会有一个特定的术语不断出现:智能合约。可以在网络上执行的智能合约是以太坊带来的核心概念之一,也是最重要的补充。智能合约允许在满足某些条件的情况下执行自动合约,这也是以太坊如此受欢迎的主要原因之一,也是一个由开发者和独立项目组成的生态系统整体都参考了该主要概念的原因。在以太坊和智能合约的世界里,一个需要理解的重要概念是所谓的"停机问题",当谈论起图灵完备机时,该问题会不断地出现。该概念由阿兰·图灵首次提出,简而言之,即不可能创建一种能够知道一个程序在所有可能的输入下是否真的会终止其执行的算法。在以太坊中,这意味着无法知道一个智能合约是否会结束。为了解决该问题(以及其他与安全有关的漏洞),于是发明了"Gas"的概念来直接对其进行处理。如此一来,智能合约的执行将始终是可以被终止的,这就是为什么说以太坊的智能合约必须是"可终止的"。该问题也出现在其他旨在成为图灵完备的区块链/分布式账本技术中。比特币区块链不是图灵完备的,所以该问题在这种环境下不会出现,在比特币环境中每条命令都注定会结束。此外,声明智能合约也必须是确定性的,这意味着对于一个给定的输入,每次的输出必须是相同的。最后一个特点是智能合约必须是"独立的",智能合约与网络的其他部分是分隔开来的,更重要的是智能合约的结果也是如此。这是为了防止某些恶意软件或问题影响整个网络,破坏整个生态系统,这正是之前所解释的 EVM 的作用。

智能合约是以太坊网络带来的新颖创新之一。该术语背后的主要目的和意义是,所谈论的是一个可以在没有第三方干预的情况下执行的,但完全基于计算机化交易协议的合约。此处的想法是,几方之间的合约义务可以基于计算机代码,该代码不留任何可解释的空间,从满足执行必要条件的那一刻起就开始执行。这与区块链网络相结合,确保了合约的复制与存储,同时提供了必要的安全性和不可更改性。此概念是随着以太坊网络的诞生而首次出现的,但肯定不再局限于以太坊。在这里做一个简短的区分,是关于智能合约和李嘉图合约之间的区别。按照定义来讲,李嘉图合约是"一个定义了两个或多个对等节点之间互动的条款和条件,并经过加密签名和验证的数字合约。重点在于其既是人类与机器可读的,又是进行了数字签名的"。李嘉图合约的主要目标是作为一个具有法律效力的文件,以软件可以执行的方式进行存储。可以清楚地看到,智能合约和李嘉图合约在某些方面是一致的,但也有一些不同点。一个智能合约可以是一个李嘉图合约,但也不一定是,反之亦然。如果能做到这两点固然是很好的,但在现实中往往不是这样。合约在以太坊平台上究竟是如何创建的?事实上,这里需要创建一个全新的合约账户。可以按照一系列特定的步骤来完成:

(1) nonce = 0。
(2) 账户余额 = 发送方随合约创建交易发送的价值。
(3) 存储为空。
(4) codeHash = 空字符串的哈希值。

创建是由交易中的"初始化代码"最终完成的,其本身可以创建更多的账户,调用其他合约,或者发送一些交易。

3.25 区块链预言机

区块链预言机是部署在区块链上的代理,用于收集和验证真实世界的信息,并将其用于智能合约的执行。这看起来可能有点抽象,但可以做出以下总结。区块链是一个数据结构,无法访问其自身网络之外的数据。预言机作为一个第三方服务,可以为智能合约的实现提供必要的数据。这里会发现一个安全问题:如何信任预言机?预言机不是区块链的一部分,所以无法知道预言机是否真的在向用户提供真实的数据。现在已经实施了一些技术,以帮助在这些预言机上建立一个安全体系。比较著名的例子是使用了基于 TLS

见证人证明的 Oracalize 与使用了英特尔（Intel）软件防护扩展的 Town Crier。此外，能够确定的是预言机可以分为以下几个种类：①软件预言机和硬件预言机，前者提供来自网络世界的信息，而后者则提供来自物理世界的信息；②入站预言机和出站预言机，前者向智能合约提供信息，而后者则将信息送出区块链环境。稍后将看到区块链预言机的几个示例，以及这些预言机如何与以太坊平台（还有其他平台）上的智能合约和去中心化应用程序进行交互。预言机为去中心化世界中的应用程序开发和崭新的工作方式提供了更多可能性。

3.26 去中心化应用

去中心化应用在智能合约的基础上又增加了一层，这一层使智能合约成为一个成熟的应用程序，以用户友好的方式来使用。对于用户来说，其实没有太大的变化。用户仍然可以使用熟悉的用户界面，但同时又在使用一个完全不同的底层结构。但这又有什么关系呢？实际上，这只会有助于基于区块链的技术和应用的采用，因为用户不希望面对事物的技术部分，他们只想使用应用程序达成自己的目的。如今，用户不希望经历冗长的过程来学习某件事物如何运作，因此一个（去中心化）应用程序必须是可以快速且容易理解的。

3.27 去中心化与自治性

随着智能合约和去中心化应用的引入，也引入了一些不同的东西：去中心化自治组织。这是一个由智能合约组成的组织，并且由智能合约中强加的代码进行管理。这些管理规则与所有财务记录一起在区块链上进行记录与维护。此前在以太坊的时间表中已经简单地提到过去存在的一些问题，其中最著名的是 DAO 攻击。然而，这是一个值得探索的有趣概念，因为基于这一陌生的概念，未来将会有许多可能性。当这一概念正确地实施时，一些优势便显而易见。对第三方批准和验证所发生交易的需求将被消除，并且现有的代码清楚地定义了当一个人想成为该组织的一部分时必须遵守的规则。可以巩固民主投票系统，并以基本的方法防止欺诈，让所有参与者都能协助组织做出未来的决定。当然，问题在于如何让所有用户都参与投票。可以实现一个强迫参与者投票的系统，但从这种意义上来讲，该系统又在何种程度上

区块链平台——分布式系统特点分析

保持民主呢？未来的另一个挑战是如何确定一个这样的组织的法律地位。

在目前的法律框架下，一个去中心化的组织可能被认为是一种普通的合作或联合经营的关系，所有参与者都承担全部的法律责任。这意味着参与去中心化组织的每一方的所有个人财产都可能被扣押，并成为该组织的债务人①。在跳入未知的水域之前，需要进行慎重的考虑。更重要的是，美国的SEC已经明确，这可以看作在发行未注册的证券，是非法的，并可能导致被起诉②。事实证明，这种组织采取的是可扩展的、有弹性的且去中心化的治理，使公众能更广泛地采用DAO。DAO必须处理一些问题，这些问题也正是到目前为止还没有看到很多DAO出现的原因。道斯塔克（Daostack）项目试图通过自己对这些问题的解释和一些可能的解决方案来处理这些问题。可扩展性是一个显然的问题，因为DAO的所有成员参与每个决定本身就不太可能，这导致整个DAO都处于无尽的犹豫不决的状态，反之，则会导致DAO内部真实共识的失实，甚至会出现更糟的情况：串通与恶意决策。

目前，正在使用的一个可能的解决方案称为全息共识，这是基于在有限的关注度和投票权的地方层面上做出的决定③。全息共识采用了相对的多数，这意味着唯一需要的多数是由那些在给定时间范围内实际投票的参与者的多数，非常像如今的现代民主只在选举期间运作一样。当然，只有参与者的数量达到了最低的要求，投票才能视为有效。由于大量的提案在整个DAO中传播，其实提案人可以给自己的提案赋一个值，这样该提案就会在集体中得到更多的关注。为了激励投票者真正进行投票，需要使其变得有动力，让这些投票者付出的努力得到回报，投票者会得到本地DAO代币的奖励。不过这需要另一种代币。为了保护决策的过程，并为预测者创造一个更好的开放执行的、经济且无许可的网络，需要对提案进行过滤。当提案被接受时，预测者会得到奖励，相反，就会失去其在网络中的部分赌注。

---

① 参见 Hinkes, A. (May 29, 2016). The law of the DAO. *Coindesk*. https://www.coindesk.com/the-law-of-the-dao. Accessed December 28, 2019。

② 参见 https://www.sec.gov/news/press-release/2014-111。

③ 参见 Field, M. (November 12, 2018). Holographic consensus-part 1. *Medium*. https://medium.com/daostack/holographic-consensus-part-1-116a73ba1e1c. Accessed January 12, 2020。

3.28　Web 3.0

随着区块链的到来,数字世界进入了新阶段,通常称为"Web 3.0",该术语由加文·伍德创造,旨在构建一种全新的工作方式和应用程序。该术语随着去中心化应用的兴起和以太坊社区的支持而流行起来,但其指的是互联网更广泛地变化和发展。批评者指出,这只不过是一个营销术语,用于推广去中心化应用。简而言之,Web 1.0 是"只读网络",只可以查找和阅读信息。很多网站基本遵循该概念,但在 2002—2004 年出现了一种新型网站,用户也可以开始添加自己的内容并将信息上传到网站。社交媒体应用就是用户如何影响周围世界的一个典型例子。Web 3.0 是使用 Web 3D 技术的下一自然产物,AI 算法为用户过滤出最佳数据,结合语义网解释数据,从而更好地匹配网站的注册记录,为在万维网上找到的内容提供更多相关信息。但 Web 3.0 远远不止于此。在 Web 2.0 中,需要与金融机构签约才可以进行支付,而 Web 3.0 则是创建一个由支付和互联网组成的世界。对于用户来说,这意味着对互联网的全新理解。虽然网页可能只是像现在一样展示,但随着时间的推移,所提供的可能性将大大增加,今天所知的"大厂"就将面临去中心化的 Web 应用程序和已适应新的工作与创造方式的开发人员的冲击。以太坊为开发人员提供了一个全新的 Web 技术栈,让开发人员适应 Web 3.0 以及了解其未来的发展,但同样,需要意识到的是,这是一个更深远的变革。以太坊和其他人设计的 Web 技术栈如图 3.3 所示(主要基于斯蒂芬·图阿尔(Stephan Tual)在 2017 年所提出的一个抽象概念)。

下面将讨论其中的几个部分,以便更好地了解去中心化应用的创建,以及技术架构中某些层的具体作用。其中,一些部分在前面的章节中已经讨论过,这里不再赘述。

3.28.1　以太坊 Whisper 协议

以太坊 Whisper 协议是一种通信协议,其允许去中心化应用通过区块链平台相互通信,加文·伍德称之为"基于身份匿名的底层消息系统"。该协议对于某些交易的执行可能是必需的,也可能是应用程序内部运行的重点。多年来,对于去中心化应用的主流通信协议方面一直存在争议,其中一个原因

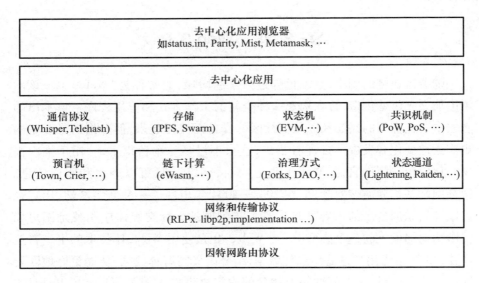

图 3.3　Web 3.0 技术栈

是应用程序通常需要交换瞬时消息,但使用区块链却不能实现这一点,这就有了 Whisper 协议作为去中心化应用通信协议的用武之地。然而,在过去,该协议并没有得到应有的关注。目前,Whisper 协议的可扩展性还没有达到现有正开发的应用应有的水平,开发人员现在正在开发 Whisper 2.0 版本,该版本增强了可扩展性,并加入隐私保护机制,这样中心化基础设施提供商就无法监控这些去中心化应用之间交换的信息。目前,正在进一步开发 Whisper 协议,以获取研究人员、协议实施者和应用创建者之间进一步的支持[①]。但该协议是什么样的?该协议主要由"信封""消息"和"主题"三个要素构成。信封是包含一些信息的数据包:

(1) time – to – live(/s):剩余存活时间。

(2) expiry(Unix 时间戳秒数):过期时间。

(3) topics:主题(哈希标签,具有会话 Nonce 的接收者的哈希公钥)。

(4) Nonce:一次性随机数(提供工作证明要求)。

(5) message data field:消息数据字段(结合了标志和签名的加密有效负载)。

基于 Nonce 和对消息的执行,可以对接收到的消息进行优先级排序。在

---

① 参见 https://github.com/w3f/messaging/。

此基础上,节点可以优先考虑隐私或性能特性,并选择接受或拒绝。在 Whisper 协议之上运行的应用程序的一个示例是 Status.im,目前处于测试阶段。Status.im 是一款既适用于桌面又适用于智能手机的应用程序,其在一个位置集成了消息服务和其他现有的去中心化应用[①]。该浏览器的主要目标是降低使用以太坊和在其上运行的去中心化应用的门槛。

3.28.2 以太坊 Swarm 协议

与 Whisper 类似,Swarm 协议是以太坊提出的协议,旨在提供一个去中心化和分布式存储平台。Swarm 协议是 Web 3.0 技术栈中的另一层,由以太坊社区提出并支持。Swarm 协议的主要目标是为以太坊的公共数据提供去中心化和冗余存储,特别是存储和分发去中心化应用代码和数据以及区块链数据[②]。Swarm 平台已经提供或正在开发的一些服务包括消息传递、数据流、P2P 记账、可变资源更新、存储保险、托管证明、扫描和修复、支付渠道,当然还有数据库服务。最重要的是,Swarm 平台是抗 DDOS 攻击和抗审查的,并承诺高可用性。这为去中心化应用的开发人员提供了很多可能性,而对于用户而言,与正常使用万维网相比没有任何变化,而且还向开发人员提供了多种 API,如 CLI、JSON-RPC、HTTP 接口和 JavaScript。与 Whisper 协议一样,Swarm 协议仍在开发中,应谨慎使用该协议。Swarm 概念验证版本 0.4 已于 2019 年 5 月发布,其提供了稳定的部署基础设施和测试网络,并实现了文件共享、访问控制和通知。未来的更新将带来同步推送、上传进度条、纠删码冗余技术、固定内容、托管证明挑战协议等。不过,对于开发人员来说,在去中心化应用的开发中测试以太坊 Swarm 协议的实现还是很有趣的。

3.28.3 星际文件系统

星际文件系统(Interplanetary File System,IPFS)是一个用于存储和访问文件、建立网站、应用程序和存储一般数据的分布式系统。其类似于以太坊 Swarm 协议,也想为去中心化应用提供去中心化存储层协议和内容传输协议。

---

① 参见 Jankov,T.(June 1,2018). Ethereum messaging: explaining whisper and status.im. *Sitepoint*: https://www.site-point.com/ethereum-messaging-whisper-status/. Accessed January 13,2020。

② 参见 https://swarm-guide.readthedocs.io/en/latest/introduction.html。

区块链平台——分布式系统特点分析

同样,IPFS 也希望为参与节点提供激励层,以鼓励用户参与和实现存储保险,其使用的存储模型是块模型,将大型文档分割成可以并行获取的片段①。IPFS 和 Swarm 协议都利用了内容寻址,什么是内容寻址?标准的计算机用户习惯于定位寻址,即用户输入 URL 并期待得到一个基于该 URL 的网页。在基于内容的寻址中,可以根据内容而不是位置找到网页。例如,IPFS 的 URL 包含正在访问的网页内容的哈希值,通过这种方式,可以验证读者正在访问的网页内容是否符合要求。而且,IPFS 的文件系统目录映射是透明和高效的。那么,为什么要创建两个具有相同目标的不同项目呢?其实这两个项目之间仍有一些差异,这可能是两个项目能够共存的原因。首先,IPFS 的开发(和运用)比以太坊 Swarm 协议要走得更远。而且 Swarm 协议与以太坊的关系更紧密,带来了包括用户的实时网络、以太坊背后非营利机构的资金以及强大的生态系统等优势。其次,两个项目之间存在着"哲学"上的差异。Swarm 协议是面向 Web 3.0 的以太坊和 Whisper 协议技术架构的一部分,专注于隐私和抗审查,是专门针对以太坊生态系统的需求开发的。然而,IPFS 对任何希望向 Web 3.0 发展的协议开放,因此,还提供了诸如黑名单和源过滤等选项。最后,两个项目之间还存在一些技术差异,如不同的网络通信和对等节点管理协议。一方面,Swarm 协议与以太坊网络使用相同的网络协议,而 IPFS 使用了 Libp2p 网络层协议;另一方面,Swarm 协议可以上传文件并将其作为云托管服务提供商使用,而 IPFS 要求将文件存储在硬盘上。与 IPFS 的实现密切相关的是星际命名系统(Interplanetary Name System,IPNS),IPNS 是一个用于创建和更新指向 IPFS 内容的连接的系统②。IPNS 公钥的哈希值采用的形式为/ipns/QmSrPmbaUKA3ZodhzPWZnpFgcPMFWF4Q sxXbkWfEptT-BJd。DNS 链接(DNSlink)是一个类似的实现,目前运行速度仍然很快(并且更易于阅读)。DNS 链接使用域名而不是哈希公钥,并且更接近用户现在的习惯。

文件币网络(Filecoin)是一个与 IPFS 相关的项目,可以作为 IPFS 的激励层。此项目可以给那些为 IPFS 标准用户提供存储服务的人持续的奖励。文件币网络使用的共识协议是可检索证明协议,这是一种积极的强化协议,另

---

① 参见 https://github.com/ethersphere/swarm/wiki/IPFS‑&‑SW ARM。
② 参见 https://docs.ipfs.io/guides/concepts/ipns/。

外，Swarm 协议也采取了一些惩罚措施，以确保参与者遵守协议的目的。

Filecoin 背后的加密货币可以自由交换，这被用作额外的激励，以说服人们打开目前没有使用的存储空间。Filecoin 旨在创建一个去中心化的存储网络，其背后的一些目标与云储币相似。两者之间的区别在于 Filecoin 真正专注于 IPFS，而云储币是比特币世界中的单独部分。Filecoin 使用了两类存储证明协议：一类是复制证明，允许存储提供商证明用户在自己的存储设备上复制了数据；另一类是时空证明，这是一类工作量证明共识协议，允许存储提供商证明用户在一定时间内存储了某些数据[①]。两类存储证明协议的实现还利用了简洁非交互式零知识证明来提高网络的安全性。Filecoin 的理念是创建一个市场，参与者可以提供存储空间或申请存储空间，当价格匹配时，订单就可以执行。同样，当用户希望请求在去中心化存储空间存储文件时，会有一个订单匹配和结算阶段。这就是为什么存在检索矿工和存储矿工的原因，这些矿工对使用存储设施的用户负有责任。Filecoin 还希望提供智能合约平台的功能，尽管其功能相当有限。该平台支持基本的"put"和"get"请求，未来可以开发文件合约，允许用户选择在什么情况下提供存储。还有一个想法是实现更通用的智能合约，允许资产跟踪、命名系统等。然而，要使 Filecoin 广泛使用，还有很多工作要做，如每个块中的 Filecoin 状态树的规范、完整且可实现的 Filecoin 协议规范、零知识证明（SNARK/STARK）等。

3.28.4　Libp2p 协议栈

Libp2p 协议栈是一个网络堆栈和库，已从 IPFS 项目中模块化，现在可以用于构建 P2P 网络层。Libp2p 协议栈汇集了以太坊主要使用的网络协议，旨在促进对等网络使用。Libp2p 协议栈支持 Go、JavaScript、Rust 和 Python 语言，涵盖广泛的服务，如发现和识别对等节点、不安全但对某些网络可能感兴趣的明文协议，以及基于通信的实现预共享密钥、电路交换协议、TLS 握手协议和传输安全协议等[②]。

[①] 参见 https://filecoin.io/filecoin.pdf。
[②] 参见 https://github.com/libp2p/specs。

3.28.5　星际链接数据模型

星际链接数据模型（Interplanetary Linked Data，IPLD）与 IPFS 紧密相关，也由协议实验室开发。IPLD 是一个数据模型，该模型可以支持在 Web 3.0 和 IPFS 中创建内容可寻址网页。该想法是因为哈希链接的数据结构可以视为统一信息空间的子集，因此可以将所有数据与哈希链接的数据模型统一为 IPLD 的实例①。IPLD 允许跨区块链网络和协议进行内容寻址（只要 IPLD 具有用于内容寻址的哈希基础），当使用 IPLD 时，允许提交到 git 分支以被引用，如将比特币交易作为时间戳，或允许以太坊合约引用 IPFS 上的媒体。在 Go 中，目前已经可以找到支持 Git、比特币、以太坊和 IPFS 的包，在 JavaScript 中也可以找到许多关于 IPLD 的使用。

3.28.6　多格式数据自描述协议簇

协议实验室为下一代 Web 应用提供的最后一块拼图是多格式数据自描述协议簇（Multiformats）。Multiformats 就是一组协议的集合，目的是打造一个永不过时的系统，目前主要通过增强自我描述的格式值来实现。Multiformats 必须遵循一组特定的规则：必须在其值内描述自己，必须避免锁定，必须具有可扩展性，必须具有二进制压缩的表示以及人类可读的表示②。目前，Multiformats 包含以下协议：

（1）Multihash：多重哈希。

（2）Multiaddr：自描述网址。

（3）Multibase：自描述基编码。

（4）Multicodec：自描述序列化。

（5）Multistream：自描述流媒体网络协议。

（6）Multigram：自描述分组网络协议。

（7）Multikey：多重密钥。

目前，IPFS、IPLD 和 Libp2p 协议栈都正在使用 Multiformats。

---

① 参见 https://ipld.io/。
② 参见 http://multiformats.io/。

3.28.7 0x 协议

0x[1] 协议旨在促进基于以太坊的代币（ERC-20 和 ERC-721）的交换，目的是增加这些代币和资产的流动性，以便企业能够将这些新的支付方式整合到当前的门户网站和工作方式中。通过模块化和用户友好的设计，无须大量额外开发即可集成，大量的 API 可以使开发人员轻松使用 0x 协议。0x 协议官网上的案例宣传可用于游戏和数字藏品，也可用于非同质化代币（如谜恋猫）。0x 协议促进了这些代币在市场上特别是预测市场上的交易。当涉及去中心化预测市场时，可以在本书中找到几个示例，其中金融股权就可以由可交易的代币表示。0x 协议可以使这些市场更具流动性，因为这些代币可以更容易地通过此协议进行交易。还有一个例子是可以促进交易委托账本的流动性，就像去中心化的贷款市场一样，可以通过以代币形式购买和转售贷款来增加流动性。最后，安全的代币交易需要高效和流动的市场才能取得成功，0x 协议能在其中发挥关键作用。

3.28.8 Dat 协议

Dat 协议是一种 P2P 协议，由一个强大的开发人员团队专门为去中心化网络开发[2]。这是一个促进计算机之间直接共享数据的协议，该协议可以在连接性差甚至离线的网络中工作。Dat 协议能够处理大型数据集，可以添加或修改数据，并可以在机器上保留完整的历史记录。Dat 协议对用户非常友好，即使没有深厚的技术知识，也可以使用 Dat 协议。该协议不仅适用于普通网站，还适用于艺术类、音乐发行类网站以及聊天程序等。

Dat 协议的 URL 主要由三个部分组成：
Dat://668f8d955175f92e4ced5e4f5563f55bvch0c86cc6f670352c451233777ab879/welikedat.gif

第一部分 Dat 协议由 Dat:// 来标识。即使不是 IT 专业人员，也至少知道 http://，它只是被另一种更适合去中心化世界的协议——Dat 协议取代了。第二部分由一长串字母和数字组成，是以十六进制格式表示的 ed25519 公钥。

---

[1] 参见 https://0x.org/why#benefits。
[2] 参见 https://dat.foundation/。

该公钥允许用户查找和发现其他拥有该数据的人,并验证数据在通过网络时有没有更改。最后一部分是后缀,是 Dat 协议中数据的可选路径,通常看起来有点像从目录结构中识别的文件路径。使用该结构和协议的浏览器称为 Beaker。所以现在在知道去中心化的 Dat 世界的 URL 是什么样子了,但是用户如何发现可以下载数据的对等节点?因为不再有可以连接的中央服务器,就像在 HTTP 世界中所习惯的那样。于是,就出现了"恢复密钥"形式的解决方案。根据要找的 Dat 公钥,可以很方便地计算"恢复密钥"。然而,反过来是不可能的,恶意者不可能发现用户正在寻找的 URL[①]。"恢复密钥"是通过使用 BLAKE2b 哈希函数对单词"hypercore"进行哈希生成的,其中试图到达某个数据集或网站的对等节点将在其本地网络中广播"恢复密钥"。而且在未来,超级蜂群(Hyperswarm)将用于改进网络中查找和连接对等节点的过程,以便更快地查找数据并在用户之间共享[②]。目前,有一种类似于常规 DNS 查询的组播 DNS,只不过组播 DNS 是在整个网络中广播的。报文本身是一个发送到特殊的广播地址的 UDP 报文,该地址的 MAC 为 01:00:5e:00:00:fb,IP 地址为 224.0.0.251,源端口号和目的端口号为 5353。当客户端请求对等节点时,DNS 请求报文头部如表 3.5 所列。

表 3.5 DNS 请求报文头部

会话标识 (Transaction ID)	标志 (Flags)	问题数 (Questions)	应答数 (Answers)	授权资源记录数 (Authority Records)	附加资源记录数 (Additional Records)
0 0	0 0	0 1	0 0	0 0	0 0

对同一个 DAT 公钥感兴趣的对等节点 DNS 应答报文头部如表 3.6 所列。

表 3.6 DNS 应答报文头部

会话标识	标志	问题数	应答数	授权资源记录数	附加资源记录数
0 0	132 0	0 1	0 1	0 0	0 0

DNS 应答报文最终可以包含:令牌记录和对等节点记录两个 TXT 记录。令牌记录是一个随机值,确保客户端不会连接到自己。对等节点记录包含基于 base64 编码的 IP 地址和对同一 Dat 公钥感兴趣的对等节点端口。然而,有

---

① 根据流量,攻击者仍可能会计算有多少 Dat 报文,以及 Dat 报文的大小、IP 地址、流量时间和数据卷。

② 参见 https://github.com/hyperswarm。

一种中心化的 DNS 发现方法，再次引入了单点故障，但其有助于实现快速检索和全球范围内的覆盖。到目前为止，其实现有服务器 discovery1.datprotocol.com 和备用服务器 discovery2.datprotocol.com。令牌记录要求对等节点必须每 60s 重新声明以保持连接，并且服务器还会循环发送令牌，以便对等节点记住最后收到的令牌并在必要时进行更新。对等节点记录会将目标 IP 地址更改为 45.55.78.106（第一个 discovery 服务器），目标端口更改为 53。对等节点对 discovery 服务器的请求报文头部如表 3.7 所列。

表 3.7　discovery 服务器的请求报文头部

会话标识	标志	问题数	应答数	授权资源记录数	附加资源记录数
189 150	1 0	0 1	0 1	0 0	0 1

discovery 服务器的应答报文头部如表 3.8 所列。

表 3.8　discovery 服务器的应答报文头部

会话标识	标志	问题数	应答数	授权资源记录数	附加资源记录数
189 150	128 0	0 1	0 1	0 0	0 0

SRV 记录的报文头部如表 3.9 所列。

表 3.9　SRV 记录的报文头部

会话标识	标志	问题数	应答数	授权资源记录数	附加资源记录数
135 100	1 0	0 0	0 0	0 0	0 1

当客户端发现对等节点并得到对应端口号时，将建立一个 TCP 连接。建立连接后发送的第一条消息是数据流消息（Feed Message）。此消息由"恢复密钥"和 TCP 连接生成的随机数组成。第二条消息是在建立连接的两端发送的握手消息，其格式如表 3.10 所列。

表 3.10　握手消息格式

编号	名称	描述	类型
1	ID	随机 ID，使得对等节点不会连接到自身	Length – prefixed
2	Live	0（结束连接）或 1（保持连接）	Varint
3	User data	更高级别应用的任意字节	Length – prefixed
4	Extensions	对等节点想要使用扩展的名称	Length – prefixed
5	Acknowledge	0/1（无须确认/确认）	Varint

为了防止窃听,在第二条消息之后使用 XSalsa20 加密算法对连接进行加密。在连接结束之前的对等节点之间中继的消息具有以下结构:长度、通道和类型,后紧跟消息主体(这就是所谓的有线协议的结构)。只要连接未中断,这种情况就会反复出现。长度是指下一个长度字段(以及下一个消息)之前的字节数,通道和类型由编码通道号(最多 127 位)和消息类型(最多 15 位)的 11bit 组成。通道使用相同的 TCP 连接,可以与多个 Dat 节点通信,从第一个 Dat 节点的通道号是 0 开始,以此类推。类型可以参考表 3.11。

表 3.11 消息类型格式

编号	名称	描述
0	Feed	想要该 Dat
1	Handshake	协商 TCP 连接
2	Info	开始/停止下载/上传
3	Have	有需要的数据
4	Unhave	不再有数据/没有保存接收到的数据
5	Want	想要该数据
6	Unwant	不再想要这些数据
7	Request	请将此数据发送给本端
8	Cancel	不要发送此数据给本端
9	Data	数据
10~14	N/A	未用的
15	Extension	不是核心协议部分的消息

最后,还有消息主体,其是消息的实际内容。消息主体中的前两个字段是使用 varint 编码的整数或变长整数。其易于使用,可以仅用几个字节对小的数字进行编码,并且可以根据需要进行扩展,然而,与普通整数相比,编码和解码所需时间稍长。主体由字段标签组成,每个标签后面都有值。字段标签由字段编号(由最高有效位决定)和字段类型两个重要部分组成,因为字段编号为可变长度,所以字段类型也是可变的。在网络中,对等节点会发送心跳包(Keepalive),这些包是空的,在到达时会被丢弃,纯粹用于保持网络连接,以防在一段时间内没有发送数据而 TCP 连接被切断。但是如果想要来自另一个对等节点的某个数据集呢?那么请发送请求消息,请求消息格式如表 3.12 所列。

表 3.12　请求消息格式

编号	名称	描述	类型
1	Index	要发送的块数	Varint
2	Bytes	如果存在忽略索引,则查找特定字节	Varint
3	Hash	0/1(发送数据和哈希值/仅发送哈希值)	Varint
4	Nodes	0/1(发送所有哈希值以验证块/仅发送数据)	Varint

取消请求消息格式如表 3.13 所列。

表 3.13　取消请求消息格式

编号	名称	描述	类型
1	Index	要取消的块数	Varint
2	Bytes	忽略索引字段和取消特定字节	Varint
3	Hash	取消转发的哈希值	Varint

在对等节点之间交换的数据由可变长度的数据块组成。当存在一个已有的数据文件时,可以在末尾添加新的数据块,但不能删除或修改原有的数据块。为了确保没有任何修改,可以使用哈希值来帮助验证。还有一种树状结构(默克尔树),也可以用来验证数据块。该树由根哈希、父哈希(两个或多个链接)和最终验证数据集中单个块的块哈希组成。数据集将根据"want/unwant"和"have/unhave"消息判断是否发送给其他对等节点。数据消息格式如表 3.14 所列。

表 3.14　数据消息格式

编号	名称	描述	类型
1	Index	块号	Varint
2	Value	块内容	Length – prefixed
3	Nodes	对验证块完整性的每个哈希值重复此操作	Length – prefixed
4	Signature	此块根哈希的 Ed25519 签名	Length – prefixed

数据文件使用元数据流和内容流两个耦合字段来表示文件和文件夹。元数据流包含每个文件的名称、大小和其他元数据,而内容流包含实际文件内容。

目前正在进行一些更新和迭代,以改进 Dat 协议。例如,超级引擎(Hyperdrive)文件系统将开始使用前缀树来提升运行速度,还有超级蜂群(如前所述),其将在网络中引入新的发现机制。接下来是多写入器,其将允许多个用户和设备同时更新 Dat 系统应用,最后还有 NOISE 协议,其可以解决当前连接可能被窃听的情况。

3.28.9 以太坊加密货币的实现

到目前为止,读者已经了解到,以太坊为智能合约和去中心化应用的全新世界打开了大门。同样,以太坊也为其网络上运行的加密货币打开了大门。一些代币有自己的区块链,但许多代币都运行在以太坊之上。多年来,以太坊为此制定了多项标准,甚至独立于网络的代币也倾向于遵循这些标准,因为现在很多社区已经普遍接受了它们。

3.28.10 EIP 20:ERC-20 代币标准

ERC-20 代币标准是本书介绍的第一个标准,因为 ERC-20 代币标准是第一个发布的标准,定义了以太坊网络智能合约中代币的设计规则,由法比安·弗格斯蒂尔(Fabian Vogelsteller)在 2015 年 11 月 19 日提出。在撰写本书时,以太坊主网上已有近 200000 个符合 ERC-20 代币标准的代币。矛盾的是,以太币本身并不符合 ERC-20 代币标准的格式,因此以太币将自己"包装"并转换为包裹式以太币(Wrapped Ethereum,WETH),然后可以将其保存在智能合约中并与以太币 1∶1 挂钩。目前,正在采取措施使以太币可以直接与 ERC-20 代币交易。在此之前,Radar Relay[①] 交易所和 0x 协议[②]提供了允许直接在包裹式以太币和 ERC-20 代币之间进行交易的接口。ERC-20 代币标准中还定义了以下函数,这些函数可以在以太坊 EIP 20 网站上找到[③],但需要注意的是,调用者也必须能够处理来自布尔结果的"错误"响应。

(1)函数 name():public view returns(string)。

(2)函数 symbol():public view returns(string)。

(3)函数 decimals():public view returns(uint8)。

这三个函数是可选的,旨在提高代币的可用性。ERC-20 标准的网站指

---

① 参见 https://radarrelay.com/。
② 参见 https://0x.org/portal/account。
③ 参见 https://eips.ethereum.org/EIPS/eip-20。

出，接口不应该期望调用这些函数，但现在几乎可以肯定的是，代币可以调用name()函数和symbol()函数。甚至也可以查看代币支持多少位小数，这决定了代币在现实交易中可以分割和使用的程度。

（4）函数totalSupply()：public view returns（uint256）。

（5）函数balanceOf（address _owner）：public view returns（uint256 balance）。

这两个函数是必需的，分别表示代币的总发行量和地址中代币的余额。

（6）函数transfer(address _to,uint256 _value)：public returns（bool success）。

（7）事件transfer(address indexed _from,address indexed _to,uint256 _value)。

（8）函数transferFrom(address_from,address_to,uint256 _value)：public returns(bool success)。

transfer函数是将"_value"个代币转账到地址"_to"，并且会触发transfer事件。类似地，transferFrom函数是将"_value"个代币从地址"_from"转账到地址"_to"。transferFrom函数是在取款工作流的情况下使用的函数，即具有转移代币的合约，除非"_from"被指定并且已经得到消息发送方的授权，否则就会失败。值得注意的是，金额为0的transfer函数也能触发transfer事件。

（9）函数approve(address _spender,uint256 _value)：public returns（bool success）。

（10）事件approval（address indexed _owner，address indexed _spender，uint256 _value），approve函数允许地址"_spender"从自己账户地址转账"_value"个代币。

（11）函数allowance(address_owner,address_spender)：public view returns（uint256 remaining）。

最后，allowance函数表示允许从"_owner"地址转账到"_spender"。但有一个关键缺陷，就是转账到某人的地址和转账到智能合约有区别。如果想在智能合约中存款，就必须使用approve函数和transferFrom函数，然而在标准钱包中存款使用的是transfer函数。如果使用tranfer函数向智能合约转账，交易成功但接收方无法收到代币，那么代币就会在网络中丢失。针对这一问题，现在已经提出了一些解决方法，如OpenZeppelin实现和ConsenSys实现。

3.28.11　ERC-223代币标准

ERC-20代币标准很容易理解,因此开发者经常用它来创建代币,但也有一系列缺陷。其中一个缺陷是,当人们把本该发送到钱包(普通地址账户)的代币发送到智能合约时,就会造成代币丢失。该缺陷已经造成了数百万美元的损失。为此,德克萨兰(u/Dexaran)提出了ERC-223代币标准,专门用于改进ERC-20代币标准,并通过在无效转账的情况下抛出错误和取消交易来解决这一棘手的问题,从而避免代币丢失。ERC-223代币标准还向transfer函数添加了一个额外的数据参数,允许除代币之外的交易。此外,ERC-223代币标准还提高了交易效率,减少了交易所需的Gas①。即使有这些优势,ERC-223代币标准仍然向后兼容ERC-20代币标准,没有拒绝基于ERC-20代币标准的代币。该标准中的主要假设是智能合约中存在一个"tokenFallback"功能,智能合约的"转账"功能基于此。这意味着transfer函数将会检查接收地址是否为智能合约,如果是,则假定"tokenFallback"功能存在并发挥作用,但如果不是,代币还是可能会丢失。

3.28.12　ERC-721代币标准

ERC-721代币标准②是免费的开放标准,描述了如何在以太坊区块链上创建非同质化代币。ERC-721代币标准使用的是智能合约的格式,允许安全地管理、拥有和交易这些代币,同时为额外的元数据或补充功能留出空间。

ERC-721代币标准最著名的例子是公理禅(Axiom Zen)工作室于2017年底发布的谜恋猫,其中一些猫的售价超过100000美元!如今,许多平台都使用ERC-721代币标准来创建代表真实资产的独特代币。可以简单地从GitHub页面复制和调整模板,以正确使用ERC-721代币标准③。下面将展示一个关于ERC-721代币标准的简短示例。

---

① 参见 Wiigo Coin(January 2,2019). ERC223 token standard pros and cons. *Medium*. https://medium.com/@wiiggocoin/erc223-token-standard-pros-cons-93a01f0239f. Accessed January 14,2020.

② 参见 erc721.org/。

③ 参见 https://github.com/OpenZeppelin/openzeppelin-solidity/blob/master/contracts/token/ERC721/ERC721.sol。

3.28.13　ERC-777代币标准

另一个旨在改进 ERC-20 代币标准的标准是 ERC-777。该标准使用另一种方式来识别合约接口：在 ERC-820 代币标准（伪自省注册表合约）中引入和定义了以太坊中央化注册表合约，每个参与者都可以使用该接口来查看智能合约是否使用了某些功能。理论上，可以创建一个基于 ERC-20 代币标准并集成了 ERC-777 代币标准所提供的功能代币。这将带来积极的网络效应，也会让参与者和以太坊社区更快地采用 ERC-777 代币标准。由于这些集成的可能性，相比于 ERC-223 代币标准，交易所更容易支持该标准。

3.28.14　ERC-827代币标准

ERC-827 代币标准是 ERC-20 代币接口标准的扩展，因此可以执行内部的 transfer 函数和 approval 函数①。这意味着代币代理可以在转账获得批准后，执行接收方合约中的函数。为实现这一目标，便采用代理合约转发来自代币合约的调用。ERC-827 代币标准在已使用的 ERC-20 代币标准中增加了三个函数：

（1）approveAndCall：只允许接收方合约使用已批准的金额。

（2）transferAndCall：不检查转账金额是否正确。

（3）transferFromAndCall：与 transferAndCall 相同，允许合约在执行函数之前代表用户转移代币。

3.28.15　ERC-664代币标准

ERC-664 代币标准希望改进 ERC-20 代币标准，以便将用户余额从业务逻辑中抽象出来。在 ERC-664 官网页面上定义了一整套功能和方法，现在该页面仍然开放②。

3.28.16　ERC-677代币标准

ERC-677 代币标准引入了允许将代币转账到合约的功能，并在单个交

---

① 参见 https://github.com/ethereum/eips/issues/827。
② 参见 https://github.com/ethereum/EIPs/issues/644。

易中使用合约触发逻辑来对接收代币进行响应①。其提出了一个名为"onTokenTransfer"的新交易类型,希望解决 ERC–223 代币标准仍然存在的漏洞。ERC–677 代币标准只是为了 ERC–223 代币标准更广泛地使用而发布的一个过渡标准。

3.29　以太经典

此前,已经在本书中有关去中心化自治组织的部分中简短地讨论了以太经典(Ethereum Classic,ETC),现在有必要以一个单独的部分来讨论以太坊区块链的这一特殊硬分叉。虽然在许多形式上以太经典与以太坊相同,但在审视该区块链平台时需要考虑一些关键差异。简要回顾一下,由于 DAO 攻击,以太经典这一硬分叉诞生了。具体来说,就是以太坊社区中有一部分人拒绝加入向攻击受害者退款的新硬分叉,选择留在旧硬分叉。ETC 链的第一个区块编号为 1920000,产生于 2016 年 7 月 20 日。2016 年 7 月 23 日,P 网(Poloniex)交易所发布了 ETC 代币,价格上涨至以太币的 1/3。最初几天甚至几个月,以太坊社区一片混乱,用户们进行了大量讨论,以至有人称之为社区"战争"②。ETC 的支持者们没过多久就组建了自己的社区,当编号为 2050000 的区块被挖出时,ETC 官方网站上出现了 ETC 官方的"独立宣言",声明 ETC 不再与以太坊基金会有关系。与此同时,一个名为"罗宾汉集团"(Robin Hood Group)的公司负责保护受黑客攻击后的 DAO 约 70% 的资金安全,该公司在市场上倾销了大量窃取的 ETC 代币,试图破坏 ETC 代币这一年轻市场的稳定。P 网交易所采取了相应措施,冻结了这部分资金,于是在接下来的几个月里,社区开始重建 ETC 网络。

一个重要节点是在 2016 年 8 月 31 日,在 DAO 攻击中冻结的资金被返还给 DAO 组织中代币的持有者和黑客。然而,结果似乎有点令人沮丧,ETC 代币的价格依旧保持稳定。2016 年底,ETC 出台了关于发行代币的货币政策,以协调平台用户、矿商、投资者和开发商的利益。ETC 在编号为 3000000 的区块处进行了名为"虎胆龙威"(Diehard)的硬分叉升级,解决了几个问题,如防

---

① 参见 https://github.com/ethereum/EIPs/issues/677。
② 参见 https://ethereumclassic.org/roadmap/。

止重放攻击,并消除了以太坊的难度定时炸弹。2017 年,货币政策进行了调整,类似于比特币,对代币发行时间设定了一个固定上限。另一个创新是嵌入式支持向量机(Support Vector Machine,SVM),其支持以太坊虚拟机和SputnikVM 虚拟机应用于嵌入式应用,并支持拜占庭 + 君士坦丁堡硬分叉。另外,JSON RPC 模式已实现自动化,降低了与库相关的操作成本,提高了去中心化应用开发的效率。同样,关于更好地去中心化应用部署工具的研究和用户体验研究(UX Research)也在进行。ETC JIT 编译器也翻译成了以太坊虚拟机字节码,从而使程序的执行时间减少了三分之二。最后,还有亚特兰蒂斯(Atlantis)硬分叉,使得伪龙硬分叉(Spurious Dragon)和拜占庭网络协议升级也可以在 ETC 网络上进行。2020 年初,阿格哈塔(Agharta)硬分叉允许在 ETC 网络上进行君士坦丁堡(Constantinople)和彼得堡(Petersburg)网络协议的升级,下一个硬分叉将是阿兹特兰(Aztlan)硬分叉,其将允许在 ETC 网络上进行伊斯坦布尔(Istanbul)网络协议的升级。

第 4 章
超级账本和有向无环图

本章将简要介绍超级账本基金会,其拥有丰富的工具和项目,超级账本基金会可以说是当时最著名的私有区块链实现。之后,本书还将介绍几个令人振奋的关于有向无环图技术的新实现。

4.1 超级账本

当人们谈论超级账本时,实际上谈论的是一整套可能的实施方案,因为超级账本项目是 Linux 基金会的一部分,并且托管了许多不同的区块链解决方案。在深入探讨这些解决方案之前,有必要先简要介绍(当前)整个项目支持的框架。

(1) Besu 项目是用 Java 语言编写的开源以太坊客户端,既可以运行在公共网络,也可以运行在私有许可网络。

(2) Burrow 项目是基于授权的智能合约机器。

(3) Fabric 项目是具有通道支持的许可链实现。

(4) Grid 项目专注于供应链的解决方案,主要基于 WebAssembly 技术。

(5) Indy 项目提供了一种可以帮助组织实现去中心化身份的解决方案。

(6) Iroha 项目是移动应用程序的区块链实现。

(7) Sawtooth 项目为 EVM 交易系列提供有许可或无许可的支持。

在这些框架之上,还又创建了一套工具,用来给予区块链解决方案的开发者支持与帮助。

(1) Aries 项目为对等交易提供基础设施支持。

(2) Avalon 项目是一个独立的账本实例,可将计算信任扩展到链下执行。

(3) Cactus 项目是一个区块链集成工具,Caliper 项目是一个区块链框架基准平台。

(4) Cello 项目提供一种"即服务"部署。

(5) Composer 项目是一种对区块链网络进行建模的业务解决方案。

(6) Explorer 项目是一个区块链浏览器。

(7) Quilt 项目专注于区块链的互操作性。

(8) Transact 项目致力于交易执行和状态管理。

(9) Ursa 项目是一个共享的加密库。

4.1.1 Besu 项目简介

Besu 项目以前称为"Pantheon",由 PagaSys(ConsenSys 公司的协议工程团队)发布。Besu 是以太坊客户端的 Java 实现[1],也是超级账本框架内第一个能够在公有链上运行的实现。该平台旨在对开发和部署尽可能开放,因此具有非常模块化的构建。此外,该平台还包含多种共识算法,如工作量证明(Ethash)和权威证明:伊斯坦布尔拜占庭容错或者结合了私有用例的综合许可方案的 Clique 协议。其使用的存储解决方案是 RocksDB 键值数据库,链上的数据能够在本地保存(将区块链数据和全局数据进行划分)。这些设计都是为了让平台对尽可能多的应用程序开放。同样地,在对等网络(基于 UDP 的发现、基于 TCP 的与 ETH 子协议和 IBF 子协议的通信)和面向用户的 API(基于 HTTP 和 WebSocket 协议的 JSON-RPC,以及 GraphQL API)中也有所体现。目前,该新平台虽然仍处于孵化阶段,但这一令人兴奋的新平台未来可期。

4.1.2 Burrow 项目简介

Burrow 项目的实现中,有一个工作状态的许可链节点,会按照以太坊虚拟机的规范执行智能合约。可以确认 Burrow 有以下组件[2]。

(1)共识引擎:使用 Tendermint 协议来排序并完成交易。

(2)智能合约应用程序:基于共识引擎的完成结果,使交易得到验证并应用于交易状态(由所有账户组成,包括钱包和合约账户)。

(3)应用程序区块链接口(Application Blockchain Interfact,ABCI):这是共识引擎和智能合约应用之间使用的接口。

(4)有许可的以太坊虚拟机:基于 EVM 和必须在执行前得到匹配的许可方案。

(5)应用程序二进制接口(Application Binary Interface,ABI):交易通过该接口以二进制格式传输,并由区块链代码处理。

---

[1] 参见 Dawson, R. and Baxter, M. (August 29, 2019). Announcing Hyperledger Besu. *Hyperledger*. https://www.hyperledger.org/blog/2019/08/29/announcing-hyperledger-besu. Accessed January 22, 2020。

[2] 参见 https://github.com/hyperledger/burrow/tree/master。

（6）应用程序接口网关：JSON – RPC 和 REST 端点都通过网关与 Burrow 网络进行交互。

4.1.3　Fabric 项目简介

Fabric 项目提供了一个模块化架构，允许开发人员定制化模块和服务，如共识机制和会员服务，可以即插即用①。Fabric 的第一个版本是由 IBM 和 Digital Asset 公司发布的。

Fabric 是一种私有实现方案，其希望能够帮助解决诸如可识别的参与者、只有已识别的参与者的许可网络、高交易吞吐量、低延迟和实际交易数据的隐私等网络需求。与其他大多数区块链或分布式账本实现相反，该平台不需要任何本地代币来支持合约执行。除了热插拔服务，智能合约还可以在独立的容器环境中运行以实现隔离，并且可以由 Golang 和 Node.js 等标准编程语言进行编写②。Fabric 环境中的交易遵循的架构与其他平台略有不同，称为"执行 – 排序 – 验证"。首先，执行交易并检验其正确性；其次，通过适当的共识协议进行排序；最后，交易在提交到区块链之前得到验证。如今创建企业级分布式账本平台是非常流行的，如果对创建和设置 Fabric 应用程序感兴趣，可以在网上找到诸多教程。Fabric 文档也许是最好的新手教程，该文档清楚地介绍了如何建立第一个网络并开始学习链码③。

4.1.4　Grid 项目简介

Grid 项目是超级账本项目中一个侧重于供应链的实现。Grid 旨在提供工具和可重用的代码，希望利用分布式账本技术的优势促进跨行业供应链解决方案的发展。Grid 提供了一个框架，并结合必要的库和技术来实现这一目标。需要着重明确的是，超级账本项目这方面的内容在 2018 年 12 月才被接受，因此，该项目的实施目前仍处于起步阶段。Grid 项目的开发人员希望为供应链带来特定的智能合约和客户端接口，并与模块化的领域数据模型（基

---

① 参见 https://www.hyperledger.org/projects/fabric。
② 参见 https://hyperledger – fabric.readthedocs.io/en/release – 1.4/whatis.html。
③ 参见 https://hyperledgerfabric.readthedocs.io/en/release1.4/build_network.html#install – prerequisites。

于 GS1 等模型)、业务逻辑和 SDK① 相结合。

4.1.5　Indy 项目简介

Indy 项目是专门为帮助分布式账本实现去中心化身份而建立的。与 Grid 类似,Indy 为创建并使用独立的数字身份提供了工具、库和可重复使用的组件②。区块链上的身份本身就可能会带来一些问题,如设计上的隐私问题,以及在无法更改的账本上分享个人信息时的信任问题。为了解决这些问题,Indy 提供了一些可以在必要时进行应用的规范和实施方案,并在超级账本项目内部和外部的实现中都可以加以利用。Sovrin 基金会是一个著名的公共身份的实用工具,Sovrin 基金会就使用了 Indy 的代码库。

4.1.6　Iroha 项目简介

Iroha 项目是另一个区块链平台,使用 C++ 构建,提供与拜占庭容错排序服务相结合的 "Yet Another Consensus" 协议③。在数字资产管理和数字身份方面,Iroha 提供了一系列快速命令和查询方式,以帮助实现任务自动化和快速处理交易。Iroha 由 Soramitsu 公司、Hitachi 公司、NTT Data 公司和 Colu 公司为超级账本基金会开发。Iroha 在实现过程中,使用了支持复杂分析和报告的 PostgreSQL 数据库。相较于 Burrow 和 Fabric 的实现,Iroha 具有更高的灵活性,但也需要更多的知识和更强的专业性。因此,在使用该平台的过程中,请注意检查所有能找到的文件,并且只在对实际应用确实有必要调整的地方进行调整。文档中提到的 Iroha 实现的几个应用是银行间结算、中央银行数字货币、支付系统、国民身份证、物流以及类似的过程④。相较于基于以太坊的系统,Iroha 具有的优势是拥有几个内置函数,允许创建和转移数字资产,而无须编写自己的智能合约。另一个有趣的地方是,以 Python、JavaScript、Java 和 Swift 等语言实现的 Iroha 库允许与多种类型的应用程序进行通信,表现了该框架的灵活性。

---

① 参见 https://grid.hyperledger.org/docs/grid/nightly/master/introduction.html。
② 参见 https://www.hyperledger.org/projects/hyperledger-indy。
③ 参见 https://www.hyperledger.org/projects/iroha。
④ 参见 https://iroha.readthedocs.io/en/latest/overview.html。

4.1.7　Sawtooth 项目简介

Sawtooth 项目是当前最新实现的超级账本。该平台将应用程序与核心系统分开,允许在不了解底层系统的情况下使用任何语言开发应用程序。这些应用程序还能选择正在使用的交易规则、许可和共识规则[①]。正在开发的应用程序可以是业务逻辑或智能合约虚拟机,并且这两种实现可以共存于同一个账本上。此外,与大多数需要串行交易排序的区块链系统相反,Sawtooth 平台使用并行调度程序。这使得平台能够在大幅度提高网络速度的情况下,仍然能够防止双花问题。

4.1.8　Aries 项目简介

除了之前介绍的几个平台选项,超级账本基金会还提供了一整套辅助开发的工具。这里要介绍的第一个工具称为 Aries 项目,Aries 专注于创建、传输和存储数字证书[②]。Aries 建立在另一个超级账本项目 Ursa 之上,并由 Sovrin 基金会、加拿大不列颠哥伦比亚省政府和 Indy 社区开发者共同发布。此实施方案虽然仍在全面开发中,但将证明是未来专注于身份部分的区块链解决方案中不可或缺的一部分,主要是因为该解决方案单独构建,与区块链无关。

4.1.9　Avalon 项目简介

另一个仍处于孵化阶段的工具称为 Avalon 项目(以前称为可信计算框架(Trusted Compute Frame work,TCF)),由企业以太坊联盟发布[③]。该工具应使区块链处理能够安全地移到主链外进行,提升区块链的吞吐量、交易隐私,并引入经过验证的预言机。随着 Avalon 的推出,区块链技术的可扩展性和机密性两个主要问题正在得到缓解。通过从区块链网络获取数据,需要权衡的是完整性和弹性,这就是设计具有可信执行环境、多方计算和零知识证明的 Avalon 原因。

---

① 参见 https：//sawtooth.hyperledger.org/docs/core/releases/latest/introduction.html。
② 参见 https：//www.hyperledger.org/projects/aries。
③ 参见 https：//www.hyperledger.org/projects/avalon。

4.1.10 Cactus 项目简介

Cactus 项目(以前称为区块链集成框架)是由富士通和埃森哲开发的工具,能够以安全的方式集成不同的区块链网络。Cactus 最大限度地提高了可插拔性,以便可以跨多个区块链分类账执行账本操作[①]。

4.1.11 Caliper 项目简介

Caliper 项目是一种区块链基准测试工具,可以根据一组预定义的用例来衡量区块链项目的性能。Caliper 带有一个报告引擎,可以显示每秒发生的交易、网络延迟和资源利用率等[②]。该项目由来自华为公司、Hyperchain 公司、甲骨文公司、Bitwisr 公司、Soramitsu 公司、IBM 公司和布达佩斯科技经济大学的开发人员发布。目前,该解决方案可用于 Fabric、Sawtooth、Iroha、Burrow,甚至是 Composer 项目。在不久的将来,以太坊和其他区块链实现也将能够使用这套基准工具。

4.1.12 Cello 项目简介

Cello 项目希望能够将按需即服务的部署模型带入区块链世界,这将大大减少当前创建和管理区块链所需的工作量。Cello 专注于裸机、虚拟机或其他容器、多租户或单租户等场景,并尽可能灵活地实现目标。该项目由 IBM 公司发布,并得到了 Soramitsu 公司、华为公司和英特尔公司的赞助[③]。尽管该项目目仍处于孵化阶段,但开发人员已经可以测试首批实现的一些功能。

4.1.13 Composer 项目简介

Composer 项目是为从业人员开发的工具,用于快速生成具有智能合约和区块链应用程序的业务网络。Composer 基于 Fabric 框架,在概念证明的开发

---

① 参见 Klein, M. and Montomery, H. (May 13, 2020). TCS approves Hyperledger Cactus as new project. *Hyperledger*. https://www.hyperledger.org/blog/2020/05/13/tsc-approves-hyperledger-cactus-as-new-project. Accessed June 4, 2020。

② 参见 https://www.hyperledger.org/projects/caliper。

③ 参见 https://www.hyperledger.org/projects/cello。

上非常简洁高效①。Composer 可以对现有的资产、参与者和交易进行建模,这样就可以通过创建一个功能项目来展示使用案例的可能性。

4.1.14 Explorer 项目简介

Explorer 工具的功能是为正在构建的项目提供可部署的区块资源管理器,Explorer 能够对区块、交易、所有相关数据和网络信息进行查询。该项目是由 IBM、英特尔和 DTCC 等公司发布的②。

4.1.15 Quilt 项目简介

Quilt 的目标是通过实现账本间协议(Interledger Protocol,ILP)来提供账本系统间的互操作性,且该协议允许分布式账本和非分布式账本之间的价值转移,其实现方式是基于每个账本内的账户唯一名称空间进行原子交换③。Quilt 是由 NTT 和 Ripple 等公司发布的。

4.1.16 Transact 项目简介

Transact 项目希望为执行智能合约提供标准的接口,使其与分布式账本平台完全分开,从而简化人们为实际创建这些分布式账本平台所需的努力④。为了实现这些新的智能合约语言,Transact 利用了一种称为"智能合约引擎"的技术。这一技术是由 Bitwise 和 Cargill 开发的,尚处在初期,但仍有很多工作要做,只要开发完毕,就可以用这一项目的成果对资源库进行检查以及对数据库进行测试,这将非常有意义。

4.1.17 Ursa 项目简介

Ursa 提供了一个共享的加密库,使开发者能够提高项目的安全性,并在涉及加密功能实现时避免重复工作⑤。为了达成这一目标,首先,项目有一个基础加密库,其中包含一个共享的模块化签名功能实现,该实现具有多个签

---

① 参见 https://hyperledger.github.io/composer/latest/introduction/introduction.html。
② 参见 https://github.com/hyperledger/blockchain-explorer。
③ 参见 https://www.hyperledger.org/projects/quilt。
④ 参见 https://www.hyperledger.org/projects/transact。
⑤ 参见 https://www.hyperledger.org/projects/ursa。

名方案和一个通用 API。其次,项目使用了 Z – Mix 库。Z – Mix 库提供了一种生成零知识证明的通用方法。

4.2 基于 DAML 的数字资产

数字资产是一个专注于企业解决方案的平台[①],其核心是 DAML。DAML 是一种智能合约编程语言,可用于创建数字协议和自动交易。DAML 是一种开源编程语言,其目标是用户友好,因此几乎没有经验或完全没有经验的人也能够快速创建去中心化的应用程序。DAML 抽象了底层的实现细节[②],目前,Sextant、Sawtooth、Fabric、Corda 以及 Amazon Aurora、VMWare 和 PostgreSQL 也支持该语言。当企业想要进入实施阶段时,这些多分类账选项为企业提供了一定程度的灵活性。

4.3 埃欧塔

埃欧塔(IOTA)是另一种值得关注的分布式账本技术。开发人员聚焦于不断发展的物联网行业和这些设备的数据管理。IOTA 已经从大众所熟知的"区块链"转向有向无环图技术的具体实现:缠结。缠结技术使用缠结协议,并使用分类账来存储交易。每笔交易只有将其之前的两笔交易验证后才能进行验证。正如之前在有向无环图的解释中所看到的,交易是通过所谓的"边"相互关联的。IOTA 也取消了区块链网络中随处可见的矿工。相反,每个进行交易的参与者都扮演矿工的角色,因为每个新交易必须验证之前的两笔交易才能进行工作量证明的计算。这意味着交易存在待处理和已确认两种不同的状态。交易不仅通过网络传播,且实际上它们是捆绑在一起的。这些交易束由支持节点向另一个地址发送代币的数据或指令组成。重要的是,交易束需要完全一致:交易束中的每个交易都可以被验证,或者没有一个交易可以被验证,没有中间选项。每个交易束都有相同的标准结构:头部、主体和尾部。尾部的索引为 0,头部是交易束中的最后一个交易。交易束的头部

---

① 参见 https://digitalasset.com/。

② 参见 https://daml.com/features/。

交易又与缠结中的另外两个交易束的尾部相连。交易如表4.1所列。

表 4.1　交　易

字段	描述	类型	长度/Trytes[①]
signatureMessageFragment	签名/部分签名	字符串	2187
address	发件人/收件人地址	字符串	81
value	IOTA 代币	整型	27
obsoleteTag	用户定义（待删除）	字符串	27
timestamp	Unix 时间	整型	27
currentIndex	交易在中的索引	整型	9
lastIndex	交易束中最后一个交易的索引	整型	9
bundle	交易束的哈希值	字符串	81
trunkTransaction	父交易的哈希值	字符串	81
branchTransaction	父交易的哈希值	字符串	81
attachmentTag	用户定义	字符串	27
attachmentTimestamp	Unix 时间	整型	9
attachmentTimestampLowerBound	attachmentTimestamp 字段的下限	整型	9
attachmentTimestampUpperBound	attachmentTimestamp 字段的上限	整型	9
Nonce	多倍交易的哈希值来检查 PoW	字符串	27

[①]三进制数字系统是另一种编码十进制数的方法，即 Trite 编码字符"9"代表"0,0,0"Trits,代表十进制数"0"。可以发现 Tryte 编码字符只有 27 种可能。

　　由于压力或网络负载的增加，交易束可能会保留一段时间。可以采取多种措施来确保交易束得到确认，并成为缠结的一部分。首先，可以增加其尾部交易的累积权重来促进交易束得到确认，通过发送一个零值交易可以做到这一点，该交易同时引用了交易束的尾部和缠结中的最后一个里程碑。其次，如果怀疑某一个包没有通过网络传播到目的地，可以将同一个包重新广播到该节点上。最后，重新连接交易束，实际上就是再创建一个新的交易束，通过请求新的未验证交易并再次进行工作量证明将其附加到缠结上[①]。这将会产生新的哈希值、trunkTransaction、branchTransaction、attachmentTimestamp 和 Nonce。根据所处的情况选择合适的方法。如果节点负载过重，或者节点离线，广播可能会是最简单的解决方案。除此之外，除非交易束超过 6 个里程碑

---

① https://docs.iota.org/docs/iota-basics/0.1/concepts/reattach-rebroadcast-promote.

或会导致双花,否则提升网速可能是最好的选择。最后的选择是重新连接。IOTA 网络中的交易实际上是什么样子的?交易由"trunkTransaction"字段组成,后面是"address""value""obsoleteTag""currentIndex"和"timestamp"。所有交易和各自的字段都推送到一个海绵函数中,以产生一个 81-Tryte 的交易束哈希值[①]。因此,每个交易都有"currentIndex"字段,该字段定义了交易在交易束中的位置,还有"lastIndex"字段,该字段定义了交易束的尾部,也可以称其为交易束的"头部"。每个交易(头部除外)都通过"trunkTransaction"字段相互连接,一个交易束中最多可以包含 30 笔交易,以确保网络的正常运行。同时,应明确区分输入和输出交易,输入交易可以从特定地址提取 IOTA,但此类交易应始终具有有效签名。签名的大小很重要,在 IOTA 中可以为地址定义安全级别(级别分为 1 级、2 级或 3 级),但这会导致不同的私钥和签名长度。交易束的结构如图 4.1 所示,交易签名的安全级别及长度如表 4.2 所列。

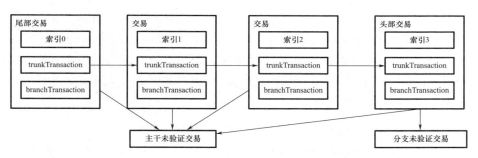

图 4.1　交易束的结构

表 4.2　交易签名的安全级别及长度

安全级别	签名长度
1	2187
2	4374
3	6561

① 参见 https://docs.iota.org/docs/iota-basics/0.1/concepts/bundles-and-transactions。

如果此签名长度高于安全级别1,则会导致签名太大而无法容纳在单个交易中。因此,签名必须在零值输出交易中分割开。一个地址只能提取一次,因此每次进行交易时都需要从该地址提取出全部的 IOTA 代币。如果不希望发送全部的 IOTA 代币,则需要将其剩余部分发送到一个新的地址。输出交易可以分为两种主要类型:一种是零值交易,用于在"signatureMessage-Fragement"字段中传输部分大型签名;另一种是经典交易,其包含一定数量需要转移到新地址的代币。消息可以合并到输出交易中,因为输出交易不包含签名,所以存在空间用于传递消息。一旦一个交易束创建完成,节点就可以通过对未验证交易的选择过程来验证。该过程不是由网络强制执行的,而是使用了一种激励机制,以便节点自己的交易有最大的机会得到确认。然而,为了防止相关节点的恶意行为,需要随机地选择这些未验证的交易。

在深入探讨未验证交易的选择过程之前,首先需要解释一下"协调器"和"里程碑交易"。协调器是一个客户端应用程序,定期从同一地址创建、签署并发送交易束①。这些交易束中包含里程碑交易,节点使用这些交易达成共识,并通过是否会导致双花以及是否存在有效签名来验证这些交易,同时用户可以使用 Compass 在私有网络中复制协调器。选择未验证的交易涉及子图选择问题,缠结中的子图是分类账的一部分,包含里程碑交易和未验证的所有交易②,其中使用子图是为了节省算力并提高处理速度。

其次,是在整个网络中进行加权随机游走,寻找网络中未验证交易的路径。网络中的每个交易都会收到一个基于"未来集"和"阿尔法配置参数"的权重,"未来集"指的是批准该交易的交易,"阿尔法配置参数"是一个影响网络随机性的数字。在选择新交易的路径时,随机游走算法会考虑这些权重。现在解释最后一部分:地址与签名。根据创建的种子,可以开始访问处理网络所需的地址。如前所述,每个地址作为输入只能使用一次,之后则需要生成一个新地址。基于种子,可以生成大约 9^{57} 个地址(请注意,种子需要存储在安全的环境中)③。如何做到这一点呢?因为 keccak384 加密哈希函数可以使用种子和索引并能够生成子种子,然后将此子种子与加密海绵函数一起使

---

① 参见 https://docs.iota.org/docs/the-tangle/0.1/concepts/the-coordinator。
② 参见 https://docs.iota.org/docs/the-tangle/0.1/concepts/tip-selection。
③ 参见 https://docs.iota.org/docs/iota-basics/0.1/concepts/addresses-and-signatures。

用,根据所选的每个安全级别将其压缩 27 次,这样私钥就从初始种子产生了。将私钥切分为 81tryte① 的段并经过 26 次哈希处理得到公共地址。一组 27 个这样的哈希值称为一个密钥片段(根据安全级别可以分别拥有 1 个、2 个或 3 个密钥片段)。在此过程之后,对每个密钥片段进行一次哈希处理,每个安全级别都得到一个密钥摘要。

最后,密钥摘要被合并在一起并再次进行哈希处理,得到最终的公共地址。这些地址可以用作输入交易中的发送方地址或输出交易中的接收方地址,私钥则可以用于交易的实际签名。当签署交易时,实际上是对交易束的哈希进行签名,这样一来,攻击者就无法在不使签名无效的情况下更改交易束中的交易。节点可以通过使用签名和交易束的哈希找到交易的输入地址来检查签名的有效性。在此基础上,节点则可以在收到新交易时以及选择未验证交易过程中对其进行验证。当涉及新的交易时,节点会检查工作量证明是否已完成,交易的价值是否不超过全局的总供应量,交易是否不早于上一个快照并且不晚于节点当前时间的 2h 之后,以及地址的最后一个 trit 对于价值交易而言是否为 0②。当需要验证交易束时,除了验证签名,还会检查每个交易的价值(不能超过全局总供应量)且交易总价值是否为 0(所有支出都需要有明确的去向)。由于网络使用哈希现金作为其工作量证明的共识协议,当将现有的共识协议与比特币等不同的网络使用的其他共识协议进行比较时,其共识协议的难度要低得多③。其主要思想是让机器能够通过网络相互交易,这样汽车就可以自行支付停车费,或者房屋可以自行支付电费。

由于 IOTA 使用有向无环图技术,因此可以确定,相较于经典区块链技术,IOTA 存在一些优势。首先,IOTA 在可扩展性方面有着明显的优势。IOTA 随着更多参与者进入网络而变得更快,相比之下,区块链技术在参与者数量增加时往往会变慢。其次,在 IOTA 中可以进行微交易和纳米交易,因为在 IOTA 中交易费用已经不再适用(不会再有矿工了)。由于使用了温特尼茨一次性签名(或者至少正在提出这一主张),IOTA 也可以抵御量子计算的攻

---

① tryte 表示三进制概念下的字节。——译者
② 参见 https://docs.iota.org/docs/iri/0.1/concepts/transaction-validation。
③ 参见 https://docs.iota.org/docs/the-tangle/0.1/introduction/overview。

击。此外,其数据可以通过完全验证和防篡改的设备之间的通信通道进行发送①。IOTA 也有自己的本地代币,称为 IOTA 代币,可以在网络中的多个节点之间进行交易。表 4.3 展示了 IOTA 代币的单位。

表 4.3 IOTA 代币单位

名称	单位	IOTA 数量	权值
拍 IOTA	Pi	1000000000000000	10^{15}
太 IOTA	Ti	1000000000000	10^{12}
千兆 IOTA	Gi	1000000000	10^{9}
兆 IOTA	Mi	1000000	10^{6}
千 IOTA	Ki	1000	10^{3}
IOTA	I	1	10^{0}

到目前为止,本书已经解释了什么是缠结、什么是交易、什么是交易束以及这些交易与交易束是如何签署的。然而,仍然有一些技术需要关注:节点本身。IOTA 网络中的节点使用的是所谓的 IOTA 参考工具(IOTA Reference Implementation,IRI)②,这是一个定义 IOTA 协议的开源软件。IOTA 网络中的节点能够验证交易、存储有效交易并允许客户端与 IRI 交互。对于交易的实际创建和签署,则需要不同的客户端软件,如 Trinity(稍后将看到的一个示例)。每个 IRI 节点都有自己的账本,其中包含有效的交易,这些账本嵌入仅追加的 RocksDB 数据库中,所有这些数据库共同构成了 IOTA 网络的缠结。当节点第一次加入网络时,从一个称为"稳定"的过程开始,这意味着该节点从特定的里程碑入口点开始请求每个里程碑引用的交易,为此需要连接已经属于该网络的其他节点。此信息可以从 IOTA 的 Discord 频道获取,那里可以共享节点的 IP 地址。一旦节点拥有里程碑的分支和主干,节点将开始请求这些交易引用的所有交易,直到节点到达里程碑入口点并从下一个里程碑重新开始。里程碑入口点越旧,该过程花费的时间越长③。每个版本的 IRI 软件都有不同的起始里程碑,节点可以从该里程碑开始。同时,为了加快进程,IRI

---

① 参见 Asolo, Bisola (November 1, 2018). IOTA explained. Mycryptopedia. https://www.mycryptopedia.com/iota-explained/. Accessed December 13, 2019。

② 参见 https://docs.iota.org/docs/iri/0.1/introduction/overview。

③ 参见 https://docs.iota.org/docs/iri/0.1/concepts/the-ledger。

节点可以使用本地快照文件。当所有里程碑都"稳定"到最新的里程碑时,稳定过程结束。这一点可以通过自行检查"latestMilestoneIndex"是否等于"latestSolidSubtangleMilestoneIndex"来判断。该信息可以通过使用"getNodeInfo" API 端点进行调用。这些 IRI 节点可以从其邻居节点获取此信息,并且未来的交易也由这些邻居节点验证,所有邻居节点都存储相同的已验证交易来达成共识。此外,所谓"不稳定"的交易也在邻居节点之间共享,因为这些交易被 IRI 节点分类账中的另一笔交易引用。与其他分布式网络类似,IOTA 使用流言算法(Gossip Protocol)来确保数据的通信和共享。IOTA 网络拥有自己的钱包,称为"Hub"。Hub 还可以集成到应用程序开发中,因为 Hub 涵盖交易监控、种子创建以及代币保护等功能[①]。从 Hub 进行的交易(取款和存款)组合在同一个交易束中,称为"扫描",Hub 将积极促进并重新连接交易,直到交易得到确认。这些扫描有助于防止攻击者从特定的付款地址窃取代币。Hub 可以支持多个用户,并通过使用 Argon2 哈希函数为每个存款地址创建种子。

4.4 海德拉哈希图

海德拉哈希图(Hedera Hashgraph)最先使用了哈希图技术(这是一个专利软件)。理论上,海德拉哈希图能够支持每秒超过 250000 笔交易,因此可扩展性不再成为问题。网络中的每个节点都能够"八卦"事件,即向网络中的其他节点提供关于交易的签名信息。这种流言算法的工作非常高效,能够非常快地将信息传播到整个网络。流言算法的历史记录可以用有向图来查看[②]。

除了存储有向图,节点还对交易本身的有效性进行投票,但这需要至少 2/3 的网络成员作为见证人。随即引入了"公平"这一概念,其实是一个非确定性异步协议,其与确定性协议和同步协议相比存在一些优点。确定性协议假设所有诚实的节点都会在第 r 轮前达成共识,其中 r 是一个先验已知的常数,而非确定性协议不做这种假设。此外,同步协议假设消息在某一确定的时间点后传递,而异步协议则不做此假设。这些功能为该平台在私有区块链

---

① 参见 https://docs.iota.org/docs/hub/0.1/introduction/overview。
② 参见 Jia, Y. (November 8, 2017). Demystifying Hashgraph: benefits and challenges. *Hackernoon*. https://hackernoon.com/demystifying - hashgraph - benefits - and - challenges - d605e5c0cee5. Accessed October 23, 2019。

区块链平台——分布式系统特点分析

实施时带来一些优势,而此平台仍将面临与"经典"区块链同样的挑战。

4.5　Fantom 平台

　　Fantom 是一个区块链平台,旨在发展智能城市,也提倡将其用于公共事业、智能生活、医疗保健、教育、交通管理、资源管理、环境可持续性等方面的可能性。这是另一个实施了有向无环图(DAG)技术应用的平台。OPERA 链使用了 Lachesis 共识协议,该协议使用异步处理,因此具有不会拥塞的高处理率。理论上,每秒处理大约 300000 笔交易都是有可能的[①]。Lachesis 协议由事件、Clothos、Atropos 和主链组成。事件区块由存储的数据组成,同样也可以由多个数据包组成,包括数据发送者的签名,以及前一个事件区块的哈希值。还有"Clotho",这是一个包含标志表的事件区块。标志表是一个数据结构,由 Clotho 索引和"连接属性"组成,表示与其他 Clotho 的连接。当一个事件区块能够看见在该区块之前的事件区块的路径上所创建的绝大多数(超过 2/3)区块时,该区块就被选为 Clotho。最后,Clothos 将用来选举 Atropos。Atropos 是一组特殊的事件区块,构成了主链。该主链即由 Atropos 区块组成的链,用来对新的事件区块做验证。该网络使用了基于寄存器的虚拟机,基于寄存器的系统相较于基于堆栈的系统(至今大多数都在使用的平台都是基于堆栈的系统)的优点是无须 PUSH 或 POP 指令,这使得处理时的开销更少。另外,存储变量的重复使用也可能是一种优点,但这样的系统的缺点是每个地址都必须明确地声明。

4.6　其他公共和私有平台

　　作者准备了一个补充文件来描述其他公共和私人平台,读者可以进行免费下载:https://bit.ly/32hbjvDB 或 https://www.morganclaypoolpublishers.com/Blockchain_Supplement.pdf。

---

① 参见 https://fantom.foundation/contents/data/2018files/10/wp_fantom_v1.6.pdf。

4.7 门罗币

对于大多数隐私爱好者来说,门罗币是一个熟悉的名字。门罗币是一种加密货币,主要关注参与者的隐私和抗审查性。代码库是开源的,代码评审也是开放的,并由 500 名开发人员和 30 名核心开发人员精心维护。门罗币提供非常热情的欢迎页面,来解释门罗币的功能以及如何参与到网络中。门罗币为了实现有关隐私的目标,没有预挖或偷挖,没有出售代币,也没有任何预售。门罗币使用的工作量证明算法称为 CryptoNight,这是在 2013 年作为 CryptoNote 套件的一部分开发的。该算法是基于 AES 加密与 5 个哈希函数的结合,包括 Keccak、BLAKE、Groestl、JH 以及 Skein。正如本书中的其他几种加密货币,开发者也想创造一种"抗 ASIC"的算法,这意味着很难通过专用硬件挖掘该币,得以将一些算力留给 CPU 矿工。该算法的目标是找到一个足够小的哈希值,也就是说,必须找到一个符合低于指定阈值条件的哈希值,哈希函数的输入有区块头部、默克尔树的根和区块中的交易数量。门罗币的出块时间为 2min,远胜于比特币网络。

CryptoNight 的哈希函数实际上是如何运作的?CryptoNight 的哈希函数是一个内存困难的哈希函数,该函数使用带有伪随机数据的暂存器。该暂存器接受输入并使用 Keccak 哈希函数进行哈希运算,参数为 $b = 1600$ 和 $c = 512$[①]。在产生的哈希值中,0~31B 用作 AES-256 密钥并扩展为 10 个轮密钥。Keccak 哈希结果中的 64~191B 分成 8 块,每块都用轮密钥进行 AES 加密(与标准 AES 加密有一些区别)。所得到的块写入暂存器的前 128B 中,这些块按照同样的步骤再次加密,并写入第二个 128B 中。不断重复上述过程,直至 2MiB[②] 的空间被填满。在此循环之外,还有一个内存硬循环,对 Keccak 哈希结果的 0~31B 和 32~63B 进行异或运算,得到的 32B 最终用来初始化变量 a 和 b,之后这些变量在主循环中使用了 524288 次。如果需要将 16B 的值转换

[①] 参见 Seigen, Jameson, M., Nieminen, T., Neocortex, and Juarez A. M. (March 2013), Cryptonight Hash Function. https://cryptonote.org/cns/cns008.txt. Accessed November 12, 2019.

[②] 1MiB = 2^{20}B = 1024KiB。——译者

为暂存器中的地址,就将其解释为一个小端整数①,其中低 21 位用作字节索引。对暂存器的读/写操作发生在 16B 的块中,每次迭代都由一个伪代码表示。最终,在内存困难循环之后,原始 Keccak 哈希结果的 32~63B 被扩展为 10 个 AES 轮密钥。Keccak 哈希结果中的 64~191B 与暂存器的前 128B 进行异或运算,结果与第一部分一样被加密,只不过使用了新密钥,结果再与暂存器的第二个 128B 进行异或运算,以此类推。在与暂存器的最后 128B 进行异或运算之后,运算结果得到了最后一次加密,然后 Keccak 状态下的 64~191B 被替换成此最终结果。最后的编码结果再通过 $b = 1600$ 的 Keccak – f (Keccak permutation)哈希运算。基于哈希值的第一个字节的低 2 位来进行哈希函数的选择:0 = BLAKE – 256 [BLAKE],1 = Groestl – 256 [GROESTL],2 = JH – 256 [JH],3 = Skein – 256 [SKEIN]。然后,使用所选择的哈希函数完成哈希运算,所产生的最终哈希值就是 CryptoNight 的输出。

随着时间的推移,CryptoNight 的哈希函数已经被逐渐修改为目前的版本,称为"CryptoNightR",这是其哈希函数的第 4 个版本。对于使用该哈希函数也存在着一些批评,因为该哈希函数的验证开销较大,这导致了一个特别的漏洞:挖矿节点可能成为拒绝服务攻击的受害者,在这种攻击中,存在错误的证据用于节点的验证。另一个重要的受批评的点在于,该哈希函数无法在根本上防止 ASIC 挖矿。这就是为什么工作量证明算法在未来可能会发生改变的原因,但时至今日,这仍然是现行的哈希算法。难度目标改变着每一个区块,此目标基于过去 720 个区块,其中 20% 由于时间戳的异常值被排除。挖矿的奖励会减少(就像在比特币网络中一样),但仍然存在惩罚,如果挖掘的区块容量大于过去 100 个区块容量的中位数,就会受到惩罚,奖励会减少。这也意味着区块容量是动态的。不过最终的供应量是没有上限的,而比特币则是有限的。

如何保护用户的隐私?比特币网络使用了环签名来保护交易的输入端,一组可能的签名者合并在一起,以便最终用来创建签名来授权交易②。这组签名者由交易的实际签名者和几个非签名者组成,形成一个环。所有的参与

---

① 参见 https://www.techopedia.com/definition/12892/little – endian。
② 参见 Asolo, B. (November 1, 2018). Monero Ring signature explained. *Mycryptopedia*. https://www.mycryptopedia.com/monero – ring – signature – explained/. Accessed November 26, 2019。

者都被认为是平等和有效的。非签名者是来自门罗币区块链历史交易的输出,而实际签名者使用一次性密钥,该密钥与花费者钱包中发送的输出相对应。在外人来看,所有的输入都同样可能是花费的输出。为了防止双花,交易的实际验证是通过密钥图像来完成的。密钥图像是一个安全的密钥,其来自实际上花费的输出,作为每个环签名交易的一部分。想要确定环签名的哪个输出实际创造了密钥图像是不可能的,所有使用过的密钥图像构成的列表都存储在网络的区块链上。另一个有助于确保门罗币世界的隐私功能是隐身地址①,这些隐身地址是一次性的,进一步混淆了交易的目标。最后,还有Kovri隐形互联网项目的实施,Kovri项目是一个开源的网络层,Kovri项目允许通过节点路由流量来使用抗审查的互联网。由于网络流量是加密的,IP地址无法与特定的交易联系起来。

---

① 参见(April 15,2019). Liquid. https://blog. liquid. com/examples – of – privacy – coins – monero – zcash – dash. Accessed November 26,2019。

后 记

  我希望读者发现这本书是区块链技术世界中的一个有趣资源。本书试图为大家提供一个入门指南,这也意味着无法详细解释所有概念、框架和网络。书中的每一个主题都值得写一本完整书籍。本书的目标是为读者打开这些概念的大门,并根据读者自己的兴趣进一步去探索。互联网上充满了免费资源,可以让读者了解更多信息,也有许多课程和书籍可以让读者对这些主题有更深入的了解。我想说的第二点是,这几乎是一件"历史"文物。这意味着当这本书完成的那一刻,某些观点已经过时了。一个例子是以太坊网络未来的发展规划是开放的,并且已经改变了。历史信息就是这样。同样,对于本书中的不妥,我深表歉意。我怀着极大的热情在工作之余写下了这本书,但我确信存在某些不妥的地方,或遗漏了一些重要信息。我将根据收到的反馈改编本书以尽可能更好地包含正确的信息。最后,我想补充一点,很荣幸读者选择阅读本书,尤其是当读者一直读到最后,阅读这一页。这是本人第一次写这样的书,对我来说也是一条发现之路。由于试图在书中提供尽可能多的信息,同时将页数保持在可接受的数量,我的写作有时可能显得有些杂乱无章(当我回读某些页面时,让我感到震惊)。如果某些方面看起来不清楚,请不要犹豫,帮助我改进这本书。同样,根据读者的反馈,我想重写并发布第二版。感谢您成为我的读者,希望我能尽快收到您的来信!

参考文献

Antonopoulos, A. (2017). *Mastering Bitcoin: Pprogramming the Open Blockchain*. 2nd ed. California: O'Reilly Media.

Antonopoulos, A. and Wood, G. (2018). *Mastering Ethereum*. 1st ed. O'Reilly Media.

Asolo, B. (October 30, 2018). X11 algorithm rxplained. *Mycryptopedia*. https://www.mycryptopedia.com/x11-algorithm-explained/. Accessed November 27, 2019.

Asolo, B. (November 1, 2018). Monero ring signature explained. *Mycryptopedia*. https://www.mycryptopedia.com/monero-ring-signature-explained/. Accessed November 26, 2019.

Asolo, B. (November 1, 2018). What is segregated witness? *Myencryptopedia*. https://www.mycryptopedia.com/what-is-segregated-witness/. Accessed December 24, 2019.

Asolo, B. (February 16, 2019). Bitcoin Schnorr signatures explained. *Mycryptopedia*. https://www.mycryptopedia.com/bitcoin-schnorr-signatures-explained/. Accessed November 17, 2019.

Asolo, Bisola (November 1, 2018). IOT A explained. *Mycryptopedia*. https://www.mycryptopedia.com/iota-explained/. Accessed December 13, 2019.

Asolo, B. (December 20, 2018). Bitcoin's UTXO set explained. *Mycryptopedia*. https://www.mycryptopedia.com/bitcoin-utxo-unspent-transaction-output-set-explained/. Accessed November 28, 2019.

Back, A. (August 1, 2002). Hashcash – A denial of Service Counter – Measure.

Baczuk, J. (May 24, 2019) How to fork Bitcoin – Part 1. *Medium*. https://medium.com/@jordan.baczuk/how-to-fork-bitcoin-part-1-397598ef7e66. Accessed September 19, 2019.

Batiz – Benet J. (2018). go – merkledag. *Github—ipfs*. https://github.com/ipfs/go-merkledag/blob/master/README.md. Accessed August 14, 2019.

Ben – Sasson, E., Bentov, I., Hresh, Y. and Riabzev, M. (March 6, 2018). Scalable, transparent, and post – quantum secure computational integrity. *Israel Institute of Technology*. https://eprint.iacr.org/2018/046.pdf. Accessed November 23, 2019.

Bergmann, C. (April 29, 2017). The lightning network explained, part I: How to build a payment channel. *Btcmanager.* https://btcmanager.com/lightning-network-primer-pt-i-building-payment-channels/? q=/lightning-network-primer-pt-i-building-payment-channels/. Accessed July 25,2019.

Bitcoin. (December 19,2017). Satoshi client node discovery. *Github—Bitcoin.* https://en.bitcoin.it/wiki/Satoshi_Client_Node_Discovery. Accessed November 4,2019.

Bitcoin. (December 13,2019). Transaction. *Github—Bitcoin.* https://en.bitcoin.it/wiki/Transaction. Accessed December 26,2019.

Bitcoin. (December 26,2018). Protocol documentation. *Github—Bitcoin.* https://en.bitcoin.it/wiki/Protocol_documentation#Signatures. Accessed November 20,2019.

Blockstream. (n.d.). How Elements works and the roles of network participants. *Blockstream.* https://elementsproject.org/how-it-works. Accessed July 13,2019.

Blockstream Corporation. (2020). Liquid by Blockstream. *Blockstream.* Accessed July 7,2020 https://blockstream.com/liquid/.

Bryk, A. (November 1,2018). Blockchain attack vectors: Vulnerabilities of the most secure technology. *Apriorit.* https://www.apriorit.com/dev-blog/578-blockchain-attack-vectors. Accessed September 7,2019.

Buterin, V. (May 9,2016). On settlement finality. *Ethereum Blog.* https://blog.ethereum.org/2016/05/09/on-settlement-finality/. Accessed July 2,2019.

Buterin, V. (July 11,2014). Toward a 12-second block time. *Ethereum Blog.* https://blog.ethereum.org/2014/07/11/toward-a-12-second-block-time/#:~:text=At%2012%20seconds%20per%20block,a%20stale%20rate%20of%2050%25. Accessed July 11,2019.

Buterin, V. (January 28,2015). The P + epsilon attack. *Ethereum Blog.* https://blog.ethereum.org/2015/01/28/p-epsilon-attack/. Accessed September 2,2019.

Buterin, V. (May 9,2015). Olympic: Frontier pre-release. *Ethereum Blog.* https://blog.ethereum.org/2015/05/09/olympic-frontier-pre-release/. Accessed December 17,2019.

Chandraker, A., Kachhela, J., and Wright, A. (2019). Digital identity, cats, and why fungibility is key to blockchain's future. *PA Consulting.* https://www.paconsulting.com/insights/blockchain-fungibility-future/. Accessed June 26,2019.

Charlon, F. (May 13,2015). Open Assets protocol. *Open Assets.* https://github.com/OpenAssets/open-assets-protocol/blob/master/asset-definition-protocol.mediawiki. Accessed October 17,2019.

Chen, M. (April 13,2019). Inter exchange client address protocol (ICAP). *Github—Ethereum.* https://github.com/ethereum/wiki/wiki/Inter-exchange-Client-Address-Protocol-

(ICAP). Accessed July 3, 2019.

Chinchilla, C. (August 2, 2019). RLP. *Ethereum Wiki*. https://github.com/ethereum/wiki/wiki/RLP. Accessed December 13, 2019.

Cimpanu, C. (September 4, 2018). Bitcoin gold delisted from major cryptocurrency exchange after refusing to pay hack damages. *Zdnet*. https://www.zdnet.com/article/bitcoin-gold-delisted-from-major-cryptocurrency-exchange-after-refusing-to-pay-hack-damages/. Accessed December 19, 2019.

Conner, E. (July 27, 2018). A case for Ethereum block reward reduction to 2 ETH in Constantinople (EIP-1234). *Medium*. https://medium.com/@eric.conner/a-case-for-ethereum-block-reward-reduction-in-constantinople-eip-1234-25732431fc77. Accessed December 11, 2019.

Counterparty. (2020). The Counterparty platform. Accessed August 4, 2019 https://counterparty.io/platform/.

Couts, A. (December 27, 2013). Such generosity! After Dogewallet heist, Dogecoin community aims to reimburse victims. *Digital Trends*. https://www.digitaltrends.com/cool-tech/dogecoin-dogewallet-hack-save-dogemas/. Accessed November 29, 2019.

Curran, B. (June 26, 2018). What is Nakamoto consensus? Complete beginner's guide. *Blockonomi*. https://blockonomi.com/nakamoto-consensus/. Accessed July 12, 2019.

Curran, B. (April 18, 2020). What is practical Byzantine fault tolerance? Complete beginner's guide. *Blockonomi*. https://blockonomi.com/practical-byzantine-fault-tolerance/. Accessed July 18, 2019.

Dannen, C. (2017). *Introducing Ethereum and Solidity*. 1st ed. New York: Apress.

Dashjr, L. (January 19, 2017). Bip-0062. *Github—Bitcoin bips*. https://github.com/bitcoin/bips/blob/master/bip-0062.mediawiki. Accessed October 14, 2019.

Davies, J. (January, 2019). secp256k1. *Github—ElementsProject*. https://github.com/ElementsProject/secp256k1-zkp/tree/secp256k1-zkp/src/modules/musig?source=post_page. Accessed January 4, 2020.

Dawson, R. and Baxter, M. (August 29, 2019). Announcing Hyperledger Besu. *Hyperledger*. https://www.hyperledger.org/blog/2019/08/29/announcing-hyperledger-besu. Accessed January 22, 2020.

Decker C. and Wattenhofer R. (2015). A fast and scalable payment network with bitcoin duplex micropayment channels. *Ethz*. https://tik-old.ee.ethz.ch/file/716b955c130e6c703fac336ea17b1670/duplex-micropayment-channels.pdf. Accessed October 13, 2019.

Decker, C. and Russell, R. (2017). eltoo: A simple Layer2 protocol for bitcoin. *Blockstream*. https://blockstream.com/eltoo.pdf. Accessed October 14, 2019.

Dexter, S. (March 11, 2018). 1% shard attack explained—Ethereum sharding (Contd.) *Mango Research*. https://www.mangoresearch.co/1-shard-attack-explained-ethereum-sharding-contd/. Accessed September 5, 2019.

Donald, J. A. (November 2, 2008). Bitcoin P2P e-cash paper. https://www.metzdowd.com/pipermail/cryptography/2008-November/014814.html. Accessed August 9, 2019.

Edmonds, R. (March 8, 2018). Best CPUs for crypto mining. *Windows Central*. https://www.windowscentral.com/best-cpus-crypto-mining. Accessed December 18, 2019.

Edwin (November 15, 2017). 1983: eCash Door David Chaum. https://www.bitcoinsaltcoins.nl/1983-ecash-david-chaum/. Accessed May 17, 2020.

Electric Coin Company. (2020). Electric Coin Company. How it works. https://z.cash/technology/. Accessed July 7, 2020.

Eyal, I. and Sirer, E. G. Majroity is not enough: Bitcoin mining is vulnerable. *Cornell*. https://www.cs.cornell.edu/~ie53/publications/btcProcFC.pdf. Accessed August 20, 2019.

Feinberg, A. (December 26, 2013). Millions of meme-based Dogecoins stolen on Christmas day. *Gizmodo*. https://gizmodo.com/millions-of-meme-based-dogecoins-stolen-on-christmas-da-1489819762. Accessed November 30, 2019.

Field, M. (November 12, 2018). Holographic consensus - part 1. *Medium*. https://medium.com/daostack/holographic-consensus-part-1-116a73ba1e1c. Accessed January 12, 2020.

Frankenfield, J. (March 5, 2018). Namecoin. *Investopedia*. https://www.investopedia.com/terms/n/namecoin.asp. Accessed November 28, 2019.

Frankenfield, J. (July 5, 2018). Peercoin. *Investopedia*. https://www.investopedia.com/terms/p/peer-coin.asp. Accessed November 30, 2019.

Friedman, W. (March 26, 2015). Drop Zone: P2P E-commerce paper. https://www.metzdowd.com/pipermail/cryptography/2015-March/025212.html. Accessed August 4, 2019.

Gabizon, A. (February 28, 2017). Explaining SNARKs. *Electric Coin*. https://electriccoin.co/blog/snark-explain. Accessed December 3, 2019.

Gabizon, A. (February 28, 2017). Explaining SNARKs. *Electric Coin*. https://electriccoin.co/blog/snark-explain2. Accessed December 3, 2019.

Gabizon, A. (February 28, 2017). Explaining SNARKs. *Electric Coin*. https://electriccoin.co/blog/snark-explain3. Accessed December 3, 2019.

Gabizon, A. (February 28, 2017). Explaining SNARKs. *Electric Coin*. https://electriccoin.co/

blog/snark – explain5. Accessed December 3,2019.

Gabizon, A. (February 28, 2017). Explaining SNARKs. *Electric Coin*. https://electriccoin.co/blog/snark – explain6. Accessed December 3,2019.

Gabizon, A. (February 28, 2017). Explaining SNARKs. *Electric Coin*. https://electriccoin.co/blog/snark – explain7. Accessed December 3,2019.

Gabizon, A. (September 25, 2016). Zcash parameters and how they will be generated. *Electric Coin*. https://electriccoin.co/blog/generating – zcash – parameters. Accessed November 11,2019.

Gennaro, R., Gentry, C., Parno, B. and Raykova, M. (2012). Quadratic span programs and succinct NIZKs withpout PCPs. *IBM T.J. Watson Research Center*. https://eprint.iacr.org/2012/215.pdf. Accessed November 11,2019.

Groth, J. (October 26, 2010). Short pairing – based non – interactive zero – knowledge arguments. *University College London*. http://www0.cs.ucl.ac.uk/staff/J.Groth/ShortNIZK.pdf. Accessed October 1,2019.

Hinkes, A. (May 29, 2016). The law of the DAO. *Coindesk*. https://www.coindesk.com/the – law – of – the – dao. Accessed December 28,2019.

Hoogendoorn, R. (December 3,2019). Easypaysy makes Bitcoin addresses much easier. *Medium*. https://medium.com/@nederob/easypaysy – makes – bitcoin – addresses – much – easier – faf40988614. Accessed June 4,2020.

Hopkins et al. (1984). *The Evolution of Fault Tolerant Computing*. Springer.

Jameson, H. (November 18,2016). Hard Fork No. 4: Spurious Dragon. *Ethereum Blog*. https://blog.ethereum.org/2016/11/18/hard – fork – no – 4 – spurious – dragon/. Accessed December 18,2019.

Jankov, T. (June 1, 2018). Ethereum messaging: explaining whisper and status.im. *Sitepoint*. https://www.sitepoint.com/ethereum – messaging – whisper – status/. Accessed January 13,2020.

Jedusor, T.E. (July 19,2016). MimbleWimble. *Scaling Bitcoin*. https://scalingbitcoin.org/papers/mimblewimble.txt. Accessed November 26,2019.

Jia, Y. (November 8,2017). Demystifying Hashgraph: Benefits and challenges. *Hackernoon*. https://hackernoon.com/demystifying – hashgraph – benefits – and – challenges – d605e5c0cee5. Ac – cessed October 23,2019.

Jordan, R. (January 10,2018). How to scale Ethereum: sharding explained. *Medium*. https://medium.com/prysmatic – labs/how – to – scale – ethereum – sharding – explained – ba2e283b7fce. Accessed December 21,2019.

Kasireddy, P. (September 27, 2017). How does Ethereum work, anyway? *Medium*. https://medium.com/@preethikasireddy/how-does-ethereum-work-anyway-22d1df506369. Accessed December 13, 2019.

Klein, M. and Montomery, H. (May 13, 2020). TCS approves Hyperledger Cactus as new project. *Hyperledger*. https://www.hyperledger.org/blog/2020/05/13/tsc-approves-hyperledger-cactus-as-new-project. Accessed June 4, 2020.

Kosba, A., Miller, A., Shi, E., Wen, Z. and Papamanthou, C. (2015). Hawk: the blockchain model of cryptography and privacy-preserving smart contracts. *University of Maryland*. https://eprint.iacr.org/2015/675.pdf. Accessed November 23, 2019.

Lerner, S. D. (November, 2014). DECOR + HOP: A scalable blockchain protocol. *Semantic Scholar*. https://pdfs.semanticscholar.org/141e/d5f15e791ec7a9537a7b3250f4b7524ce302.pdf. Accessed July 27, 2019.

Liao, N. (June 9, 2017). On Settlement finality and distributed ledger technology. *Yale Journal on Regulation*. yalejreg.com/nc/on-settlement-finality-and-distributed-ledger-technology-by-nancy-liao/. Accessed June 30, 2019.

Liquid. (April 15, 2019). Liquid. https://blog.liquid.com/examples-of-privacy-coins-monero-zcash-dash. Accessed November 26, 2019.

Manning, L. (May 1, 2019). Percentage of CoinJoin bitcoin transactions triples over past year. *Bitcoin Magazine*. https://bitcoinmagazine.com/articles/percentage-coinjoin-bitcoin-transactions-triples-over-past-year. Accessed November 6, 2019.

Maxwell, G. (January 23, 2018). Taproot: Privacy preserving switchable scripting. *Linux Foundation*. https://lists.linuxfoundation.org/pipermail/bitcoin-dev/2018-January/015614.html. Accessed October 4, 2019.

Maxwell, G. (February 5, 2018). Graftroo: Private and efficient surrogate scripts under the taproot assumption. *Linux Foundation*. https://lists.linuxfoundation.org/pipermail/bitcoin-dev/2018-February/015700.html. Accessed October 24, 2019.

Mihov, D. (February 6, 2018). All Ledger wallets have a flaw that lets hackers steal your cryptocurrency. *The Next Web*. https://thenextweb.com/hardfork/2018/02/06/cryptocurrency-wallet-ledget-hardware/. Accessed September 26, 2019.

Mitra, R. (2019). Understanding Ethereum Constantinople: A hard fork. *Blockgeeks*. https://blockgeeks.com/guides/ethereum-constantinople-hard-fork/. Accessed December 20, 2019.

Monahan, T. (2017). Unprotected function. *Github—Crytic*. https://github.com/crytic/not-so-smart-contracts/tree/master/unprotected_function. Accessed September 14,2019.

Mullins, R. (2012). What is a Turing machine? Department of Computer Science and Technolog—University of Cambridge. https://www.cl.cam.ac.uk/projects/raspberrypi/tutorials/turing-machine/one.html. Accessed June 5,2019.

Nelaturi, K. (February 5, 2018). Understanding blockchain tech—CAP theorem. *Mangosearch.com*. https://www.mangoresearch.co/understanding-blockchain-tech-cap-theorem/. Accessed June 27,2019.

Nopara 73(April 28,2020). ZeroLink: The bitcoin fungibility framework. *Github—ZeroLink*. https://github.com/nopara73/ZeroLink?source=post_page. Accessed October 15,2019.

Oscar, W. (March 22,2019). WTF is Cuckoo Cycle PoW algorithm that attract projects like Cortex and Grin? *Hackernoon*. https://hackernoon.com/wtf-is-cuckoo-cycle-pow-algorithm-that-attract-projects-like-cortex-and-grin-ad1ff96effa9. Accessed July 25,2019.

Payment channels. *Bitcoin*. https://en.bitcoin.it/wiki/Payment_channels. Accessed October 8,2019.

Peterson, P. (November 23,2016). Anatomy of a Zcash transaction. *Electric Coin*. https://electriccoin.co/blog/anatomy-of-zcash/. Accessed October 4,2019.

Peverell, I. et al. (February 4, 2020). *Introduction to Mimblewimble and Grin*. https://github.com/mimblewimble/grin/blob/master/doc/intro.md.

Poon, J. and Dryja, T. (January 14,2016). The Bitcoin lightening network: scalable off)chain instant payments. http://lightning.network/lightning-network-paper.pdf. Accessed October 21,2019.

Protocol labs (July 19,2017). Filecoin: A decentralized storage network. *Protocol Labs*. https://filecoin.io/filecoin.pdf. Accessed August 28,2019.

Ray, J. (March 4,2019). Sharding roadmap. *Ethereum Wiki*. https://github.com/ethereum/wiki/wiki/Sharding-roadmap. Accessed December 20,2019.

Ray, J. (April 2,2019). Welcome to the Ethereum Wiki! *Github—Ethereum*. https://github.com/ethereum/wiki/wiki/Ethash and https://github.com/ethereum/wiki/wiki/dagger-Hashimoto. Accessed Augst 6,2019.

Reiff, N. (June 25,2019). A history of Bitcoin hard forks. *Investopedia*. https://www.investopedia.com/tech/history-bitcoin-hard-forks/.

Rosic, A. (2017). Blockchain address 101: What are addresses on blockchains? *Blockgeeks*. https://blockgeeks.com/guides/blockchain-address-101/. Accessed July 4,2019.

Rosic, A. (2017). What is Ethereum Metropolis: the ultimate guide. *Blockgeeks*. https://blockgeeks. com/guides/ethereum – metropolis/. Accessed December 18, 2019.

Rosic, A. (2017). What is Ethereum Casper protocol? Crash course. *Blockgeeks*. https://blockgeeks. com/guides/ethereum – casper/. Accessed December 22, 2019.

Rosic, A. (2018). What is Ethereum gas? *Bockgeeks*. https://blockgeeks. com/guides/ethereum – gas/. Accessed December 11, 2019.

Roberts, D. (January 9, 2014). Mergen – Mining. mediawiki. *Github—Namecoin*. https://github. com/namecoin/wiki/blob/master/Merged – Mining. mediawiki. Accessed July 6, 2019.

Robinson, D. (2018). *ivy – Bitcoin*. https://docs. ivy – lang. org/bitcoin/language/IvySyntax. html. Accessed December 6, 2019.

Rootstock experts (2015). Sidechains, drivechains, and RSK 2 – way peg design. *Rootstock*. https://www. rsk. co/noticia/sidechains – drivechains – and – rsk – 2 – way – peg – design/. Accessed August 12, 2019.

Schwartz, A. (January 6, 2011). Squaring the triangle: secure, decentralized, human – readable names. https://web. archive. org/web/20170424134548/http://www. aaronsw. com/weblog/squarezooko. Accessed November 28, 2019.

Schwartz, D. (August 31, 2011). How does merged mining work? *Stackexchange*. https://bitcoin. stackexchange. com/questions/273/how – does – merged – mining – work. Accessed July 10, 2019.

ScroogeMcDuckButWithBitcoin (2016). Drop Zone. https://github. com/17Q4MX2hmktmpuUKHFuoRmS5MfB5XPbhod/dropzone_ruby. Accessed August 3, 2019.

Sedgwick, K. (April 4, 2019). Decentralized networks aren't censorship – resistant as you think. *News. Bitcoin. com*. https://news. bitcoin. com/decentralized – networks – arent – as – censorship – resistant – as – you – think/. Accessed July 2, 2019.

Seigen, Jameson, M., Nieminen, T., Neocortex, and Juarez, A. M. (March 2013). Cryptonight Hash Function. https://cryptonote. org/cns/cns008. txt. Accessed November 12, 2019.

Sharma, R. (June 25, 2019). What is dash cryptocurrency? *Investopedia*. https://www. investopedia. com/tech/what – dash – cryptocurrency/. Accessed November 27, 2019.

Shead, M. (February 14, 2011). State machines – basics of computer science. *Blog. markshead. com*. https://blog. markshead. com/869/state – machines – computer – science/. Accessed June 5, 2019.

Smith, N. T. (2017). SHA 256 pseuedocode? *Stackoverflow*. https://stackoverflow. com/questions/11937192/sha – 256 – pseuedocode/46916317#46916317. Accessed May 26, 2020.

Sompolinsky, Y. and Zohar, A. (August, 2013). Secure high – rate transaction processing in bitcoin. *IACR*. https://eprint. iacr. org/2013/881. pdf. Accessed July 30,2019.

Sompolinsky,Y. ,Lewenberg,Y. ,and Zohar,A. (2016). SPECTRE: Serialization of proof – of – work events: Confirming transactions via recursive elections. *HUJI*. www. cs. huji. ac. il/ ~ yoni_sompo/pubs/17/SPECTRE. pdf. Accessed August 1,2019.

Sompolinsky,Y. ,Wyborski,S. ,and Zohar,A. (February 2,2020). PHANTOM and GHOST – DAG. A scalable generalization of Nakamoto consensus. *IACR*. https://eprint. iacr. org/2018/104. pdf. Accessed February 27,2020.

Song,J. (2019). *Programming Bitcoin: Learn How to Program Bitcoin from Scratch*. 1st ed. Boston,MA: O'Reilly,p. 123.

Spilman,J. (April 20,2019). Anti DoS for tx replacement. *Linux Foundation*. https://lists. linuxfoundation. org/pipermail/bitcoin – dev/2013 – April/002433. html. Accessed October 8,2019.

Stepanov,H. (July 1,2019). bip – 0143. *Github—Bitcoin*. https://github. com/bitcoin/bips/blob/master/bip – 0143. mediawiki. Accessed December 28,2019.

Stone,D. (March 26,2018). An overview of SPECTRE—a blockDAG consensus protocol (part 2). *Medium*. https://medium. com/@ drstone/an – overview – of – spectre – a – blockdag – consensus – protocol – part – 2 – 36d3d2bd33fc. Accessed August 3,2019.

Stone,D. (March 29,2018). An overview of PHANTOM: A blockDAGconsensus protocol (part 3). *Medium*. https://medium. com/@ drstone/an – overview – of – phantom – a – blockDAG – consensus – protocol – part – 3 – f28fa5d76ef7. Accessed August 4,2019.

Sztorc, P. (December 14, 2015). Truthcoin. *Truthcoin*. http://bitcoinhivemind. com/papers/truthcoin – whitepaper. pdf. Accessed November 18,2019.

Thake,M. (November 9,2018). What isDAG distributed ledger technology? *Medium*. https://medium. com/nakamo – to/what – is – DAG – distributed – ledger – technology – 8b182a858e19. Accessed August 14,2019.

Towns,A. (July 13,2018). Generalised taproot. *Linux Foundation*. https://lists. linuxfoundation. org/pipermail/bitcoin – dev/2018 – July/016249. html. Accessed October 10,2019.

Towns,A. (December 14,2018). Schnorr and taproot (etc) upgrade. *Linux Foundation*. https://lists. linuxfoundation. org/pipermail/bitcoin – dev/2018 – December/016556. html? source = post_page. Accessed January 8,2020.

Tran,A. (May 23,2018). An introduction to the BlockDAG paradigm. *Daglabs*. https://blog. daglabs. com/an – introduction – to – the – blockdag – paradigm – 50027f44facb. Accessed August 28,2019.

Tromp,J. (November,2019). Cuck(at)oo cycle. *Github—Cuckoo*. https://github. com/tromp/

cuckoo. Accessed July 22,2019.

Tual,S. (August 4,2015). Ethereum Protocol Update 1. *Ethereum Blog*. https://blog. ethereum. org/2015/08/04/ethereum – protocol – update – 1/. Accessed December 17,2019.

Unibright. io (December 7, 2017) Blockchain evolution: from 1.0 to 4.0. https://medium. com/@ Uni – brightIO/blockchain – evolution – from – 1 – 0 – to – 4 – 0 – 3fbdbccfc666. Accessed July 1,2020.

Van Hijfte,S. (2020). *Decoding Blockchain for Business*. 1st ed. New York: Apress.

Van Wirdum,A. (January 24,2019). Taproot is coming: What it is,and who will benefit Bitcoin. *Bitcoin Magazine*. https://bitcoinmagazine. com/articles/taproot – coming – what – it – and – how – it – will – benefit – bitcoin. Accessed October 2,2019.

Vu,Q. H. ,Lupu,M. ,and Ooi,B. C. (2010). *Peer – to – peer Computing: Principles and Applications*. 1st ed. Springer,p. 35.

Wiigo Coin (January 2,2019). ERC223 token standard pros and cons. *Medium*. https://medium. com/@ wiiggocoin/erc223 – token – standard – pros – cons – 93a01f0239f. Accessed January 14,2020.

Woo Kim,S. (May 28,2018). Safety and Liveness—Blockchain in the point of view of FLP impossibility. *Medium*. https://medium. com/codechain/safety – and – liveness – blockchain – in – the – point – of – view – of – flp – impossibility – 182e33927ce6. Accessed June 28,2019.

Wood,G. (2019.) Ehtereum: a secure decentralized generalized transaction ledger Byzantium version. https://ethereum. github. io/yellowpaper/paper. pdf.

Wuille,P. , Poelstra, A. , and Kanjalkar. S. (2019). Analyze a miniscript. *Blockstream*. http://bitcoin. sipa. be/Miniscript/. Accessed December 7,2019.

Wuille,P. (January 16,2020). Bip taproot. *Github*—*Bitcoin bips*. https://github. com/sipa/bips/blob/bip – schnorr/bip – taproot. mediawiki. Accessed January 20,2020.

Zander,T. (November 30,2016) Classic is back. https://web. archive. org/web/20170202055402/https://zander. github. io/posts/Classic%20is%20Back/.

访问的网站

https://forkdrop.io/how-many-bitcoin-forks-are-there.

https://github.com/bitcoinxt/bitcoinxt/releases.

https://bitcoinclassic.com/devel/Blocksize.html.

https://bitcoinclassic.com/news/closing.html.

https://www.bitcoinunlimited.info/.

https://www.bitcoincash.org/.

https://bitcoinsv.io/.

https://bitcoingold.org/.

https://www.bitcoindiamond.org/.

https://www.bitcoininterest.io/.

https://btcprivate.org/.

https://en.bitcoin.it/wiki/List_of_address_prefixes.

https://www.utf8-chartable.de/unicode-utf8-table.pl.

http://www.asciitable.com/.

https://web.getmonero.org/get-started/what-is-monero/.

https://litecoin.org/.

https://www.dash.org.

https://www.namecoin.org/.

https://knowyourmeme.com/memes/doge.

https://dogecoin.com/.

https://en.bitcoinwiki.org/wiki/GridCoin.

https://gridcoin.us/.

http://primecoin.io/.

http://blockchainlab.com/pdf/Ethereum_white_paper-a_next_generation_smart_contract_and_decentralized_application_platform-vitalik-buterin.pdf.

https://github.com/ethereum/devp2p/blob/master/rlpx.md.

https://github.com/ethereum/wiki/wiki/Design-Rationale.

https://ethereum-homestead.readthedocs.io/en/latest/introduction/the-homestead-release.html.

http://eips.ethereum.org/EIPS/eip-608.

https://docs.ethhub.io/ethereum-roadmap/ethereum-2.0/eth-2.0-phases/.

https://education.district0x.io/general-topics/understanding-ethereum/ethereum-sharding-explained/.

https://github.com/ewasm/design.

https://education.district0x.io/general-topics/understanding-ethereum/basics-state-channels/.

http://plasma.io/.

https://education.district0x.io/general-topics/understanding-ethereum/understanding-plasma/.

https://www.sec.gov/news/press-release/2014-111.

https://github.com/w3f/messaging/.

https://swarm-guide.readthedocs.io/en/latest/introduction.html.

https://github.com/ethersphere/swarm/wiki/IPFS-&-SWARM.

https://docs.ipfs.io/guides/concepts/ipns/.

https://filecoin.io/filecoin.pdf.

https://github.com/libp2p/specs.

https://ipld.io/.

http://multiformats.io/.

https://0x.org/why#benefits.

https://dat.foundation/.

https://github.com/hyperswarm.

https://radarrelay.com/.

https://0x.org/portal/account.

https://eips.ethereum.org/EIPS/eip-20.

erc721.org/.

https://github.com/OpenZeppelin/openzeppelin-solidity/blob/master/contracts/token/ERC721/ERC721.sol.

https://github.com/ethereum/eips/issues/827.

https://github.com/ethereum/EIPs/issues/644.

https://github.com/ethereum/EIPs/issues/677.

https://ethereumclassic.org/roadmap/.

https://cosmos.network/intro.

https://cosmos.network/docs/intro/sdk-design.html#baseapp.

https://cosmos.network/docs/spec/ibc/.

https://tendermint.com/docs/.

https://tendermint.com/docs/spec/abci/.

https://github.com/hyperledger/burrow/tree/master.

https://www.hyperledger.org/projects/fabric.

https://hyperledger-fabric.readthedocs.io/en/release-1.4/whatis.html.

https://hyperledger-fabric.readthedocs.io/en/release-1.4/build_network.html#install-pre-requisites.

https://grid.hyperledger.org/docs/grid/nightly/master/introduction.html.

https://www.hyperledger.org/projects/hyperledger-indy.

https://www.hyperledger.org/projects/iroha.

https://iroha.readthedocs.io/en/latest/overview.html.

https://sawtooth.hyperledger.org/docs/core/releases/latest/introduction.html.

https://www.hyperledger.org/projects/aries.

https://www.hyperledger.org/projects/avalon.

https://www.hyperledger.org/projects/caliper.

https://www.hyperledger.org/projects/cello.

https://hyperledger.github.io/composer/latest/introduction/introduction.html.

https://github.com/hyperledger/blockchain-explorer.

https://www.hyperledger.org/projects/quilt.

https://www.hyperledger.org/projects/transact.

https://www.hyperledger.org/projects/ursa.

https://digitalasset.com/.

https://daml.com/features/.

https://docs.iota.org/docs/iota-basics/0.1/concepts/.

https://docs.iota.org/docs/iri/0.1/introduction/overview.

https://agreements.network/files/an_whitepaper_v1.0.pdf.

https://steem.com/developers/.

https://www.steem.com/steem-whitepaper.pdf.

https://steem.com/steem-bluepaper.pdf.

https://smt.steem.com/smt-whitepaper.pdf.

https://eos.io/why-eosio/.

https://github.com/EOSIO.

https://www.goquorum.com/developers.

https://neo.org/.

https://docs.bigchaindb.com/en/latest/decentralized.html.

https://github.com/corda/corda.

https://www.corda.net/get-started/.

https://docs.corda.net/_static/corda-technical-whitepaper.pdf.

http://aeternity.com/documentation-hub/protocol/oracles/oracle_transactions/.

https://www.cortexlabs.ai/Cortex_AI_on_Blockchain_EN.pdf.

https://www.ripple.com/use-cases/.

https://www.stellar.org/how-it-works/stellar-basics/.

https://fantom.foundation/contents/data/2018files/10/wp_fantom_v1.6.pdf.

https://komodoplatform.com/antara-framework/.

https://tezos.com/.

https://www.investopedia.com/tech/what-tron-trx/.

https://lisk.io/.

https://www.celer.network/tech.html.

https://connext.network/.

https://www.counterfactual.com/technology/.

https://funfair.io/how-it-works/our-solution/.

https://raiden.network/.

https://spankchain.com/products.

https://trinity.tech/#/.

https://truebit.io/.

https://loomx.io/.

https://matic.network/.

https://alacris.io/.

https://skale.network/.

https://oceanprotocol.com/.

作者简介

斯蒂恩·范·海夫特（Stijn Van Hijfte）自2017年以来一直在霍韦斯特应用大学（Howest Applied University College）工作，教授应用计算机科学，并作为德勤公司的专家。拥有经济学、IT和数据科学方面的背景，经常担任业务部门和IT部门之间的桥梁。早在2012年，就开始对区块链领域进行一些探索，并在2015年将客厅布置成一个连接到以太坊网络的科学实验室。由于对数字解决方案的持续兴趣，还研究了许多额外的认证技术，在这过程中甚至造成了部分损失。本书是他关于区块链技术撰写的第二本书，也是分享技术见解和知识的第一本书。

《颠覆性技术·区块链译丛》
后 记

区块链作为当下最热门、最具潜力的创新领域之一，其影响已远远超出了技术本身，触及金融、经济、社会等多个层面。因此，我们深感责任重大，希望这套丛书能帮助读者构建一个系统、全面、深入的区块链知识体系，让大家更好地理解和把握技术的发展脉络和前沿动态。

丛书编译过程中，我们遇到了许多挑战，也积累了些许经验。我们不仅仅是翻译者，更是学习者。通过翻译学习，我们更深入了解了区块链最新进展，也进一步拓展了知识面。谨此感谢所有与丛书编译有关的朋友们，包括且不限于原著作者、翻译团队、审校专家，以及编辑校对人员和艺术设计人员等。我们用"多方协同与相互信任"的区块链思维完成了这套译丛，并将其呈献给读者。多少次绵延至深夜的会议讨论，多少轮反反复复的修改订正，业已"共识"，行将"上链"，再次感谢大家的努力与付出！

未来，我们将继续关注区块链发展动态，不断更新和完善这套丛书，让更多人了解区块链的魅力和潜力，助力区块链技术在各个领域应用发展，共同迎接区块链的美好未来！

丛书编译委员会
2024 年 3 月于北京